高等学校通识教育系列教材

用C++实现数据结构程序设计

马春江 编著

U0342048

清华大学出版社
北京

内 容 简 介

本书的特色是在源码级别而不是算法级别上讨论数据结构。书中给出的程序源码能帮助学生掌握数据结构程序设计，提高综合运用数据结构的能力。全书共分 12 章，内容包括数据结构基础和递归思想、线性数据结构、非线性数据结构、查找、排序等应用。

本书对于数据结构的综合运用进行了较为深入的讨论，在线性表、栈、队列、索引结构和二叉树程序设计方面给出了源码的深入介绍；在游戏设计、MP3 歌曲文件和二维码等数据结构构造方面提供了较为详细的说明。全书提供的源码可大大加深学生对于数据结构程序设计过程的理解。

本书可作为高等院校研究型与应用型本科计算机相关专业教材，还适合高职高专各类学校计算机相关专业参考使用，也可作为计算机岗位培训和计算机爱好者自学用书。

图书在版编目（CIP）数据

用 C++实现数据结构程序设计/马春江编著. —北京：清华大学出版社，2019
（高等学校通识教育系列教材）
ISBN 978-7-302-52701-5

Ⅰ．①用…　Ⅱ．①马…　Ⅲ．①C++语言－程序设计－高等学校－教材　Ⅳ．①TP312.8

中国版本图书馆 CIP 数据核字(2019)第 063137 号

责任编辑：刘向威
封面设计：文　静
责任校对：焦丽丽
责任印制：宋　林

出版发行：清华大学出版社
　　　　　网　　址：http://www.tup.com.cn，http://www.wqbook.com
　　　　　地　　址：北京清华大学学研大厦 A 座　　　　　　邮　　编：100084
　　　　　社 总 机：010-62770175　　　　　　　　　　　　邮　　购：010-62786544
　　　　　投稿与读者服务：010-62776969，c-service@tup.tsinghua.edu.cn
　　　　　质量反馈：010-62772015，zhiliang@tup.tsinghua.edu.cn
　　　　　课件下载：http://www.tup.com.cn，010-62795954
印 装 者：清华大学印刷厂
经　　销：全国新华书店
开　　本：185mm×260mm　　印　　张：19.25　　　　字　　数：467 千字
版　　次：2019 年 8 月第 1 版　　　　　　　　　　　　印　　次：2019 年 8 月第 1 次印刷
印　　数：1～1500
定　　价：59.00 元

产品编号：077138-01

前　言

　　高级语言程序设计、数据结构、算法设计与分析构成了程序设计理论底层的黄金三角形。高级语言程序设计偏重语法的描述和程序设计细节等能力培养,数据结构重点讨论程序设计中如何分析、规划、存储和实现相关的数据以及关系,算法设计与分析则偏重解题思路的实现。大部分算法设计首先依赖数据结构的构造,这将深远影响到程序的时间效率和空间效率,以及程序结构的合理性和程序阅读的简易性。计算机界著名学者尼古拉斯·沃思(Wirth N.)提出的"算法＋数据结构＝程序"的观点正说明数据结构的重要性,即使在面向过程转向面向对象程序设计的今天,对象中底层的函数实现依然能体现这句至理名言的正确性。万丈高楼平地起,楼高几何看地基。数据结构就是程序设计的地基,必须先学好它,以打下扎实的基础。

　　我从事数据结构教学已有三十多年,教学实践中深深体会到,"数据结构"是计算机专业一门很难的课程,学生普遍反映过于抽象和难以编程实现。这反映了几个现实问题:①高级语言课程所教授的内容与数据结构编程需求有一定的距离,高级语言教程讨论得更多的是数值计算方面的程序设计范例,对于离散结构的讨论相对偏少。②"算法设计"是数据结构的后续课程,很多设计思想在"数据结构"课程中暂时无法起到引导作用。③从数据结构本身看,教材书写方式有时成了学习过程的阻碍。部分数据结构教材偏重理论,多用所谓的算法表述数据结构程序设计思想,导致学生可以模仿编程的范例不够,实际效果不大理想;部分教材源于翻译国外教材,术语和描述生涩难懂;部分教材重点、难点不突出,整体结构不完整,缺乏应用层面的案例分析,增加了学生的学习困难。

　　2015年,我在清华大学出版社作为主编出版了《用C实现数据结构程序设计》,收到了来自全国各地的大学生或程序开发工作者的来信。因为阅读了我编写的教材,他们能够以较快的速度学习到数据结构的程序设计,效果很理想,对考研也有较大帮助,希望我能推出更多平台上的数据结构源码设计。受到这些热情读者和编辑的鼓励,我开始着手编写数据结构的C++版程序设计,最终完成这本教材,希望能帮助读者尽快学会数据结构程序设计。

　　学习数据结构是一种"痛并快乐着"的过程,在学习的时候大部分学生都会感到过于抽象和高深,但是如果能用程序具体实现,就会有成就感,会被计算机科学家的奇思妙想所震撼,体会到程序设计的引人入胜,整个过程是充满挑战和乐趣的。

　　本书特色是全面给出数据结构相关程序设计源码,并给出了运行界面图,使得学生有一个可以研究、探讨、模仿、提高的平台。本书的程序设计范例很多都具有可移植性、实用性和趣味性,覆盖了多种程序设计方法和界面设计风格。

全书体系结构完整,注重原理与实践结合,重点和难点突出,为学生搭建了全面的学习和研究平台,其目标是学生易于学习、老师易于组织教学。本书提供了菜单编制、多种数据提供方式、多种输出格式、程序反复运行、处理意外情况、颜色和标题栏、方向键控制等源码,提供了多种界面设计的范例。线性表之后先介绍查找和排序基础部分,体现了线性表的使用价值,而进阶部分涉及更复杂的数据结构,在大部分数据结构知识学习完成之后再分别讲解。

全书共分12章,内容涉及学习数据结构基础和递归思想;线性数据结构、非线性数据结构;线性表、栈、队列、字符串、二维数组、树和森林、二叉树、图;还涉及查找、排序等基础应用。为拓展数据结构知识,还介绍了文件的基础知识。

本书配有电子教案和程序源代码,便于老师教学和学生使用。采用C++语言编程实现,程序均在VC++ 6.0下调试并运行通过。

数据结构是程序开发的基础,是进入程序设计殿堂的敲门砖。本书是我多年来勤恳敬业、认真教学和深入思考的结晶,希望读者能分享和品味学习的乐趣。

我要感谢我的父母及家人,还有我的诸多朋友,他们的鼓励和支持让我不能忘怀。

我要感谢我多年前在清华大学研习"人工智能"研究生课程时的指导老师石纯一教授,他对专业的精通、做事的认真以及平易近人的态度让我一生都受益匪浅,那段时光是我一生的珍贵回忆和骄傲。

本书能够顺利出版,得益于清华大学出版社的全力支持和帮助,责任编辑的细致审稿和建议使本书增色不少,在此深表谢意。

由于能力所限及时间紧迫,书中难免存在疏漏,希望读者提出宝贵意见和建议,以便再版时改进和提高。

马春江　于湖北汽车工业学院计算机系

2019 年 1 月

目　录

第1章　数据结构基础

本章介绍数据结构的背景和基本概念,为数据结构相关程序设计奠定基础。讲解逻辑结构分类、存储结构分类与基本操作的名称和特点,讨论算法和算法效率分析、递归的概念和相关范例。

1.1　面式思维和点式思维

人们学完高级语言程序设计之后,通常希望能尽快展示出自己的程序设计能力,开发出一些原创的软件作品,但却发现经常在程序设计一开始就陷入了不知所措的情形,发现自己好像根本不会编程。这是一个令人困惑的问题。

下面通过问题的讨论来看看这究竟是怎么回事。

在图 1-1 所示的模拟白板上有一批数据,请问哪一个是最大值?

很显然,读者一眼就可以看出最大值是 86。读者根据什么说最大值是 86? 观察、判断、思考过程是什么? 能否书写出完整的思考过程呢?

很明显答案是不同的,或者根本说不清楚是如果思考的,只是一眼就看出来而已。为什么会出现这种情况呢?

(21)　　　　(86)

(56)

(61)

(34)　　(15)

图 1-1　面式思维的原理示意图

这是因为人类有了思维能力之后,经过训练有了大小比较和选择能力。人的双眼观察世界是立体的,观察到的信息以图像的方式进入大脑,简化这种模型后可以认为已经是平面关系。人类的大脑开始工作,此时相当于有很多部高速计算机在同时工作,一瞬间结果已经出现。但是实际上,从开始思考到说出结果这一段的工作过程是无法精确描述的。

把计算机能够做的所有工作称为"计算",就是一种广义的计算。计算机在进行各种计算时是否和人的思维方式一样呢?

人类还没有真正了解人的大脑思维模式,无论是医学家、生物学家,还是心理学家、哲学家都无法说明人是如何记忆、如何思考的。但是人却提出了让机器来帮助进行计算这样的设想。怎样才能让机器做这些事呢? 科学家给出了一种思路,那就是"模拟"机制,也就是不管人类是如何完成这些工作的,只要机器最后做出来的结果和人类做的结果一样就可以了。

人类的记忆机制和思考机制虽然还不能完全搞清楚,但可以想象它是一个很复杂的网络结构,复杂到任何一个信息点都可以直接激活另外一个信息点,这就是"联想",也可以失去任何联系,这就是"忘记"。在这个复杂的网络中,所有信息都是立体的,完成思考和记忆的过程也是立体的,同时人类在观察现实生活中的事物时也是立体的,这些立体信息一瞬间同时进入大脑,之后人类开始立体式思维过程和记忆过程。从上面求最大值问题来看,眼睛把所有数据一次看完,之后同期进入大脑,开始立体式网状思维。本书把这种思维方式称为"面式思维方式"(指的是多面组成的网状结构),简称"面式思维"。

对应记忆方面,计算机中使用的是"存储器";对应思考方面,计算机中则使用的是"中央处理器"(CPU),它的特点是在某个时刻永远只能处理当前特定"一个"存储单元的信息。

虽然内存中可以同时存放很多数据,但是中央处理器实际上工作在具体的"点"上,而不是线条、平面图形、立体图形等,因此把计算机的思维方式称为"点式思维"。编程就是把"面式思维"转化为"点式思维"的过程,或者说如何用"点式思维"来模拟"面式思维",所以在编程中对任何要处理的事物就不能再用人类的一般思维方式,而应该习惯去用计算机的思维方式。

针对求最大值问题,为了达成"点式思维",就必须先把所有数据排成一行(或一列),然后确定求最大值的规则,其思路为:首先默认"第一个数据"就是最大值,然后把后面的数据"逐一"和当前最大值进行比较,如果有比当前最大值更大的,则记录该位置,设其为最大值,继续比较过程,直到比完"最后一个数据",就求出了最大值的位置。图 1-2 为重新排列后的图 1-1 中的数据,在上述讨论中,"第一个""逐一""最后一个"等字眼就是点式思维最明确的象征,而在图 1-1 中,这些概念都是无法体现的。

图 1-2　点式思维的原理示意图

这里的"一行"实际上就是后面将要介绍的数据结构"线性表",而算法的名称可以归纳为"顺序比较与刷新法求最大值"。

了解"点式思维"的基本特点后,程序设计的很多思路都将变得相对简单,在数据结构的程序设计中更是处处体现"点式思维"的影响。

1.2　数据结构背景

计算机发展初期,人们主要使用计算机处理数值计算问题,如天气预报、军事领域、大型工程等计算量大的工作。解决这样一个具体问题需要经过几个步骤:首先从具体问题抽象出一个数学模型,然后设计或选择一个求解此数学模型的算法,最后编写程序、进行调试,直至得到最终的结果。

随着计算机理论和技术的发展,计算机的主要用途从数值计算转到非数值计算,也就是数据处理。解决这类问题的关键不再是数学分析和计算方法,而是要设计出合适的数据结构。这类非数值计算问题的数学模型不再是数学方程,而是诸如表、树、图之类的数据结构。"数据结构"课程主要研究非数值计算的程序设计问题中所出现的计算机操作对象以及它们之间的关系和操作。

1968 年美国的唐纳德·克努特（Knuth D. E.）教授开创了数据结构的最初体系，他编著的《计算机程序设计艺术》（*The Art of Computer Programming*）第一卷《基本算法》是第一本较系统地阐述数据逻辑结构和存储结构及其操作的著作，此获得了 1974 年图灵奖。

数据结构发展史上还有一位不能不提的巨匠——Pascal 语言的开发者尼古拉斯·沃思。他撰写的《算法＋数据结构＝程序》（*Algorithms＋Data Structures＝Programs*）是具有里程碑意义的优秀书籍之一。他是结构化程序设计的首创者，也是 1984 年图灵奖的获得者。

计算机科学是一门研究数据表示和数据处理的科学。数据是计算机化的信息，它是计算机可以直接处理的最基本和最重要的对象。在科学计算、数据处理、过程控制以及对文件的存储、检索和数据库技术等计算机应用领域中，都有对数据进行处理的过程。因此，要设计出一个结构良好、效率很高的程序，必须研究数据的特性、数据间的相互关系及其对应的存储表示，并利用这些特性和关系设计出相应的算法，进一步编出程序。

学习数据结构的目的是为了了解计算机处理对象的特性，将实际问题涉及的处理对象在计算机中表示出来，并对它们进行处理。与此同时，通过算法训练来提高逻辑思维能力，通过程序设计技能训练来促进综合应用能力和专业素质的提高。

程序设计的基本理论涉及三门重要的基础课：高级语言程序设计、数据结构、算法设计与分析。高级语言程序设计主要是解决上机编程的环境、语法要求和一些基本的程序设计技巧；数据结构主要是把数据的关系研究清楚并且确定其存储方案，以及基本操作的编程实现；算法设计与分析主要是深入研究算法的设计技术和时间、空间效率分析。这三者缺一不可。在算法设计与分析中会重点讨论时间效率分析，故本书中没有将时间复杂度的计算过程与深入分析作为重点，仅通过一些简洁分析确定其结论。

"数据结构"课程主要讨论软件开发过程中的设计阶段，同时涉及编码和分析阶段的若干基本问题也会被综合讨论。此外，为了构造出好的数据结构并实现，还需考虑数据结构及其实现的评价与选择。因此，数据结构的研究内容包括 3 个层次、5 个要素，见表 1-1。

表 1-1 数据结构研究的主要内容

层 次	数 据 表 示	数 据 处 理
抽象层	逻辑结构	基本操作
实现层	存储结构	算法
评价层	各种存储结构的比较及算法分析	

1.3 数据结构的应用案例

在学习程序设计的过程中，必须体会到"量变引起质变"的重要性。当面临的任务或软件系统足够复杂时，很多无足轻重的"小事"都会演变成"大事"，那么整体设计就成为首要的工作。在使用高级语言编程时如果不进行整体设计，而是边想边做，也不按照开发规范书写，一旦该开发任务涉及的数据之间的关系比较复杂，就可能出现多次返工或开发彻底失败的结局，所以在软件开发前必须先考虑好各种情况，尤其是数据的关系（即数据结构）的设计。

【应用案例 1-1】　人机对弈(如下棋等)程序设计。有些读者喜欢计算机可能是因为利用计算机可以玩游戏,而作为专业工作者需要更深层面的思考,如各种棋类的对弈是如何编程实现的。首先是界面的实现,如棋盘和棋子如何实现,显然不能是简单的图片,因为还要考虑棋子的移动。另外要对弈的话,计算机怎么知道哪些位置可以落子,对方的哪些棋子已经被吃掉,而我方的哪些棋子已经受到威胁,又如何进一步决策进攻或防守呢……。通过这个案例可以认识到,不论是界面还是功能都会涉及数据结构的大量知识,如果没有数据结构很难编出游戏或更复杂的软件。

　　【应用案例 1-2】　计算机计算表达式。计算机能计算表达式,似乎天经地义,否则为什么叫计算机呢? 但当初科学家实现这个功能时却很困难。表达式是 $2+1$,计算机能开始计算吗? 不行,因为可能是 $2+11$,所以必须往后读到回车或者另外一个运算符,但是遇到运算符还是不能开始计算,因为可能是 $2+11\times3$。根据运算规则,必须先计算 11×3,可是表达式又可能是 $2+11\times3^2$,那么能不能先算平方呢? 也不能,因为原来的表达式可能是 $2+11\times3^{(2+1)}$,既然有括号,而括号中又出现了加法,那么最初的问题就会重新出现,如 $2+11\times3^{(2+1\times2)}$。即使中间部分计算结果能先求出来,还是有次序问题,如原式为 $2+11\times3^{(2+1\times2)}-6$,那么现在该退回去做加法,还是往前走去做减法呢? 已经读完的数据和运算符如何存储? 后面暂时没有读到的数据又如何存储? 如果这些数值全部用一些变量存储,那么启用多少个变量? 变量之间的关系如何管理? 这些问题如果不能解决,想让计算机进行"计算"完全不可能。幸运的是科学家们已经解决了这些问题,使用计算机能够做到数值计算的精确化和高速化,火箭、宇宙飞船等涉及大量计算也就有了保证。本范例说明计算机要实现的很多功能仅仅靠编程技巧很难解决,必须依赖数据结构的支持。

　　【应用案例 1-3】　痕迹检测、DNA 检测、文字识别、人像识别等技术的实现前提。现代科技带来了很多前人闻所未闻、想也想不到的科技成果,如公安系统能够使用指纹或血液等信息追查罪犯,医院能够用 DNA 做亲子鉴定,计算机可以进行文字或语音识别等。这些技术面临着一个共同的难题,那就是必须存储超大量的数据,还要进一步进行快速和有效查找。有时数据总量远远超过想象,被称为海量数据。那么海量数据如何存储,数据之间的关系又如何管理,进一步又如何实现快速查找等功能呢? 这个范例说明数据结构对数据的组织和查找技术将起到关键的作用。

1.4　数据结构基本概念

　　数据结构基本结构如下。

　　数据(Data)。一般人们谈及数据就会想到 $0\sim9$ 组成的数字,实际上这些应称为数值。在现实生活中的"信息"这个概念一旦被计算机存储,就成为所谓的"数据"。要注意的是,"数据"并不能完全覆盖"信息",比如日常生活中的"眉目传情",情感是一种信息但是并不能被目前的计算机识别、存储从而处理,所以数据是信息的一种载体,它能够被计算机识别、存储和加工处理。

　　计算机科学中,数据可以是数值数据,也可以是非数值数据。数值数据是一些整数、实数或复数,主要用于工程计算、科学计算和商务处理等;非数值数据包括字符、文字、图形、图像、语音等,其中的文字又包括英文、中国的汉文和少数民族的文字、其他各国文字等。

数据元素(Data Element)。数据元素是数据的基本单位。在不同场合,可把数据元素称为元素、结点、顶点、记录等。

数据项(Data Item)。有时一个数据元素还可以由若干数据项组成。例如,人员信息的每一个数据元素就是一个人的记录,可能包括编号、姓名、性别、籍贯、出生日期、电话、手机、通信地址、电子邮件地址等数据项。这些数据项又被分为两种:一种称为基本项,如性别、籍贯等,这些数据项在数据处理时不再分割;另一种称为组合项,如出生日期可以分为年、月、日等更小的项。

数据对象(Data Object)。数据对象也可以称作数据元素类(Data Element Class),是具有相同性质的数据元素的集合。在某些具体问题中,数据元素具有相同的性质,属于同一数据对象,即数据元素是数据对象的一个实例。

数据结构(Data Structure)。数据结构是指互相之间存在一种或多种关系的数据元素的集合。在使用计算机处理任何问题时,我们不仅关注数据本身,也一定会关注数据元素之间的关系,因为这些"关系"就是我们需要的"信息",这种数据元素之间的关系就是"结构"。

数据结构的形式定义。数据结构是一个二元组

$$Data\_Structure = (D, R)$$

其中,D(Data 的首字母)是数据元素的有限集;R(Relation 的首字母)是 D 上关系的有限集。

数据的逻辑结构。数据的逻辑结构可以看作是从具体问题抽象出来的数学模型,是数据本身的关系,它与数据的存储并无关系,有点像纸上谈兵。但是研究数据结构的目的就是为了在计算机中实现对它们的存储并进行其他操作,为此还需要研究如何在计算机中存储逻辑结构。

数据的存储结构。计算机中的存储方法就是"存储结构",有时也称为数据的物理结构。它主要研究逻辑结构在计算机中的实现方法,包括元素的表示和元素之间关系的表示。所以对数据结构可以理解为两个层面,即逻辑结构和存储结构。

1.5 逻辑结构分类

根据数据元素之间可能存在的关系,逻辑结构可分为以下 4 种基本结构:线性结构、树状结构、图形结构和集合结构。

(1) 线性结构。该结构的数据元素之间(从一个方向而言)只有一维的关系,即线性关系,也称为"一对一"关系。

(2) 树状结构。该结构的数据元素之间存在分支的关系,也称为"一对多"关系。可以从一个军队的组成体系来理解:一个团有多个营,一个营有多个连,一个连有多个班,一个班有多名战士等。

(3) 图形结构。该结构的数据元素之间可以有任意的关系,也称为"多对多"关系,图形结构有时也称作网状结构。可以从城市的交通来理解,从一个地点到另外一个地点可能存在很多路径,也可能绕了一圈,又回到原地。

(4) 集合结构。该结构内部的数据关系很松散。集合结构主要强调元素的"整体性"和

元素的"存在性",数据元素之间的关系基本忽略。离散数学课程中集合关注的是"某个元素是否存在于某个集合中",而对应于程序设计,这实际上就是查找功能。本书第 3 章会指出这种结构也很重要,通过特殊的算法思想可以使得查找操作达到很快的速度。如在高级语言编译系统中,判断程序设计者使用了哪些变量,以及哪些是定义过的,哪些是没有定义过的,为检查语法错误提供信息,需要在尽可能短的时间内得到结果。

图 1-3 为 4 种逻辑结构的示意图。

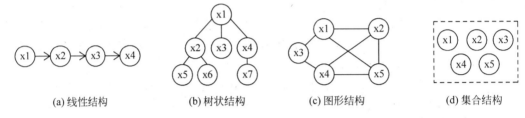

| (a) 线性结构 | (b) 树状结构 | (c) 图形结构 | (d) 集合结构 |

图 1-3　4 种逻辑结构的示意图

1.6　存储结构分类

数据结构主要讨论数据的关系以及存储其关系的具体实现,任何一种数据结构都将通过存储结构来体现在计算机中是如何处理的,此时就必然涉及"地址"等概念。

存储地址就是一个存储单元的编号,通常可以认为从 1 开始,这样比较容易理解,但是高级语言的数组大多从 0 开始,更实用和更通用的还有其他进制,在程序设计中还可以降序使用。图 1-4 为各种存储单元地址编号对比示意图。

简单地址编号	1	2	3	4	5	6	7	8	9	10
数组下标地址	0	1	2	3	4	5	6	7	8	9
二进制地址	0000	0001	0010	0011	0100	0101	0110	0111	1000	1001
十六进制地址	0116	0117	0118	0119	011A	011B	011C	011D	011E	011F
十进制升序地址	1024	1025	1026	1027	1028	1029	1030	1031	1032	1033
十进制降序地址	1000	0999	0998	0997	0996	0995	0994	0993	0992	0991

图 1-4　各种存储单元地址编号对比示意图

常用的数据存储结构有 4 种:顺序存储、链接存储、索引存储和哈希存储。

(1) 顺序存储。顺序存储方法是启用一批物理位置相邻的存储单元,然后将逻辑上相邻的元素依次存储在其中。顺序存储结构是一种最基本的存储表示方法,通常借助高级语言中的数组机制实现。

(2) 链接存储。借助高级语言中的指针机制可以实现链表,这种链接存储方法对逻辑上相邻的元素不要求其物理位置相邻,元素间的逻辑关系通过指针来管理。

(3) 索引存储。这种存储方案的思路是在被处理的正常数据之外,增加一批管理数据来提高查找效率,其原理类似书籍的目录和内容。

(4) 哈希存储(也称为散列存储)。这是一种特殊的存储方案,主要用来提高查找效率。

图 1-5 为顺序存储和链接存储示意图。

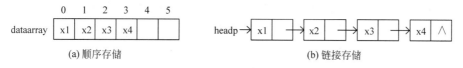

图 1-5 顺序存储和链接存储示意图

对于某种逻辑结构,这4种存储结构并不一定都会采用。作为基本的存储方法,大多数逻辑结构会讨论用顺序存储和链接存储如何实现,而索引存储和哈希存储只有在特殊的情况下才会采用。

存储器一般分为外存和内存。外存的特点是存储容量大,价格相对低,读写速度慢,数据可以永久性保存;内存一般价格相对高,所以计算机配备的内存容量相比外存都小得多,内存读写速度相当快,但是在断电的情况下,信息会全部丢失。顺序存储用到的数组以及链接存储使用的链表都是内存中的存储方法。

1.7 数据结构基本操作

处理数据并不仅仅是为了把数据存入计算机,最终目的是要使用数据,必须通过各种方式来对其中的某些数据或整个结构进行处理,通常把这种处理称为“操作”或“运算”。真实的某个系统中对于数据的“操作”可能是非常多的,比如通过菜单可以看到常用的文字处理软件 Word 的功能就很强大。

以下最基本的操作构成了所有复杂操作的基础,通过“搭积木”式的方法可以演变出更复杂的操作。

基本操作有初始化数据结构、销毁数据结构、读取一个数据、查找一个数据、遍历所有数据、插入一个数据、删除一个数据、判断数据结构是否为空、判断数据结构是否为满、将数据进行排序等。

上述操作被分成两大类:静态操作和动态操作。静态操作指的是操作完成后对于原来的数据或信息量没有产生任何变化性的影响;动态操作指的是经过操作后,或者数据发生了变化,或者信息量发生了变化。进行这样的分类是因为动态操作有一定的危险性,可能会带来副作用,编程时一定要小心并且最好提供回退机制。如在使用某些软件中,想要进行动态操作,会弹出提示窗口,询问是否确定,如果确定就继续,否则就返回。静态操作则可以进行任意多次。

（1）初始化数据结构。数据结构从无到有被建立的过程称为初始化数据结构,虽然此时其中没有数据,但是结构已经存在。另外也可以是原本有数据,根据某种情况要求清空后回到初始状态。

（2）销毁数据结构。和上面的操作正好相反,它将一个结构彻底删除。注意,可能会有一些附加的工作,如向操作系统申请了存储单元,则要进行释放,以免造成“内存垃圾”。

（3）读取一个数据。从一个特定的位置读取一个数据以供使用。

（4）查找一个数据。目标是寻找一个数据是否存在于该数据结构中。

（5）遍历所有数据。这是一个重要操作,它应该是每种数据结构(除个别特殊的)的基本操作。它被定义为使用某种有规律的方法访问某种数据结构中的所有数据至少一次且至多一次(既没有重复,也没有遗漏)。例如,一个公司在新的一年开始时要给所有员工都增加100元工资,这个操作就是遍历,因为不应该漏掉某人,也不应该有人重复获得。

(6) 插入一个数据。即新增加一个数据,此操作可能会因为某些数据结构的约定而只能在特殊位置进行。

(7) 删除一个数据。要注意这是一个典型的动态操作,有一定的危险和副作用,编程时一定要给出提示信息,最好提供回退机制。

(8) 判断数据结构是否为空。主要指相应的数据结构中是否已经没有任何数据,这个操作也很重要,在很多应用中用来作为程序结束条件之一。

(9) 判断数据结构是否为满。主要指相应的空间是否使用完毕,这个操作和存储结构有关。

(10) 将数据进行排序。对于线性关系的数据,从大到小或从小到大进行重新排列。

了解了数据结构的基本操作后,可以设想某些操作是通过基本操作来组合完成的。例如合并两个数据结构,可以认为是通过把第二个数据结构中的数据逐个插入到第一个数据结构中来完成;再如删除多个数据,可以理解为进行多次删除,每次删除一个数据。

1.8　算法和算法效率分析基础

在学习数据结构的过程中,不仅要关心逻辑结构和存储结构,还要不断地实现各种基本操作,就是编程。把主要精力放在解题的思路上,不要急于写出完全符合语法规范的程序,可以先写出一个框架,这个框架被称为"算法"。

算法(Algorithm)就是解决问题的思路和方法,它是对问题求解的多个步骤进行描述的有限序列。其中每个步骤表示一个或多个操作。

算法的特性如下。

(1) 有穷性。一个算法必须在有穷步骤之后结束,即必须在有限时间内完成。这也是从计算机的角度来体现的。

(2) 确定性。算法的每个步骤必须有确切的定义,无二义性。算法运行相对于相同的输入仅有唯一的一条执行路径。

(3) 可行性。算法中的每个步骤都可以通过计算机允许的、已经实现的基本操作的有限次执行得以实现。算法必须基于计算机目前的处理能力。

(4) 输入。一个算法具有零个或多个输入,这些输入取自特定的数据对象集合。可以没有输入,因为有些数据可以由计算机自己产生,如象棋的棋盘和棋子。

(5) 输出。一个算法具有一个或多个输出,这些输出同输入之间存在某种特定的关系。至少有一个输出是因为我们的应用需要结果。输出的形式有很多,可以在屏幕上显示,也可以通过打印机打印出来;可以是语音发声,也可以利用互联网远程传输;还可以控制工厂中的某个设备,启动一个新的动作。

算法突出思想方法,程序突出语法的正确性,二者既有联系,又有区别。一个程序不一定满足有穷性。如操作系统只要不被人为停止或出现故障,它应该一直保持运行状态,即使没有任务需要处理,它仍处于动态等待。程序中的指令必须是机器可执行的,而算法中的指令则无此限制。算法代表了对问题的求解,程序则是算法在计算机上的实现。一个算法若用程序设计语言来描述,则它就是一个程序。显然算法才是程序的灵魂,而程序只不过是肉体和外衣。

设计一个好算法通常要考虑以下要求:

(1) 正确性。算法的执行结果应当满足预先设计的功能和性能要求。

(2) 可读性。一个算法应当思路清晰,层次分明,简单明了,易读易懂。

(3) 健壮性。当输入不合法数据时,算法应能进行相关处理,不至于引起错误后果。

(4) 高效性。良好的算法应该能有效使用存储空间并有较高的时间效率。

算法与数据结构的关系非常紧密,所以在算法设计之前要先确定相应的数据结构,而在讨论某一种数据结构时也必然会涉及相应的算法。一般主要从算法特性、算法描述、算法性能分析与度量3个方面对算法进行讨论。

算法与数据结构是相辅相成的。解决某一特定类型问题的算法可以选择不同的数据结构,选择恰当与否直接影响算法的效率。反之,一种数据结构的优劣由各种算法的执行情况来体现。

算法不是程序,可以使用各种不同方法来描述。最简单的是使用自然语言(如中文、英文等),其优点是简单且便于阅读,缺点是不够严谨。也可以使用程序流程图、盒图、PAD等软件开发描述工具,其特点是描述过程简洁、明了,但是绘制工作量较大。用以上方法描述的算法若要转换成可执行的程序还有一个编程量的问题。还可以直接使用某种高级语言的简化版本(有时称为类高级语言,如 like-Pascal、like-C、like-C++等,书写出的代码称为伪码)来描述算法,它的缺点是有些抽象,常常需要注释才能明白。一旦需要转化为程序则时间最短,已有一些工具软件帮助转换。

通常可以从一个算法的时间复杂度与空间复杂度来评价算法的优劣。将一个算法转换成程序并在计算机上执行时,其运行所需要的时间取决于下列因素:

(1) 硬件的速度。不同级别 CPU 的计算机在速度上差别很大。

(2) 书写程序的高级语言。通常汇编语言的执行速度比高级语言快。

(3) 编译程序所生成目标代码的质量。对于代码优化较好的编译系统,其所生成的程序质量也较高。

(4) 问题的规模。例如,求 100×100 的矩阵相乘与求 $10\,000 \times 10\,000$ 的矩阵相乘的执行时间必然是不同的。

显然,在各种因素都不能确定的情况下很难比较出各个算法的执行时间。既然算法本身不能直接运行,也就不能统计其绝对时间来衡量算法的时间效率。

假定将上述各种与计算机相关的软硬件因素都确定下来,这时一个算法的工作量就只依赖于问题的规模,或者说它是问题规模的函数,通常会使用以下复杂度概念来描述它们。

(1) 时间复杂度(Time Complexity)。一个算法的时间复杂度是指算法从开始到结束所需要的时间规模。一个算法是由控制结构和基本操作构成的,其执行时间取决于两者的综合效果。为了便于比较同一问题的不同的算法,通常的做法是从算法中选取一种基本操作,以该基本操作重复执行的次数作为算法的时间度量。一般情况下,算法中基本操作重复执行的次数是规模 n 的某个函数 $T(n)$。但是许多时候要精确地计算 $T(n)$ 是很困难的,在此引入渐进时间复杂度,在数量上估计一个算法的执行时间,也能够达到分析算法的目的。

(2) 大 O 记号。如果存在两个(正)常数 c 和 n_0,使得对所有的 n,当 $n \geqslant n_0$ 时,$f(n) \leqslant cg(n)$,

则称 f(n)＝O(g(n))。

（3）渐进时间复杂度。使用大 O 记号表示的算法时间复杂度，称为算法的渐进时间复杂度（Asymptotic Complexity），简称为时间复杂度。

一般的时间复杂度从低到高逐级排列为：

$$O(1) < O(\log_2 n) < O(n) < O(n\log_2 n) < O(n^2) < O(n^3) < O(2^n)$$

（常数级　　对数级　　　　　　　　　　　　平方级　　立方级　　指数级）

上述每一级别都代表一次质变，越低的级别代表越高的时间效率。另外还会有其他的时间复杂度，如 O(n＋m)。改进算法的目标之一就是降低时间复杂度，也就是提高时间效率。如果把一个 O(n) 的算法改进成 O($\log_2 n$) 的算法，就是很大的进步。如 n＝10 000，而 $\log_2 n \approx 13$，不论单位是小时，还是分钟甚至是秒，都是巨大的进步。

如果有一个语句，如 x＋＋在一段程序源码中只写了一次，也只运行了一次，那么统计次数就是一次，但是如果它在一个循环体中，而这个循环执行了 n 次，那么这个语句也就执行了 n 次。这就是 O(n) 级时间复杂度的算法。如果这个语句是一个双重循环的循环体，而双重循环里外都是 n 次，那么一共是 n^2 次，这就是 O(n^2) 级时间复杂度的算法。类似的，O(n^3) 就是三重循环的体现。

```
x++;                for(i=1;i<=n; i++)        for(i=1;i<=n; i++)
                        x++;                      for(j=1;i<=n; i++)
                                                      x++;

O(1)                    O(n)                          O(n²)
```

通常用 O(1) 表示常数级，即与数据量或操作次数 n 无关。而涉及 $\log_2 n$ 的时间复杂度，通常都和后面要介绍到的二叉树有关。

要特别注意指数级时间复杂度，因其代表可行性不够，会耗费巨大时间代价。2^n 一开始增长并不快，但是随着 n 的加大，很快就会突飞猛进，远远超过其他函数。要努力避免此类时间复杂度的程序设计。

在分析算法复杂度时，一般只需关注最大的时间规模，会忽略掉低级的时间复杂度。

例如，一个算法 T(n)＝800n^3＋450n^2＋2000，则可记作 T(n)＝O(n^3)。

棋盘奖励问题。古时一位国王酷爱下棋，于是重奖天下发明棋者，有一位智者发明了一种类似国际象棋的棋。国王玩过后大喜过望，要重奖这位智者，许诺可以给他任何东西，智者说："其他的我都不要，我只要大米。"国王很诧异，问他要多少，他说也不多，放满棋盘就可以。国王依然很惊奇，那能有多少？智者说："我的棋盘是 8×8 的，一共 64 个格子。第一个格子里只放一粒米就可以，第二个格子里放 2 粒，以后每一个格子都是上一个格子的两倍，直到放完棋盘上所有格子。"国王觉得这是一件很小的事情，可是在大臣们计算后，才知道即使把地球表面都种上水稻也不够，这就是 O(2^n) 级算法复杂度的案例。

空间复杂度（Space Complexity）。除了时间效率之外，还有空间利用率的问题。一个算法的空间复杂度是指从算法开始到结束所需的存储量。算法的一次运行是针对所求解的问题的某一特定实例而言的。如排序算法的每次执行是对一组特定个数的数据进行排序，对该组数据的排序是排序问题的一个实例。数据个数可视为该实例的一个特征。

算法运行所需的存储空间包括以下两部分：

（1）固定部分。这部分空间与所处理数据的个数并无关系，即与问题实例的特征无关。

它包括程序代码、常量、简单变量、定长成分的结构变量等所占的空间量。

（2）可变部分。这部分空间大小与算法在某次执行中处理的特定数据的规模有关。如1000个数据元素的排序算法与100 000个数据元素的排序算法所需的存储空间显然是不同的。

时间复杂度和空间复杂度在一定程度上是互为代价的，即如果要提高时间效率，通常会付出一些空间代价。基于存储器价格的大幅下降，这种代价是值得的。如果一个算法被改进后时间复杂度和空间复杂度都可以下降，则说明原算法本身的设计离较好的标准还相差较远。随着存储器价格的下降，人们一般较少关注空间利用率，重点是提高程序的执行速度。

1.9　递归的概念和应用

递归(Recursion)简单地说就是某种结构自己调用自己。从程序设计的角度看，递归是指包含调用该函数本身的语句。除了顺序、分支和循环三大控制结构外，递归也是一种重要的程序流程控制结构。

递归技术在很多方面可以体现，如理解问题的思路、定义数学概念、定义数据结构（逻辑结构或存储结构）、解决疑难问题、具体程序设计等。在程序设计中它大显身手，是解决许多问题的重要思路之一。

递归的表现形式可能并不一定是调用自身，如，system01调用了system02，而system02又调用了system01，那么这也叫递归。另外在递归技术中有可能调用自身不止一次，这样它的内部调用关系更加复杂，通过直接的程序流程来理解不大容易，最好通过对原理的理解去体会该结构的实际功能。

首先介绍用递归思想计算阶乘，在中学的数学知识中，阶乘的运算为一个连乘积，即$n!=n\times(n-1)\times(n-2)\times(n-3)\times(n-4)\times\cdots\times3\times2\times1$。现在从另外一个角度来理解阶乘的计算方法，看一看这种思维方式是不是很独特。把上面的计算过程分成两个部分，第一部分为第一个字母n，第二部分为除了第一个乘号后面的所有内容，这样计算公式就可以写成$n!=n\times(n-1)!$。这个公式中，阶乘的定义就使用了阶乘的符号，这就是递归思想的体现。

递归计算公式和传统计算公式相比较，必须附加给出公式的结束条件，否则这个计算过程就没有终结了。

阶乘的计算应该把结束点定义在1，结束条件就是$1!=1$。

下面通过模拟4!的计算过程，可以理解完整的递归思想。

$$4!=4\times3!$$
$$=4\times3\times2!$$
$$=4\times3\times2\times1!$$
$$=4\times3\times2\times1$$
$$=4\times3\times2$$
$$=4\times6$$
$$=24$$

在计算过程中,递归进入的时候是从左到右逐级展开的,而到了结束点之后开始回退,从右到左分步计算。递归的执行过程包含进入和回退两个环节。

以下是计算阶乘的程序源码,虽然功能简单,语句数也非常少,但是此处还是采用了C++的对象结构,主要目的是为了复习对象的语法规则。为了能计算更大数值的阶乘和保存计算结果,采用了长整型数据类型。其中结束点设计为 num≤1,是为了避免其他意外数值的影响。

【程序源码 1-1】 计算阶乘的递归函数程序设计。

```
/ * 功能:计算阶乘的递归函数程序设计。
为了能计算更大数值的阶乘和保存计算结果,采用了长整型数据类型。
但也只能计算到 12 的阶乘,
其中结束点设计为 num≤1,这是为了避免其他意外数值的影响。 * /
# include < iostream. h >
# include < iomanip >
# include < windows. h >
class fact                                        //定义一个类
{
public:
    fact();
    ~fact(){};
    long int factorial(long int num);
    void startcalcu(void);
protected:
    long int num;
};
fact::fact()
{}
long int fact::factorial (long int num)
{
    if(num < = 1)
        return 1;                                 //递归终止条件①
      else
        return(num * factorial( num - 1 ));       //递归调用②
}
void fact::startcalcu(void)
{
    long int product;
    cout <<"请输入小于或等于 12 的一个整数: ";
    cin >> num;
    if(num > 12)
       cout <<"数据超出计算范围!!!"<< endl;
    else
    {   product = factorial(num);
        cout << num <<"!= "<< product << endl;
    }
}
// ======= 主函数 ========
void main(void)
{
```

```
    system("color f0");
    SetConsoleTitle("递归计算阶乘");                                //设置标题
    fact newnum;
    char choice;
    bool flag;
    flag = 1;
    while (flag)
    {
        system("cls");
        cout <<"计算阶乘的函数程序:"<< endl;
        newnum.startcalcu();
        cout << endl <<"如果不再计算,请按 N,否则按其他任意键继续计算......"<< endl;
        choice = getchar();
        if(choice == 'N' || choice == 'n')
            flag = 0;
    }
    cout <<"成功退出系统......"<< endl;
    system("pause");
    exit(1);
}
```

在这个程序中,首先复习了窗口前景和背景色修改、设置标题栏信息、屏幕清屏、反复运行某些功能段、标志位的运用、人性化提示和交互设计、清空输入缓冲区、键盘响应和测试特定键位以及同时处理大小写、暂停运行、结束程序运行等命令。

递归算法的时间效率分析不能简单地按照表面语句数量进行,而是要根据递归的特点写出算法复杂度的递归公式。设 T(n)为原算法的时间复杂度,①的时间效率为 O(1),但是②的时间效率为 O(1)+O(n−1),所以 T(n)＝ O(1)＋ T(n−1)＝2×O(1)＋ T(n−2)＝…＝ n×O(1)＝O(n)。

下面介绍斐波那契(Fibonacci)数列的计算。斐波那契数列作为计算机应用领域中很常见和很重要的数列,可以用循环产生,也可以用递归思路来实现计算。

该数列的特点是:第一个数据是 1,第二个数据是 1,之后每一个数据都是前两个数据之和,即 1、1、2、3、5、8、13、21、34、55…,根据这个特点可以很容易地写出其递归定义:

fib(num) = fib(num−1) + fib(num−2),

其结束条件为 fib(1)=1,fib(2)=1。

以下首先给出用递归程序计算斐波那契数列的某个值的部分源码,然后再用非递归程序的部分源码作为对比。

【程序源码 1-2】 用递归函数计算斐波那契数列的某个值。

```
long int fib::fibrecursion(long int num)
{
    if (num <= 2)
        return 1;                                                //递归出口
    else
        return(fibrecursion(num−1) + fibrecursion(num−2));       //递归调用
}
```

【程序源码1-3】 用循环结构计算斐波那契数列的某个值。

```
long int fib::fibloop(long int num)                    //循环结构函数
{
    long int backtwo,backone,currentdata;
    int count;
    if(num<=2)
        return 1;
    else
    {
        backtwo=1;backone=1;                          //先设计两个基准数据
        for(count=3;count<=num;count++)
            {
                currentdata=backone+backtwo;          //产生最新的一个数据
                backtwo=backone;                      //把基准数据往前移动
                backone=currentdata;
            }
            return currentdata;
    }
}
```

递归除了用于进行一些数学公式的计算外,还有很多地方都可以使用,例如链表结点的构成就是递归定义。还可以用数学的抽象进行一些递归定义,如定义一个概念"梯形",此处它并不是传统的梯形,特别定义的"梯形"是由一个圆和两个"梯形"组成的。

图1-6为递归思想在结点定义和一个抽象的"梯形"定义中的应用。

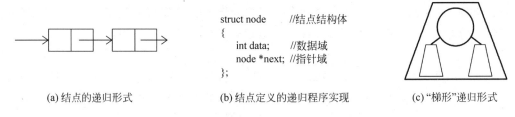

(a) 结点的递归形式   (b) 结点定义的递归程序实现   (c) "梯形"递归形式

图1-6 递归思想的应用范例示意图

下面介绍计算机经典问题"汉诺塔难题"。从前有一个人向一个庙中长老求教,这个世界到底什么时候会毁灭,他是想为难和取笑一下这位长老。长老笑呵呵地告诉他:"在我的后厢房中,有3个带有底座的柱子,分别称为1号柱、2号柱和3号柱,其中在1号柱上有64个带孔且大小不一的圆盘,从大到小往上放置。只要你把这64个盘子全部从1号柱移到3号柱上,这个世界就毁灭了。"这个人说:"那还不容易,我一次把它们全部移到另外一个柱子上不就完了。"长老说:"是有附加条件的,那就是每次只能移动一个盘子。"这个人说:"那也容易呀,我每次移动一个盘子64次不也就移完了吗?"长老又说:"第二个条件是小盘子永远必须在大盘上。"这个人泄气了:"那我明白了,您不就是说无解吗,我把第一个盘子移到3号柱上,第二个盘子已经不能再往上面放了,不就是无解了嘛。"长老笑着说:"那也不一定,我给你的第2号柱可以帮助你呀!"并且给他演示了3个盘子是如何移动的,他似乎明白了。自己去试了一试,发现用了很长时间,也没有移动多少个盘子过去,终于放弃了。

计算机科学家通过计算告诉人们完成长老所说的任务时间上的确是一个天文数字。实际上即使不用人去搬盘子,而使用全球最高速的计算机也要花费很长的时间,这就是 O(2^n)时间复杂度算法。

图 1-7 为执行 3 个盘子移动的过程示意图,可以体会到移动过程的复杂和困难。3 个盘子要用 7 次移动才能完成移动任务,而 64 个盘子则需要 18 446 744 073 709 551 615 次移动。

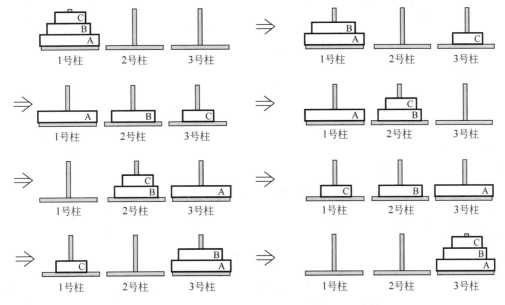

图 1-7 汉诺塔难题——3 个盘子移动过程示意图

显然把 3 个盘子的移动思路变成通用的算法是有一定难度的,而通过递归思路则可以轻松解决 64 个盘子的汉诺塔难题。图 1-8 为 64 个盘子递归求解过程示意图。

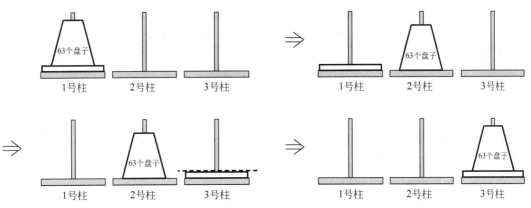

图 1-8 汉诺塔难题——64 个盘子递归求解过程示意图

图 1-8 中首先是 64 个盘子的求解空间,如果把虚线当成新的底座,就是少了一个盘子的求解空间。而对于 63 个盘子的移动,使用同样的思路,就是递归思想。由于本程序相对复杂,所以下面给出了全部源码。

【程序源码 1-4】 求解汉诺塔问题的递归程序。

```
//功能:通过递归实现汉诺塔问题的求解
#include<conio.h>
```

```cpp
#include<iostream.h>
#include<windows.h>
class Hanoi
{
public:
    Hanoi();
    ~Hanoi();
    void move(char pillarsource,int num,char pillartarget);
    void hanoi(int num,char pillar01,char pillar02,char pillar03);
    void startmove(void);
private:
    int num;
};
Hanoi::Hanoi()
{}
Hanoi::~Hanoi()
{}
void Hanoi::hanoi(int num,char pillar01,char pillar02,char pillar03)
//pillar01 为初始柱, pillar02 为辅助柱, pillar03 为目标柱
{
    if(num==1)
      move(pillar01,1,pillar03);
    else
    {
      hanoi(num-1,pillar01,pillar03,pillar02);
      move(pillar01,num,pillar03);
      hanoi(num-1,pillar02,pillar01,pillar03);
    }
}
void Hanoi::move(char pillarsource,int num,char pillartarget)
 //pillarsource 为初始柱, pillartarget 为目标柱
{
    cout <<"把 "<< num <<" 号盘 从第 "<< pillarsource <<" 号柱 移到 第 "<< pillartarget <<" 号
柱"<< endl;
}
void Hanoi::startmove(void)
{
    cout <<"请输入总盘数:";
    cin >> num;
    hanoi(num,'1','2','3');
}
// ======= 主函数 ========
void main(void)
{
    system("color f0");
    SetConsoleTitle("通过递归实现汉诺塔");                      //设置标题
    Hanoi hanoinow;
    cout <<"通过递归实现汉诺塔:"<< endl;
    hanoinow.startmove();
    cout <<"任务完成!!!"<< endl;
    system("pause");
}
```

本程序运行界面如图 1-9。

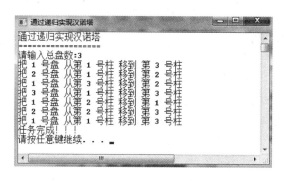

图 1-9　递归实现汉诺塔程序运行界面

1.10　本 章 总 结

本章着重讲解了数据结构提出的背景和基础知识,强调了数据结构在程序开发过程中的重要作用。对本书进行了框架性的铺垫,给出了一批基本概念,指出数据结构主要通过三个层次,即逻辑结构、存储结构和主要操作来展开。从几个不同的角度对程序设计进行了归纳和总结,提出了程序设计过程是把人的"面式思维"转化为计算机的"点式思维"的重要思想方法,简要介绍了算法的时间、空间效率分析,这对于评价算法的优劣有很大的作用。还讨论了递归的概念和应用,为后面的程序设计奠定了基础。

习　　题

一、原理讨论题

1. 学完 1.3 节多案例之后的收获与思考有哪些?

2. 数值计算和非数值计算的区别有哪些?

3. 简述数据结构发展的历程。

4. 程序设计的三门主要基本课程是什么? 它们的关系是什么?

5. 数据结构分哪几个层次展开?

6. 逻辑结构、存储结构的关系是什么?

7. 好算法的标准是什么?

8. 为什么不通过程序的运行直接讨论速度快慢而讨论算法的时间效率?

9. 通常如何分析算法的时间效率复杂度?

10. 为什么重点讨论时间效率而不是重点讨论空间效率?

11. 如何看待面式思维和点式思维的关系? 举例说明。

12. 数据在存储时有哪几种特性?

二、理论基本题

1. 解释概念:数据、数据元素、数据项、数据结构、逻辑结构、存储结构、算法。

2. 写出逻辑结构的分类。

3. 写出存储结果的分类,用读者自己提供的 5 个数据重画顺序存储和链接存储等两种原理示意图。

　　4. 写出基本操作清单。

　　5. 写出常用的算法时间复杂度。

　　三、编程基本题(注：程序设计基本功比较好的读者可以跳过)

　　1. 在屏幕上显示一句话：数据结构充满魅力!!!

　　2. 在屏幕上仅仅显示一个菜单,大致内容和效果如下：

某种数据结构功能菜单
作者：＊＊＊＊＊＊
＝＝＝＝＝＝＝＝＝＝
1.输入数据
2.显示数据
3.修改数据
4.插入数据
5.删除数据
6.读取数据
7.查找数据
8.排序数据
0.结束程序
＝＝＝＝＝＝＝＝＝＝

　　3. 继续上个程序,同时用户可以给一个键盘响应(注意变量定义),大致内容和效果如下(菜单用上面的)：

请输入您的选择：

　　4. 继续上个程序,在程序内部添加对菜单的处理,主要是通过 switch 语句调用不同的函数。

　　5. 编程求两个整数的加法,要求界面效果大致如下：

请输入第一个数据：12
请输入第二个数据：15
12 + 15 = 27

　　6. 编程把上个程序变成同时显示和输出到一个文本文件中,文件名约定为：两数相加程序结果.txt。要求文件中的效果和屏幕显示完全一样。

　　7. 继续第 5 道题程序的修改,由于程序在编辑环境中编译后,执行完毕时会提示 Press any key to continue,而在 Debug 下的可执行程序并不停止而直接退出,导致部分显示信息看不到,所以在程序最后增加一个读取键盘字符的功能,使之等待用户击键后才退出。

　　8. 继续修改第 7 题的结果,使之可以反复运行,用户可以选择字母 y 继续运行,或直到用户选择字母 n 后结束程序(不论大小写)。

　　9. 继续修改第 8 题的结果,在用户选择字母 y 继续运行时先清屏一次。

　　10. 构建结点,内容为数据域(整数型,名为 data)和指针域(名为 next)。主函数中申请一个新结点,从键盘输入一个整数,把数据和空地址分别存入该结点的两个域,之后在屏幕输出该结点的内容。

　　11. 一个文本文件(名为：基础数据.txt)中有不多于 10 个的整数,从中读出写入一个数组(名为 basedata)中,然后用循环语句把数组中的全部数据显示在屏幕上。

12. 一个文本文件(名为:基础数据. txt)中有不多于 10 个的整数,从中读出写入一个链表(名为 headp)中,然后用循环语句把链表中的全部数据显示在屏幕上。

13. 用计算机产生随机数(0～1000)10 个,写入一个链表(名为 headp)中,然后用循环语句把链表中的全部数据显示在屏幕上。

14. 一个文本文件(名为:城市间基础数据. txt)中有多组数据,格式和类型如下所示,从中读出写入一个结构体数组(名为 basedata)中,然后用循环语句把数组中的全部数据显示在屏幕上(形式和文件中一样)。

出发城市	目标城市	公里数
北京	上海	1463
大连	沈阳	397
广州	西安	2111
昆明	太原	2593
武昌	长沙	853

15. 改造第 14 题,使数据存入链表(出发城市,sourcecity,目标城市,targetcity,公里数,kilometers,链域,next),之后从链表依次读出,在屏幕显示,此时增加一列运费(运费=公里数×0.07),同时把带运费的全部数据再写入一个文本文件中(名为:城市间基础数据与运费. txt)。

16. 有多行的两列数据,每一行的第一列和第二列数据比较,保证先小后大。但是如果相等,则同时清零,要求转换前后的数据要对比显示。要求编程做到计算机提供随机数据、手工输入、有反复运行等功能。如

12	34
25	50
38	16
45	45
18	68

转换为

12	34
25	50
16	38
0	0
18	68

四、编程提高题

1. 如果编程实现九九乘法表,应如何实现? 一般在输入 num1 和 num2 后计算 result＝num1×num2,然后输出结果。此时本算法的时间复杂度为 O(1),显然已经到达最低时间复杂度,而且本身计算过程已经利用系统提供的乘法,如果还要继续提高时间效率,设计出该实现方案。

五、思考题

1. 在一个 8×8 的棋盘上,要求放置 8 个皇后,考虑到皇后之间的关系复杂,要求任意皇后不能出现在同一行、同一列、两个斜向 45°的线性序列上。如何才能达成目标,特别是

计算机如何存储这些棋盘信息和皇后信息,又如何通过编程运行后确定一种或全部可能的布局?试画出一个4皇后的模型,并且给出一个解(暂时不需要编程,后面会继续讨论这个专题)。

2. 大学4年中,学生要进行很多门课程的学习,还有实习、课程设计、毕业设计等各种培养活动。那么构造教学培养计划时如何能分析清楚所有这些活动的先后逻辑关系,哪些是后续的前提,哪些可以安排在同一个学期学习而且没有困难?这些关系必须讨论清楚而且要设计出对应的存储结构。类似的系统还有大型工程管理系统等。

3. 对于图书馆中成千上万的图书希望通过多种方法进行查询,如何才能建立一套行之有效的快速查找方案?不论是作者、出版社、书名等主要信息,还是价格、页数等细节信息,甚至内容提要、目录等信息,如果可以查询又如何完成?诸如此类的还有电话自动查号系统、考试查分系统、仓库库存管理系统、人事管理系统等。在这类信息管理的模型中,数据量巨大,需要考虑如何以最快的速度完成查询。

4. 股市中有大量的股票基本信息和公司背景信息,还有开盘后实时动态数据、股民的资金和买卖数据等,如果要产生周线、月线、年线等,还要计算相应时间段内的所有股票价格的最大值和最小值等。本来存储量巨大、关系复杂就是一个大问题,但是为达到全国所有营业部和个人网上用户能够公平地交易,数据传输的延迟就不能太大,甚至要求在60s内就要传输到全国各地,如此大规模的数据要在实时情况下快速传输,如何实现?更重要的是股票系统涉及大量金融信息,在传输过程中如何保证不被篡改、不被盗窃、不被非法利用?这些系统的功能和数据结构以及如何存储都有着很大的关系。类似的系统有远程医疗手术系统。

第2章 线性表的构造与应用

本章介绍第一种基本的数据结构——线性表,以及它的逻辑结构、存储结构的实现,包括顺序表和链表,分析各自的优缺点,讨论基本操作的算法设计和时间效率分析,最后介绍线性表的应用案例。线性表是最基本的数据结构形式,构成了其他各种复杂数据结构的基础。

2.1 引　　言

线性关系是现实生活中最简单、最基本、最常用的一种结构,所有以单行或单列的形式构成的数据关系都是线性表的一种范例。例如,军队中一个班的士兵站立成一行。既然现实生活中可以把人用一行来管理,那么在程序设计中也可以把很多人的相关信息用所谓的一维线性结构来表达。

例 2-1 现实生活中线性表的范例很多,如表 2-1 所示的学生考试成绩单,虽然每一行有很多信息,但是把一个学生的全部信息看成一个整体,那么数据之间的关系就是从上到下的一维关系。

表 2-1　学生考试成绩单

姓名	学生证号	计算机基础	C++高级语言	数据结构	操作系统	数据库原理	数据库系统	软件工程	总分
蒋文	2005501	75	78	69	73	80	81	79	535
沈武	2005502	82	84	83	79	86	74	88	576
韩韬	2005503	85	74	86	81	75	73	82	556
杨略	2005504	68	72	81	75	73	80	79	528
朱全	2005505	81	87	90	78	86	90	88	600

2.2 线性表的逻辑结构

线性表是一批数据以一维关系组织的线性结构。其特点是,当前数据有直接关系的下一个数据只有一个数据元素(从一个特定的方向看),数据元素一个接一个地排列(最后一个数据除外),通常称为线性关系。

在程序实现中,一个线性表中数据元素的类型应该是相同的,故线性表是由同一类型的、有限个数据元素构成的线性结构。

线性表是具有相同数据类型的 $n(n \geqslant 0)$ 个数据元素的有限序列,通常记为 $(a_1, a_2, \cdots a_{i-1}, a_i, a_{i+1}, \cdots, a_n)$。上述记法中的 n 为表长,也就是数据元素的个数。数据结构存在的情况下通常可以是无数据的,初始化数据结构后,如线性表 n=0 时称其为空表。

线性表中相邻元素之间存在一个次序关系。通常将 a_{i-1} 称为 a_i 的直接前趋(通常书写上 a_{i-1} 在 a_i 的左边),a_{i+1} 称为 a_i 的直接后继(书写上 a_{i+1} 在 a_i 的右边)。对于 a_i,当 i=1,2,$\cdots$,n 时,有且仅有一个直接前趋 a_{i-1},当 i=1,2,$\cdots$,n−1 时,有且仅有一个直接后继 a_{i+1},而 a_1 是表中第一个元素,它没有前趋,a_n 是最后一个元素,没有后继。这种有限性是由计算机存储空间的有限性决定的。

a_i 是序号为 i 的数据元素(i=1,2,$\cdots$,n),在编程中应根据实际情况决定其内容和数据类型,如有时可以把数据类型抽象为 DataType,在具体编程时 DataType 根据具体情况决定修改成整型变量为 int,则在程序头部加上类似下面的语句即可:

```
typedef int DataType;
```

一般而言,对于线性表的操作是定义在逻辑结构层面上的,因为操作是数据的最终用户根据实际情况提出的要求。操作的具体编程则依赖于存储结构,不同的存储结构必然导致编程的不同。线性表的基本运算作为逻辑结构的一部分(见表 2-2),每个操作的具体编程在确定了存储结构后才能完成。

表 2-2　线性表的主要操作

操 作 名 称	建议算法名称	说　　明
线性表初始化	create(list)	初始条件:表 list 不存在。功能:构造一个空的线性表
求线性表长度	length(list)	初始条件:表 list 存在。功能:返回线性表中所含元素的个数
读取表中数据	get(list,i)	初始条件:表 list 存在且 1≤i≤length(list) 功能:返回线性表 list 中的第 i 个元素的值
替换操作	replace(list,i,newitem);	初始条件:表 list 存在。功能:用 newitem 修改线性表 list 中第 i 个位置的数据
按值查找	locate(list,value)	初始条件:线性表 list 存在。value 是用户希望查找的数据元素,可以从键盘等机制临时提供。功能:在表 list 中查找值为 value 的数据元素,其结果返回在 lsit 中首次出现的值为 value 的元素的序号或地址,表示查找成功;如果在 list 中未找到值为 value 的数据元素,则返回一个特殊值表示查找失败
插入操作	insert(list,i, newitem)	初始条件:线性表 list 存在,插入位置正确(1≤i≤n+1,n 为插入前的表长)。n+1 的位置正确是因为可以把新数据放在原有数据的最后面。功能:在线性表 list 的第 i 个位置上插入一个值为 newitem 的新元素,插入后,表长＝原表长+1

操 作 名 称	建议算法名称	说　　明
删除操作	remove(list,i)	初始条件：线性表 list 存在，1≤i≤n。功能：在线性表 list 中删除序号为 i 的数据元素，删除后，表长＝原表长－1
遍历线性表	traverse(list)	初始条件：表 list 存在。功能：有规律地访问线性表中全部数据各一次且最多一次

以上操作并不是线性表的全部操作，只是一些最常用、最基本的操作(本书介绍的其他数据结构类似)，而每一个基本操作在编程时根据不同的存储结构也会派生出其他相关操作。如检测是否为空(empty)，即数据量为 0；或是否为满(full)，即分配的空间已经用完。

例如，线性表的查找操作在链接存储结构中就可能会有按序号查找；再如插入运算，也可能是变形为同时插入多个数据等，有时会对所有数据进行反序操作。

在掌握了基本操作后，其他的操作可以通过基本操作进行组合或改编，也可以另外编程实现。

2.3　线性表的顺序存储

线性表的顺序存储是指在内存中启用地址编号连续的一批存储空间，依次存放线性表的全部数据，这种存储形式叫"顺序存储"。把线性表用顺序存储实现，可以简称为"顺序表"。

在编程实现顺序表时，可以采用多种方案，但是通常最简单的方法就是采用高级语言中的一维数组，它的下标有助于理解线性表顺序存储的构造和编程设计细节。

为了程序更加通用，可以把数组定义为 dataarray[MAXSIZE]，其中 MAXSIZE 是一个整数，在程序头部用类似 const MAXSIZE＝100；的语句定义，这样一旦需要修改，比较容易完成。

在实际编程中要启用一个变量如 last 来记录最后一个数据的下标地址，这样才能知道哪些是线性表中的有效数据。表空时约定 last＝－1，这样在编程时 last＋＋或 last－－等语句一直有效。

以上的讨论在程序中类似下面的程序段：

```
const MAXSIZE = 100;
int dataarray [MAXSIZE];
int last;
```

顺序表的两个范例如图 2-1 所示。定义 MAXSIZE 为 11，因此有 0 到 10 号单元，数据个数为 6 个，在启用了 0 号单元时，表长为 last＋1，数据元素分别存放在 dataarray[0]到 dataarray[last]中。

0 号地址对应第一个数据，第 i 个数据在第 i－1 号地址，理解起来有些困难。为了逻辑上比较清晰，可以主动放弃使用这个单元，从 1 号单元开始存放实际数据，这样第 i 个数据正好就放在第 i 个地址中，理解起来比较简单。但是这个约定可能引起其他变化，如编程中很多相关地址的细节都要做相应改变，如：在不用 0 号单元后线性表的长度正好是 last，而不是 last＋1 了。

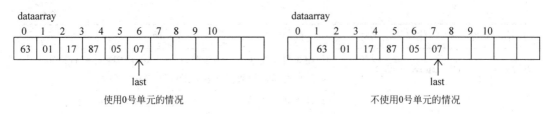

图 2-1 线性表的顺序存储示意图

由于顺序存储中内存地址是线性相邻的,因此物理上的相邻数据关系正好吻合了数据之间的逻辑相邻关系,因此这种存储方法的优点既简单又自然。通过地址计算公式,可以对任何一个数据直接进行访问,这样读写一个数据就和数据量无关了,显然这是一个非常好的特性。通常把这种数据访问方式称为随机访问。

随机访问特性指的是可以直接访问任意一个数据,所以必须有地址计算公式作为前提。设 a_1 的存储地址为 $Loc(a_1)$,每个数据元素占用 d 个存储地址,则第 i 个数据元素的地址为:

$$Loc(a_i) = Loc(a_1) + (i-1) * d \qquad (1 \leqslant i \leqslant n)$$

就是说,只要知道顺序表的第一个数据的存储地址(简称"首地址")和每个数据所占用地址单元的数目就可求出第 i 个数据元素的地址。

在 C++中,数组的下标约定从 0 开始。如果下标从 0 开始,则地址计算公式变成:

$$Loc(a_i) = Loc(a_0) + i * d \qquad (0 \leqslant i \leqslant n-1)$$

这个公式中减少了一次减法运算,如果把类似的操作固化在硬件上,就可以加快软件的运行速度。这也是计算机科学家们在数组的实现设计时启用 0 号单元的理由之一。

线性表的操作中最主要的是插入、删除等动态操作,因此表长不断变化。而数组的容量和实际线性表中的表长是不同的概念。高级语言中,静态数组通常需要先申请后使用,如果数组空间已经用完,还需要继续插入数据,这时就会引起操作失败,这种情况称为"上溢"。

下面讨论线性表中插入操作的完成。如果要在线性表已有数据中间插入一个数据,必然导致一批数据的移动,因为必须为准备插入的数据腾出一个地址空间。如图 2-2 所示,这个顺序表中在 2 号单元插入了 12。在移动数据过程中可以看到,last 暂时没有动,2 号单元依然还有一个 17。插入完成后,这两个细节都已经恢复到正确值。

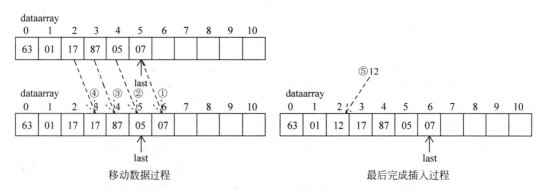

图 2-2 顺序表插入操作的示意图

在顺序表上完成插入操作通过以下步骤进行：将 $a_i \sim a_n$（反向）向后移动，为新元素空出空间；将新元素置入空出的第 i 个位置；修改 last（相当于修改表长），使之仍指向最后一个元素。

由于 C++ 语言中没有提供整体移动数据的语句，那么就必须编程来实现逐个数据的移动，通过上面示意图的讨论可以看到，必须从线性表的后部开始移动，才能保证程序的正确性。根据人的阅读习惯是从左到右，从面式思维的角度看，可以把这种移动称为"反向移动"。

根据顺序表的定义和存储特性，如果要在线性表中删除一个数据，不会是做一个"空洞"，也不是用另外一个特殊值来"填充"它，正确的方法是把后面的数据往前移动，因为顺序存储的定义是要求连续存放数据，这样才能保持随机访问特性的正确性。如图 2-3 所示，这个顺序表中在 2 号单元删除了 17。由于在数据移动中会产生数据覆盖，所以这其中含有一定的危险，进行删除操作之前建议提示一次。另外移动完毕后 last 被移动到 4 号单元，实际上 5 号单元中还有一个 07，但是由于 last 定义为指向最后一个元素，故它已经不属于这个线性表了。类似上面"反向"移动的理由，这里的移动过程被称为"正向"移动。

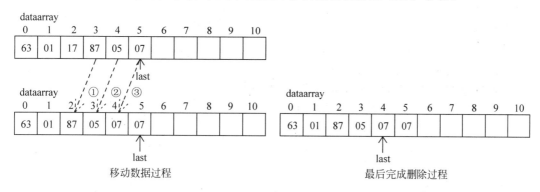

图 2-3　顺序表删除操作的示意图

在顺序表上完成删除操作的步骤如下：将 $a_{i+1} \sim a_n$（正向）向前移动，修改 last 指针（相当于修改表长）使之仍指向最后一个元素。

下面给出顺序表常用功能的程序源码，考虑到读者编写第一个规模较大的数据结构程序时会遇到各种困难，所以本程序给出了全部源码和详细的注释。以后的程序源码中界面、菜单和用户响应处理等非关键功能将不再提供程序源码。读者可以根据这个程序源码自己进行模仿改编。

【程序源码 2-1】 顺序表实现线性表功能的程序源代码如下：

```
//功能：完成线性表的新建、显示、插入、删除、读取、修改、求表长度、数据反转等功能
# include < iostream. h >              //读入必须包含的头文件
# include < windows. h >              //清屏和颜色设置需要
# include < iomanip. h >              //设置显示宽度要用
const Maxsize = 20;                   //定义线性表的最大长度
enum returninfo{success,fail,overflow,underflow,range_error};   //定义返回信息清单
class seqlist                         //定义一个线性表类 seqlist
{
protected:
```

```
        int dataarray[Maxsize];                           //数据域数组
        int count;                                        //计数器,统计结点个数,即线性表的长度
    public:
        seqlist();                                        //构造函数,用于对象的初始化
        ~seqlist();                                       //析构函数,用于对象消失前的善后处理
        returninfo create(int number);                    //顺序表的初始化
        bool empty(void) const;                           //判断顺序表是否空
        int length(void) const;                           //求顺序表的长度
        returninfo traverse(void);                        //遍历顺序表所有元素
        returninfo get(int position, int &item) const;    //读取一个结点
        returninfo replace(int position, const int &item);//修改一个结点
        returninfo insert(int position, const int &item); //插入一个结点
        returninfo remove(int position);                  //删除一个结点
        returninfo invertlist(void);                      //顺序表所有数据反转
    };
    seqlist::seqlist()                                    //构造函数
    {
        count = 0;                                        //计数器清零,表明开始时没有实际数据
    }
    seqlist::~seqlist()                                   //析构函数
    {
    }
    //本程序输入数据使用的是键盘输入
    //数据个数由 number 通过参数传入,然后用 count 控制
    returninfo seqlist::create(int number)
    {
        count = number;
        cout <<"请依次输入数据(用空格隔开): ";
        for(int i = 0; i < count; i++)
            cin >> dataarray[i];
        return success;
    }
    //由于用 count 记录实际数据量,所以根据它是否为 0 就知道该表是否为空
    bool seqlist::empty(void)const                        //判断是否为空
    {
        if(count == 0)
            return true;
        else
            return false;
    }
    //count 作为计数器,统计线性表的数据个数,所以返回该值即可
    int seqlist::length(void)const                        //求顺序表的长度
    {
        return count;
    }
    //在屏幕上显示所有数据,是一个最基本的操作,称为遍历
    //在顺序表中,注意是通过下标不断往后变化造成的
    returninfo seqlist::traverse(void)                    //遍历顺序表中的所有元素
    {
        if(empty())
            return underflow;                             //空表时的意外处理
```

```
    cout <<"顺序表中的全部数据为：";                    //提示显示数据开始
    for(int i = 0;i < count;i++)                        //循环显示所有数据
        cout <<" "<< setw(3)<< dataarray[i];            //注意控制宽度的技巧
    cout << endl;                                       //最后有一个回车
    return success;                                     //返回操作成功的信息
}
//给定特定位置,把相关数据显示在屏幕上
returninfo seqlist::get(int position, int &item) const //读取一个元素
{
    if(empty())                                         //空表时的意外处理
        return underflow;
    if(position < = 0||position > count)                //位置不正确的意外处理
        return range_error;
    item = dataarray[position - 1];                     //返回读取的数据,因为从 0 下标开始
    return success;                                     //返回操作成功的信息
}
//利用刷新覆盖特性,把新的数据覆盖掉旧的数据就是修改
returninfo seqlist::replace(int position,const int &item) //修改一个元素
{
    if(empty())
        return underflow;
    if(position < = 0||position > count)
        return range_error;
    dataarray[position - 1] = item;                     //实际修改数据的语句
    return success;
}
//重点操作: 顺序表中插入一个元素,除了放在最后一个元素后面
//其他位置的插入会导致数据的移动,这个移动是通过循环完成的
returninfo seqlist::insert(int position,const int &item)     //插入一个元素
{
    if(count + 1 > = Maxsize)
        return overflow;                                //上溢处理
    if(position < = 0 || position > count + 1)
        return range_error;                             //位置出错处理
    for(int i = count + 1;i > = position;i -- )         //循环移动数据
    {
        dataarray[i] = dataarray[i - 1];                //这里的移动称为"反向移动"
    }
    dataarray[position - 1] = item;                     //把新数据放入正确的位置
    count++;                                            //计数器加1,最后要改变数据量这个操作
    return success;
}
//重点操作: 删除顺序表中一个元素,除了最后一个元素
//其他位置的删除会导致数据的移动,这个移动是通过循环完成的
returninfo seqlist::remove(int position)                     //删除一个元素
{
    if(empty())
        return underflow;
    if(position < = 0||position > count)
        return range_error;
    for(int i = position - 1;i < count;i++)             //循环移动数据
```

```
        dataarray[i] = dataarray[i + 1];                    //这里的移动称为"正向移动"
    count -- ;                                               //计数器减 1
    return success;
}
//把所有数据反转可以体会利用数学知识进行编程的技巧
returninfo seqlist::invertlist(void)                        //顺序表所有数据反转
{
    int halfpos,tempdata;                                   //定义变量
    //用于中间位置的记录和交换数据用的中间变量
    if(empty())
        return underflow;                                   //下溢处理
    halfpos = count/2;                                      //求中间的位置,自动取整
    //这里巧妙地利用了自动取整,对于偶数个数据和奇数个数据都正确
    for(int i = 0;i < halfpos;i++)
    {
        tempdata = dataarray[i];
        dataarray[i] = dataarray[count - 1 - i];
        dataarray[count - 1 - i] = tempdata;               //经典的三句交换数据
    }
    return success;                                         //返回成功信息
}
//下面为界面专门设计一个对象
class interfacebase
{
private:
    seqlist listonface;
public:
    void clearscreen(void);                                //清屏
    void showmenu(void);                                   //显示菜单
    int userchoice(void);                                  //用户响应
    returninfo processmenu(int menuchoice);               //处理菜单
};
void interfacebase::clearscreen(void)
{
    system("cls");
}
void interfacebase::showmenu(void)
{
    cout <<"顺序表基本功能菜单"<< endl;
    cout <<" ========= "<< endl;
    cout <<"1.输入数据(键盘输入)"<< endl;
    cout <<"2.显示数据(遍历全部数据)"<< endl;
    cout <<"3.修改数据(要提供位置和新值)"<< endl;
    cout <<"4.插入数据(要提供位置和新值)"<< endl;
    cout <<"5.删除数据(要提供位置)"<< endl;
    cout <<"6.读取数据(要提供位置)"<< endl;
    cout <<"7.求表长度"<< endl;
    cout <<"8.数据反转(全部数据逆序存储)"<< endl;
    cout <<"9.结束程序"<< endl;
    cout <<" ========= "<< endl;
}
```

```
int interfacebase::userchoice(void)
{ int menuchoice;
    cout <<"请输入您的选择：";
    cin >> menuchoice;
    return menuchoice;
}
returninfo interfacebase::processmenu(int menuchoice)
{
    int position, item, returnvalue;
    switch(menuchoice)                          //根据用户的选择进行相应的操作
    {
    case 1:cout <<"请问你要输入数据的个数,注意要在"<< Maxsize <<"个以内："
        cin >> item;
        if(item > Maxsize)
                cout <<"对不起,输入数据超限,操作已取消!"<< endl;
        else
        {
                returnvalue = listonface.create(item);
                if(returnvalue == success)
                        cout <<"建立顺序表操作成功!"<< endl;
        }
        break;
    case 2:
        returnvalue = listonface.traverse();
        if(returnvalue == underflow)
                cout <<"顺序表目前为空,没有数据可以显示!"<< endl;
        else
        cout <<"顺序表遍历操作成功!"<< endl;
        break;
    case 3:
        cout <<"请输入要修改数据的位置：";
        cin >> position;
        cout <<"请输入要修改的新数据：";
                cin >> item;
        returnvalue = listonface.replace(position, item);
        if(returnvalue == underflow)
                cout <<"对不起,顺序表已空!"<< endl;
        else if(returnvalue == range_error)
                cout <<"对不起,修改的位置超出了范围!"<< endl;
        else
            cout <<"修改操作成功!"<< endl;
                break;
    case 4:
        cout <<"请输入要插入数据的位置：";
        cin >> position;
        cout <<"请输入要插入的新数据：";
                cin >> item;
        returnvalue = listonface.insert(position, item);
        if(returnvalue == overflow)
                cout <<"对不起,顺序表溢出,无法插入新数据!"<< endl;
        else if(returnvalue == range_error)
```

```
                cout <<"对不起,插入的位置超出了范围!"<< endl;
            else
                cout <<"插入操作成功!"<< endl;
            break;
    case 5:
            cout <<"请输入要删除数据的位置:";
            cin >> position;
            returnvalue = listonface.remove(position);
            if(returnvalue == underflow)
                cout <<"对不起,顺序表已空!"<< endl;
            else if(returnvalue == range_error)
                cout <<"对不起,删除的位置超出了范围!"<< endl;
            else
                cout <<"删除操作成功!"<< endl;
                    break;
    case 6:
            cout <<"请输入要读取数据的位置:";
            cin >> position;
            returnvalue = listonface.get(position,item);
            if(returnvalue == underflow)
                cout <<"对不起,顺序表已空!"<< endl;
            else if(returnvalue == range_error)
                cout <<"对不起,读取的位置超出了范围!"<< endl;
            else
                cout <<"读取的数据为: "<< item << endl <<"读取操作成功!"<< endl;
            break;
    case 7:
            cout <<"顺序表目前的长度为: "<< listonface.length()<< endl;
            cout <<"求顺序表长度操作成功!"<< endl;
            break;
    case 8:
            returnvalue = listonface.invertlist();
            if(returnvalue == underflow)
                cout <<"对不起,顺序表已空!"<< endl;
            else
                cout <<"顺序表所有元素反转操作成功!"<< endl;
            break;
    case 9:
            exit(0);
    default:
            cout <<"对不起,您输入的功能编号有错!请重新输入!!!"<< endl;
                break;
            }
            return success;
}
//下面为本程序主入口 main 函数
void main(void)                              //程序主入口
{
    system("color f0");
    SetConsoleTitle("顺序表基本功能展示");         //设置标题栏
    int menuchoice;
```

```
    interfacebase interfacenow;                //定义本次具体的界面对象
    seqlist seqlistnow;                        //定义本次具体的线性表对象
    interfacenow.clearscreen();                //清屏
    while (1)                                  //永真循环
    {
        interfacenow.showmenu();               //显示菜单
        menuchoice = interfacenow.userchoice();//读取用户响应
        interfacenow.processmenu(menuchoice);  //处理用户响应
        system("pause");                       //暂停
        interfacenow.clearscreen();            //清屏
    }
}                                              //主函数结束
```

时间效率评价：真正插入数据的操作实际上只有一个赋值语句，这是一个 O(1) 级别的操作，但是由于引发了数据的移动，而这种移动必须通过循环语句来实现，变成了一个 O(n) 级别的操作，导致插入算法的时间效率大大降低，在海量数据的前提下，这种动态操作体现了顺序表的缺点。注意在最好的情况下是不需要移动数据的，最坏的情况下却需要移动全部数据，进行时间效率分析时，可以取平均值，也就是 n/2，按照系数可以忽略的约定，所以该算法的时间效率为 O(n)。

在删除操作中，并没有任何涉及删除数据的语句，即实际删除的时间复杂度为 0，但是由于要移动数据，启用了循环，就演变成了 O(n) 级别的操作，所以删除算法的时间效率也很低。

读取数据、判断是否为空、求表长、修改数据等操作的时间复杂度为 O(1)，时间效率较高。

线性表顺序存储的优点是可以做到"随机访问"，也就是访问任何数据的时间是一致的，缺点是插入、删除等动态操作引起了数据移动，时间效率低下。

2.4　线性表的链接存储

线性表虽然可以用较容易理解的顺序存储来实现，但是由于它用物理上的相邻单元实现逻辑上的相邻关系，所以一旦对顺序表进行插入、删除操作，就可能产生数据移动，导致时间效率下降。为了解决这个问题，必须打破数据依次相邻单元存放的基本约定。C++ 中的链表提供了这样的机制。实际上链表恰恰就是计算机科学家当初为了解决顺序存储引发的数据移动问题而推出的。

下面用几个示意图的演变来展示单链表是如何工作的。

在图 2-4 中，约定有 4 个字母逻辑上按照英文字母序顺序排列（即 A，B，C，D），存储时并没有依次放在一起。此时数据进入了内存，但是数据之间的关系却没有存储，如找不到哪一个是逻辑上的第一个，也不知道某一个数据的下一个是哪一个，也不知道哪一个是最后一个，甚至由于内存中每个地址都有数据的特性，也分不清楚哪些是这个逻辑结构中的数据，哪些不是。

如果要保存逻辑上的关系，就必须记录逻辑上下一个数据的存储地址。为此用两种不

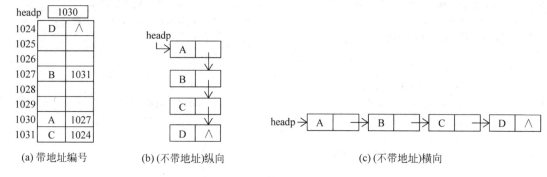

(a) 带地址编号 　　　　(b) (不带地址)纵向 　　　　(c) (不带地址)横向

图 2-4　指针和链表效果示意图

同类型的数据结合在一起做成一个结点,第一部分为数据域,命名为 data,另一部分为地址域,命名为 next,这两部分的整合在 C 语言中用结构体 struct,在 C++中则启用对象 class。

在图 2-4(a)中,用模拟的地址表示,实际上编程实现并不依赖存储地址的编号,可以改用指针指向下一个地址来代表存储下一个数据的地址(图中结点的边界都可以理解为它的地址编号,指向边界的任何一处都是一样的)。图 2-4(c)改为横向画法,这是最常用的链表示意图画法。

当把多个数据通过这种机制挂在一起时,n 个元素的线性表组成了一个链状的结构,称为"链表"。由于每个结点只有一个指向其直接后继的指针,所以称其为"单链表"。

部分读者对于链表示意图的工作原理或者程序设计感到很难理解,实际上在现实生活中这种机制是经常能遇到的。例如在大学里,课程"数据结构"在某个时刻应该在 1216 室上课,由于多媒体设备出现了问题,这时老师在黑板或门上留下一张纸条:"上'数据结构'的学生请到 2301 室去上课"。这种情况下,所有来上课的学生先到达 1216 室,之后根据提示的教室号赶往 2301 室。这实际就是一种链表思想的实际运用。

除此之外,有些公路上的方向指示标记,有些商场在地上贴的指引图标都是这样的例子。有些电视节目中组织的活动是一种连续分阶段执行的任务,只有在完成上一个任务后才会获得下一个任务的指令也是链表机制的体现。

链表由一个个结点构成,C 语言中结点可以通过结构体递归定义而成,语句如下:

```
struct node                          //结点结构体
{
    int data;                        //数据域
    node * next;                     //指针域
};
```

结点在 C++语言中通过对象定义如下:

```
class node                           //结点对象定义
{
public:
    int data;                        //数据域
    node * next;                     //指针域
};
```

对于链表的访问,必须给出一个入口。这就是第一个结点的地址。启用一个"头指针"

(head pointer,简记为 headp)来达到这个目的。实际上就是一个变量,用来存储整个链表的第一个结点的地址。在向操作系统申请空间时都会启用一个变量名,那么直接用该变量名管理即可。

C 语言中定义头指针变量的语句为:

```
struct node * headp;                              //全局变量,定义了头指针
```

在 C++语言中链表将作为另外一个对象进行定义,其中定义头指针变量的语句为:

```
private:
    node * headp;
```

对于链表来说,增加数据就是先申请一个结点,然后放入数据,再进行挂链操作。

在 C 语言中申请一个结点的语句为:

```
♯define len sizeof(struct node)                   //结构体 node 的长度,即要申请空间的
                                                  //长度
headp = (struct node * )malloc(len);              //申请头结点空间
```

在 C++语言中使用类似 headp=new node;的语句来申请新结点,作为头结点。

通常单链表的最后一个结点没有后继,其指针域置空,图中是一个小尖尖,编程中为NULL,表明此线性表到此结束。通常申请成功一个新的结点时,应该把这个结点的指针域定义为空,以避免链表地址管理的意外。其语句写为:

```
headp - > next = NULL;
```

在链表结构中通常是从第一个结点的地址开始依次访问后面的每一个结点,这种访问特性被称为"顺序访问",而不再有顺序存储时的"随机访问"特性。

为了达成对所有数据的访问,通常会启用一个专用的搜索指针(search pointer,简称为searchp),初始状态从头指针的地址开始,其语句写为:

```
searchp = headp;
```

之后需要控制这个指针依次向后移动,把当前 searchp 指向的结点的 next 域赋值给searchp 即可,其语句为"searchp=searchp-> next;",这个语句在链表程序设计中,非常基本且非常重要,属于很常用的语句。

编程时搜索指针从链表头部到尾部的移动过程通过循环结构来控制。一般情况下不要移动头指针 headp,一旦用它进行遍历,就会造成大量数据丢失。

在链表程序设计中,由于可能把全部数据删光而导致"链表为空",这时可能给后续设计带来麻烦。如在链表中插入结点,将结点插在第一个位置和其他位置是不同的,在链表中删除结点时,删除第一个结点和其他结点的处理也不同。这种情况处理不好就会使得程序出现不可预料的情况。为了增加程序的健壮性和简化设计,建议增加一个空置的"头结点",实际上就是浪费掉一个结点,headp 中存放着头结点的地址,这样即使是空表,头指针 headp也不为空。头结点的使用使得"非空表"和"空表"的差异不再存在,操作变得一致。C 语言中建议编制一个初始化(initialization)的函数来做这项工作,而在 C++中可以用对象的构造函数来做这项工作。

作为程序设计技巧,在处理的数据类型为整数的情况下,头结点的数据域也可以被利用,如存储数据个数。

图 2-5 是使用单链表存储有 3 个数据的线性表的示意图,分别是无头结点和有头结点的范例。

不带头结点   带头结点

图 2-5 线性表用单链表存储的示意图

链表中结点空间在删除结点后,一定要释放该空间,还给操作系统管理,否则就会形成所谓的"内存垃圾",大量的内存垃圾将导致内存很快耗尽,从而引发死机。

释放空间在 C 语言中的语句为"free(searchp);",而在 C++ 语言中,则为"delete searchp;"。

由于链表的特性,如果要在链表的中间插入一个数据,只需要修改一些相关链表的指针即可以实现,而不再需要进行大量数据的移动。但是寻找该位置的操作却必须使用"顺序访问"的方法,访问数据的速度和数据量有关,越往后的数据被访问需要的时间越长,时间效率有所下降。

在链表上完成插入操作通过以下步骤进行:

(1) 申请新结点,把要插入的数据存入该结点的数据域,把链域置为空(NULL)。

(2) 启用搜索指针 searchp 找到正确位置。

(3) 改动相应的指针,将新结点挂入正确的位置。

通常在某一个结点的直接后继的位置插入比较方便。

设 searchp 指向单链表中某结点,newnode 指向待插入值为 value 的新结点,插入操作示意图如图 2-6 所示。操作如下:

① newnode-> next＝searchp-> next;

② searchp-> next＝newnode;

注意:这两个操作有次序相关性,不能交换,否则会导致大量数据的丢失。

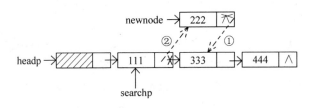

图 2-6 单链表中进行插入操作的示意图

如果要插入在某一个结点的直接前趋的位置,那么就要通过其他的方法,几种常用的方法如下:

(1) 修改判断的条件为 searchp-> next-> data 是否等于某个值,使得搜索指针提前停一个位置,这种方法属于技巧性的,并不是很好,因为移动到最后一个结点就会出错。

(2) 将新的结点插入到 searchp 的后面,然后将这两个结点的数据域的值进行交换。这种编程方法也属于技巧性的。

（3）启用一个"尾随指针"（follow pointer，简记为 followp），在 searchp 移动直到找到某个数据位置的过程中，后面始终跟随着 followp，这个思路比较专业。

对于删除，也只需要通过改链就可以完成。不过在单链表中，当一个指针指向某一个结点时，是不能删除它自身的，因为它的地址存放在直接前趋结点的链域中，所以有必要继续启用尾随指针。

在链表上完成插入操作通过以下步骤进行：

（1）使用搜索指针 searchp 找到相应的位置，同时启用尾随指针 followp。

（2）改链。

（3）释放删除的结点空间，回归操作系统管理。

设 searchp 指向单链表中某结点，followp 指向它的直接前趋，删除操作示意图如图 2-7 所示。具体语句如下：

① followp-> next＝searchp-> next；

② free(searchp)；

注意：这两个操作有次序相关性，不能交换，否则会出错。

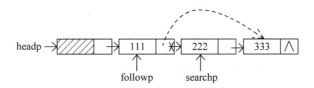

图 2-7　单链表存储删除操作的示意图

【程序源码 2-2】　下面为链表实现线性表基本功能的部分程序源码。

```
//功能：单链表实现线性表的基本功能
//完成单链表的新建、显示、插入、删除、读取、修改、反转等功能
# include < iostream. h>
# include < windows. h>
const MAXNUMOFBASE = 5;                          //基础数据总量
enum returninfo{success,fail,overflow,underflow,range_error}; //定义返回信息清单
//本程序的基础数据采用内置法，直接放入数组
int sourcedata[MAXNUMOFBASE] = {11,22,33,55,66,};    //内部数据数组
class node                                       //结点的对象设计
{
public:
    int data;                                    //数据域
    node * next;                                 //结点指针
};
class linklist                                   //链表的对象设计
{
private:
    node * headp;
protected:
    int count;                                   //计数器，统计结点个数，即线性表的长度
public:
    linklist();                                  //构造函数
```

```cpp
        ~linklist();                                    //析构函数
        returninfo create(void);                        //链表的初始化
        void clearlist(void);                           //清空链表
        bool empty(void) const;                         //判断是否空链
        int length(void) const;                         //求链表的长度
        returninfo traverse(void);                      //遍历链表所有元素
        returninfo retrieve(int position, int &item) const; //读取一个结点
        returninfo replace(int position, const int &item); //修改一个结点
        returninfo insert(int position, const int &item); //插入一个结点
        returninfo remove(int position);                //删除一个结点
        returninfo invertlist(void);                    //链表所有数据反转
};
linklist::linklist()                                    //构造函数
{
        headp = new node;                               //申请新结点,作为头结点
        headp->next = NULL;                             //头结点的地址域预设为空地址
        count = 0;                                      //计数器清零,表明开始时没有实际数据
}
linklist::~linklist()                                   //析构函数
{
        clearlist();                                    //删除所有数据,释放所有结点
        delete headp;                                   //把头结点也释放掉
        count = 0;                                      //计数器清零,表明开始时没有实际数据
}
returninfo linklist::create(void)
{
        node * searchp = headp, * newnodep;
        int i;
        for (i = 0; i < MAXNUMOFBASE; i++)
        {
                newnodep = new node;                    //此处对于申请失败并没有处理
                newnodep->data = sourcedata[i];         //结点数据域赋值
                newnodep->next = NULL;                  //把结点后面的链域置空
                searchp->next = newnodep;               //把新结点挂链,尾部插入法
                searchp = searchp->next;                //移动结点的指针,保证下次正确插入
                count++;                                 //数据量的计数器加 1
        }
        searchp->next = NULL;                           //最后处理一次链域为空
        traverse();                                     //遍历一次
        return success;                                 //返回成功标志
}
void linklist::clearlist(void)                          //清空链表
{
        node * searchp = headp->next, * followp = headp; //初始化两个指针
        while(searchp!= NULL)
        {
                followp = searchp;                      //尾随指针跟上来
                searchp = searchp->next;                //搜索指针前进
                delete followp;                         //释放掉尾随指针指向的结点空间
        }
```

```
        headp -> next = NULL;                            //保留了最后一个结点,就是头结点,并
                                                         //且链域置为空
        count = 0;                                       //计数器也清零
}
returninfo linklist::traverse(void)                      //遍历链表中的所有元素
{
        node * searchp;                                  //启用搜索指针
        if(empty())
                return underflow;                        //空表的处理
        searchp = headp -> next;
        cout <<"链表中的全部数据为: Headp -> ";             //提示显示数据开始
        while(searchp!= NULL)                            //循环显示所有数据
        {
                cout <<"[ "<< searchp -> data;            //显示结点的技巧
                if (searchp -> next == NULL)
                        cout <<" |^]";                    //显示最后一个结点
                else
                        cout <<" | - ] ->";               //显示中间的结点
                searchp = searchp -> next;
        }
        cout << endl;                                    //最后有一个回车
        return success;                                  //返回成功标志
}
returninfo linklist::retrieve(int position, int &item) const //读取一个结点
{
        if(empty())                                      //空表意外处理
                return underflow;
        if(position <= 0||position >= count + 1)         //位置有错意外处理
                return range_error;
        node * searchp = headp -> next;                  //定义搜索指针,初始化
        for(int i = 1; i < position && searchp!= NULL;i++) //提示:注意小于号
                searchp = searchp -> next;               //顺序访问方式,用循环,算法复杂度是
                                                         //O(n)
        item = searchp -> data;                          //返回读取的数据
        return success;                                  //本次操作成功
}
returninfo linklist::replace(int position,const int &item) //修改一个结点
{
        if(empty())
                return underflow;
        if(position <= 0||position >= count + 1)
                return range_error;
        node * searchp = headp -> next;
        for(int i = 1; i < position && searchp!= NULL;i++)
                searchp = searchp -> next;
        searchp -> data = item;                          //实际修改数据的语句
        return success;
}
returninfo linklist::insert(int position,const int &item) //插入一个结点
{
        if(position <= 0 || position >= count + 2)
                return range_error;
```

```
        node * newnodep = new node, * searchp = headp - > next, * followp = headp;
        for(int i = 1; i < position && searchp!= NULL; i++)
        {
            followp = searchp;
            searchp = searchp - > next;
        }
        newnodep - > data = item;                    //给数据赋值
        newnodep - > next = followp - > next;          //注意此处的次序相关性
        followp - > next = newnodep;
        count++;                                      //计数器加 1
        return success;
    }
returninfo linklist::remove(int position)            //删除一个结点
    {
        if(empty())
            return underflow;
        if(position < = 0 || position > = count + 1)
            return range_error;
        node * searchp = headp - > next, * followp = headp;   //这里两个指针的初始值设计一前一后
        for(int i = 1; i < position && searchp!= NULL; i++)
        {
            followp = searchp;
            searchp = searchp - > next;
        }
        followp - > next = searchp - > next;            //删除结点的实际语句
        delete searchp;                               //释放该结点
        count -- ;                                     //计数器减 1
        return success;
    }
returninfo linklist::invertlist(void)                //链表所有数据反转
    {
        node * nowp, * midp, * lastp;                  //启用多个辅助指针
        if(empty())
            return underflow;
        nowp = headp - > next;
        midp = NULL;
        while(nowp!= NULL)
        {
            lastp = midp;
            midp = nowp;
            nowp = nowp - > next;
            midp - > next = lastp;
        }
        headp - > next = midp;
        return success;
    }
```

图 2-8 为单链表功能展示程序运行后的部分界面。

时间效率评价：由于插入数据和删除数据操作只需要修改指针，所以这些操作都是 O(1)级别的时间复杂度，但是读取数据必须通过循环语句来实现，这一部分是 O(n)级别的

时间复杂度,导致算法时间效率有所下降。

判断是否为空、求表长等操作的时间复杂度为 O(1),时间效率较高。由于清空链表、遍历数据、读取数据、修改数据、数据反转等操作都启用了循环机制,都是 O(n)级别的时间复杂度。

链表的优点是可以做到高效的动态操作,插入、删除等操作不会引起数据的移动,但是"随机访问"特性也不复存在,只能进行"顺序访问"。

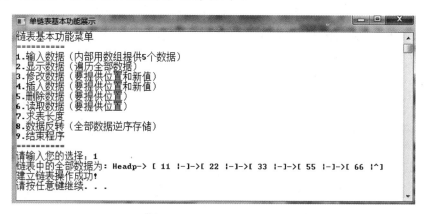

图 2-8　单链表功能展示程序运行后的部分界面

2.5　线性表链接存储的变形

对于单链表而言,最后一个结点的指针域指向的是"空",在启用搜索指针时,通常从头部找到尾部,一旦结束该指针就变成空地址,这正好是循环控制搜索指针时用的结束条件。如果要重新查找,则必须从头部开始再重设搜索指针。为了不使搜索指针为空地址,可以利用最后一个指针域,使之指向链表的头部,这样就巧妙地把链表做成了一个环状的结构。它的好处是搜索指针一旦启用,就可以在链表中永远存在。为了保证循环链表的环状一直存在而简化程序设计时的意外处理,建议启用一个头结点。

图 2-9 是有 3 个数据的线性表使用循环链表存储的示意图,可以看到空线性表保持了基本的环状。

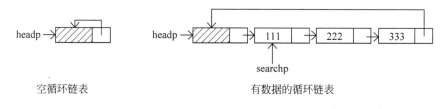

空循环链表　　　　　　　　　　　有数据的循环链表

图 2-9　循环链表的原理示意图

在单循环链表上的编程基本上与非循环链表相同,只是将原来判断指针是否为 NULL 变为是否指向头指针,没有更多的变化。因为该链表是带有头结点的结构,所以搜索指针的初始状态指向第一个实际数据(searchp＝headp-> next),而不是头指针所指的结点,这样在判断是否已经查找一轮时,可以把条件区别开来(即经过一轮搜索后的结束条件是 searchp

==headp)。

在单链表的结点中只有一个指向其后继结点的指针域 next,若希望能访问该结点的直接前趋就不方便。解决方法之一就是用循环链表从该结点再转一圈,那么必须启用循环机制,访问直接后继操作的时间效率是 O(1),而访问直接前趋操作的时间效率却是 O(n),如果一个应用对于一个数据的直接后继和直接前趋一样重要,且经常会交替访问,那么这个问题就比较突出。为此可以再启用一个链域,用来指向直接前趋,这样双向访问的问题就解决了,而且访问的时间效率都是 O(1),但是必须付出一些空间的代价。用这种结点组成的链表称为双向链表。当然,也可以设计出双向循环链表,建议带一个头结点。

图 2-10 是有 3 个数据的线性表使用双向循环链表存储的示意图。指向直接后继的指针继续使用 next,而增加一个指向直接前趋的指针 prior。

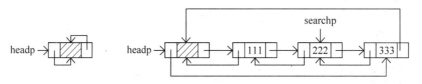

图 2-10　双向循环链表的原理示意图

由于有了两个方向的指针,在编程中,尤其是动态操作时必须注意到这两个指针都要处理。其他的程序设计细节与单循环链表上的操作基本上相同。

有趣的是,在单链表中无法删除一个搜索指针正在指向的结点,但是在双向链表中,却可以做到,不过需要把搜索指针处理好。为了突出难点和重点,下面的源码主要给出了构建、遍历、插入和删除 4 种主要功能。

【程序源码 2-3】　双向循环链表部分主要功能源码。

```
struct dlnode                                    //结点的设计
{
    int data;                                    //数据域
    dlnode * prior;                              //指向直接前趋的指针
    dlnode * next;                               //指向直接后继的指针
};
class dllinklist                                 //链表的对象设计
{
private:
    dlnode * headp;
protected:
    int count;                                   //计数器,统计结点个数,即线性表的长度
public:
    dllinklist();                                //构造函数
    ~dllinklist();                               //析构函数
    returninfo create();                         //链表的初始化
    void clearlist();                            //清空链表
    bool empty() const;                          //判断是否空链
    int length() const;                          //求链表的长度
    returninfo traverse(void);                   //遍历链表所有元素
    returninfo retrieve(int position, int &item) const;   //读取一个结点
    returninfo replace(int position, const int &item);    //修改一个结点
```

```
    returninfo insert(int position, const int &item);      //插入一个结点
    returninfo remove(int position);                        //删除一个结点
    returninfo invertlist(void);                            //链表所有数据反转
};
returninfo dllinklist::create()
{
    dlnode * searchp = headp;
    dlnode * newdlnodep;
    int i;
    if (!empty())
        return fail;
    for (i = 0; i < MAXNUMOFBASE; i++)
    {
        newdlnodep = new dlnode;
        if (newdlnodep == NULL)                             //处理申请内存错误
            return fail;
        newdlnodep->data = sourcedata[i];                   //结点数据域赋值
        newdlnodep->next = NULL;                            //把结点后面的链域置空
        newdlnodep->prior = NULL;
        searchp->next = newdlnodep;                         //把新结点挂链,尾部插入法
        newdlnodep->next = headp;                           //尾部连入头部
        newdlnodep->prior = searchp;                        //指向前一个结点
        headp->prior = newdlnodep;                          //头部连入尾部
        searchp = searchp->next;                            //移动结点的指针,保证下次正确插入
        count++;                                            //数据量的计数器加1
    }
    traverse();                                             //遍历一次
    return success;                                         //返回成功标志
}
//在输出上结点的两边都画了一个箭头用于表示双向的感觉
returninfo dllinklist::traverse()                          //遍历链表中的所有元素
{
    dlnode * searchp;                                       //启用搜索指针
    int i;
    if (empty())
        return underflow;                                   //空表的处理
    searchp = headp->next;
    cout << "链表中的全部数据为：Headp->";                   //提示显示数据开始

    for (i = 0; i < count; i++)
    { //循环显示所有数据
        cout << "<-[-|" << searchp->data;                   //显示结点的技巧
    if (searchp->next == headp)
        cout << " |-]->Headp";                              //显示最后一个结点
    else
        cout << " |-]->";                                   //显示中间的结点
    searchp = searchp->next;
    }
    cout << endl;                                           //最后有一个回车
    return success;                                         //返回成功标志
}
```

```
returninfo dllinklist::insert(int position, const int &item)   //插入一个结点
{
    if (position <= 0 || position >= count + 2)
        return range_error;
    dlnode * newdlnodep = new dlnode;
    dlnode * searchp = headp;
    for (int i = 0; i < position - 1 && searchp->next != headp; i++)   //因为是循环的,所以不
                                                                       //用 searchp!= NULL
        searchp = searchp->next;
    newdlnodep->next = searchp->next;                   //真正的插入语句开始
    searchp->next->prior = newdlnodep;
    searchp->next = newdlnodep;
    newdlnodep->prior = searchp;
    newdlnodep->data = item;

    count++;                                            //计数器加 1
    return success;
}
returninfo dllinklist::remove(int position)             //删除一个结点
{
    if (empty())
        return underflow;
    if (position <= 0 || position >= count + 1)
        return range_error;
    dlnode * searchp = headp;
    for (int i = 0; i < position && searchp->next != headp; i++)   //因为是循环的,所以不用
                                                                   //searchp!= NULL
        searchp = searchp->next;
    searchp->prior->next = searchp->next;               //真正的删除语句开始
    searchp->next->prior = searchp->prior;
    delete searchp;
    count--;
    return success;
}
```

如果数据域的数据类型是整型,那么头结点中的数据域可以存储数据个数。

2.6　线性表存储结构实现的选择标准

如果一个程序处理了一批线性关系的数据,那么这批数据就确定了逻辑结构为线性表。进一步,在编程时应该怎样选取存储结构呢？通常有以下几点可以考虑。

1. 基于存储空间的考虑

顺序表通常采用数组,如果存储空间静态分配,在使用之前必须明确定义它的大小,过大造成浪费,过小容易溢出。如果对线性表的空间大小难以估计时则不宜采用顺序表;而链表不用事先估计存储规模,只是在需要的时候向操作系统申请,用完之后归还,所以比较灵活,但链表的存储效率较低,需要付出更大的存储代价。

2. 基于常用操作的考虑

在顺序表中按序号访问 a_i 的时间复杂度为 O(1),链表中按序号访问的时间复杂度为

O(n),如果多数时间要按序号访问数据元素,显然顺序表优于链表;在顺序表中进行插入、删除操作时平均移动表中一半的元素,当数据元素较多时,时间效率急剧下降;在链表中进行插入、删除操作,虽然也要寻找插入位置,但操作主要是读取数据和比较是否相等,插入和删除本身不会引起数据的移动,从这个角度看链表的总体速度优于顺序表。

3. 基于开发环境的考虑

由于任何高级语言中都有数组类型,顺序表容易实现,而链表的操作基于指针,不是每一种高级语言都提供这种机制。相对来讲前者简单些,通常这也是考虑的一个因素。

虽然链表提供了灵活的插入、删除操作机制,但是并不是每一种高级语言都提供指针和链表。那么在遇到这种高级语言又需要启用链表机制时,一种实现方案就是利用数组来模拟指针构成的链表。由于数组空间的大小都事先定义好且不能变化,所以简称为"静态链表"。

顺序表和链表这两种存储结构各有优缺点,选择哪一种由实际问题中的主要因素决定。通常"较稳定"的线性表宜选择顺序存储,而需要频繁进行插入、删除操作的即动态性较强的线性表宜选择链接存储。有时为了方便操作,可以主要使用一种存储结构,然后执行某种操作时临时启用另外一种存储结构。

在后面的章节中还会看到把不同的存储结构整合在一起,构成更复杂存储结构的范例。

2.7 线性表的应用案例

线性表作为数据结构,其主要用途是处理任何线性关系的数据。只要需要,在一个程序中可以使用多组线性表结构来同时处理多批线性结构的数据。例如象棋程序设计中如果要把棋子信息告知系统,则可以通过线性表存储所有棋子的名称或编号,以供进一步使用。从键盘上输入数据,通常也都是按照线性关系来理解的。

【应用案例 2-1】 两个长位数正整数相加的程序设计。

由于高级语言中对整数会限制最大值,这样在计算很大的整数加法时会出现溢出问题。如果改为浮点数,那么就会出现最后的 n 位数不完全准确。为了能计算非常大的正整数之间的加法,如 100 位长,只能采用特殊的数据结构来解决。首先根据整数的线性特征和逻辑结构选择线性表。其次由于在相加的过程中可能产生进位的问题,明显不适用链表,故采用顺序表来表示整数。为了方便处理,在键盘输入过程中要注意整数的数据本身所有内容之间需要加空格,也就是变成了所谓的字符串。算法方面需要从整数的低位开始运算,逐步运算到最高位,最后可以把结果也放在一个顺序表中。

【应用案例 2-2】 多项式的加减法操作。

多项式(polynomial)通常表示为 $pa = a_1 x^n + a_2 x^{n-1} + \cdots + a_n x + c$。

比较规范的范例如:$pa = 23x^5 - 28x^4 + 89x^3 + 67x^2 - 33x + 58$,其特征为从某个方幂开始,降序排列,中间的所有项都存在。

比较不规范的范例如:$pb = 3x^{500} - 2x^{425} - 7x^{378} + 5x^{234} + 58$,其特征为方幂之间不连续,间隔可以相当巨大,从程序设计的通用性角度,可以还有一些方幂相同的项,方幂的次序也不一定非要降序排列,可能是乱序排列。

如果是仅计算多项式的值,通常采用迭代法来完成。如果要求把两个多项式进行加减法运算,则必须进一步讨论存储结构和算法。

首先,选择数据结构。由于多项式通常根据方幂从大到小按照一维线性关系排列,所以选择线性表是合适的选择。

其次,选择存储结构。先考虑一下顺序表,如果利用方幂逐次降低的特点只存储系数,那么就仅适合所有方幂都存在的情况,类似上面比较规范的范例,否则就会浪费大量存储单元。如果通过二维数组同时存储系数和指数,虽然可以节省系数为零的项目所占空间,但是由于在多项式加减法过程中会出现增加项目或删除项目的情况,会引发大量数据的移动,时间效率太低,非常不理想。链表结点是在需要时临时申请,需要删除时归还给操作系统,所以用链表表示多项是最佳选择,在程序设计中不会产生数据的移动。

第三,设计算法。对于两个多项式,要分别启用两个搜索指针进行管理,根据情况决定同时向前移动还是移动其一。具体编程时可以使用"新构法",就是在原来两个数据结构不变的情况下,产生一个新的结构,如多项式的加法简记为 pc＝pa＋pb。另外一种思路叫"覆盖法",就是把结果放在原来的数据结构之一上,一旦操作完成,原来的结构之一就被破坏了,简记为 pa＝pa＋pb 或 pb＝pa＋pb。如果其中一个结构已经处理完毕,那么另外一个结构的所有结点还需要继续处理。减法可以采用把第二个多项式系数全部乘以－1,然后调用加法算法完成。

2.8 本 章 总 结

本章主要介绍线性表的逻辑结构以及它的存储结构:顺序表、链表。这些构成了所有数据结构的重要基础。需要熟练掌握本章的基本概念和基本操作的编程才能学好后面的知识。

基于链表的编程通常比数组难,需要多画示意图,多编程和调试,才能较好地掌握。

不同的存储结构各有优缺点,线性表的顺序存储有 3 个优点:①思路和实现都比较简单,容易理解。②不用为表示结点间的逻辑关系而增加额外的存储空间。③顺序表具有按元素序号"随机访问"的特点,访问数据的速度较快。但顺序存储也有两个缺点:①在顺序表中进行插入、删除操作时,平均移动表中大约一半的元素,因此数据量较大时时间效率过低。②需要预先分配恰当的存储空间,过大可能会导致大量浪费;过小又会频繁造成溢出。链表的优缺点恰好与顺序表相反,如前所述,动态操作不引起数据移动,但是对于数据的访问而言只能是"顺序访问"。后面的章节里会设法把这两种方法的优点做一个综合。

习 题

一、原理讨论题

1. 顺序存储和链表存储的优缺点对比分析。

2. 写出逻辑结构的种类和名称。

3. 写出存储结构的种类和名称。

4. 写出主要的线性表的操作清单。

二、理论基本题

1. 写出以下概念的定义：线性表、表长、直接前趋、直接后继。

2. 线性表顺序存储结构地址计算公式的示意图。

3. 给出 5 个数据,画出线性表顺序存储结构插入数据的示意图。

4. 给出 5 个数据,画出线性表顺序存储结构删除数据的示意图。

5. 给出 5 个数据,画出线性表链接存储结构插入数据的示意图。

6. 给出 5 个数据,画出线性表链接存储结构删除数据的示意图。

7. 给出 5 个数据,画出线性表链接存储结构变形(循环)的示意图以及插入和删除操作的示意图。

8. 给出 5 个数据,画出线性表链接存储结构变形(双向)的示意图以及插入和删除操作的示意图。

三、编程基本题

1. 对一个顺序表进行真正的逆置(即不是仅在屏幕上显示出逆序效果),除原占用空间外只能使用一个附加存储单元。

2. 给定参数 n 和 m,在顺序表中从第 n 个数据开始删除 m 个数据。

3. 在一个有序(从小到大)顺序表中,插入一个数据,要求继续保持有序。

4. 在一个有序(从小到大)链表中,插入一个数据,要求继续保持有序。

5. 有两个长度相同的单链表,编程进行合并,数据为每一个表中依次取一个。如(1,3,5)和(2,4,6)合并结果为(1,2,3,4,5,6)。

6. 模仿教材中范例实现循环链表下线性表的基本操作。

7. 模仿教材中范例实现双向循环链表下线性表的基本操作。

8. 如果一个链表中数据可以相同,编程统计某个数据在链表中的个数。

9. 编写程序,判断链表中数据是否从小到大排列。

10. 有两个分别带头结点的循环单链表,将第二个表归并到第一个表上去,结果还是带头结点的循环单链表。

11. 从键盘输入线性表中的多个整数,然后分别统计出小于零、等于零和大于零的数据个数。

12. 静态链表的基本操作编程,用菜单的形式管理,建议其中一项功能为对比显示所有实际数据的下标链和空闲空间的下标链。

13. 将单链表中所有数据进行逆序处理,不是显示,而是内部数据真正被颠倒了次序,要求处理时不建立新的链表。已知单链表 headp,如图 2-11 所示。

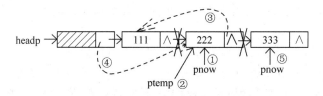

图 2-11　带头结点的单链表就地逆置示意图

算法思路:依次取原链表中的每个结点,将其作为第一个结点插入到新链表中,指针 pnow 用来指向当前结点,pnow 为空时算法结束。

14. 删除单链表中的重复结点,已知单链表 Head,编写算法删除其重复结点。算法思路:用指针 pointer01 指向第一个数据结点,从它的后继结点开始直到表结束,查找与其值相同的结点并删除;然后将 pointer01 指向下一个结点;以此类推,pointer01 指向最后一个结点时算法结束。

15. 程序设计。把 3 个人(可改为多个)的个人信息从键盘输入,含有学号、姓名、电话、身高 4 个信息(可增加其他信息),存入结构体组成的一维数组中,显示一次,然后把数组中的所有数据建立一个链表,再显示一次,之后把链表中的数据存入文件,提示结果在什么文件中。

运行效果范例:

下面输入第 1 个人的信息
请输入学号: **
请输入姓名: **
请输入电话: **
请输入身高: **
下面输入第 2 个人的信息

….

所有数据已经输入完毕…
以下为显示所有数据
…..

所有数据已存入链表…
以下再次显示数据
…..

所有数据已存入文件
请打开文件: DATAFILE.TXT 观看数据…
谢谢使用本软件,按任意键退出

四、编程提高题

1. 将两个有序(从小到大)顺序表进行合并,采用 C＝A＋B 的模式,即使用"新构法",要求 C 的元素也按从小到大的顺序排列。算法思路:依次扫描 A 和 B 的元素,比较当前元素的值,将值较小者赋给 C,直到其中一个线性表扫描完毕,然后将未完的顺序表中余下的部分依次赋给 C 即可,顺序表 C 的空间大小要能够容纳 A、B 两个顺序表长度之和。

2. 将两个有序(从小到大)顺序表进行合并,采用 A＝A＋B 的模式,即使用"覆盖法",最后合并的结果存入第一个顺序表中。

3. 以上两题如果存储结构选择链接存储,试编程实现。

4. A 顺序表递增有序,B 顺序表递减有序(无 A 中相同元素),编程把 B 中所有元素进入 A,保持递增有序。

5. 将两个有序(从小到大)顺序表中的相同元素找到并且按照从大到小的次序排列在新的有序表中。

6. 根据数据是否大于零或者小于等于零,把一个顺序表分成两个顺序表。

7. 由于 C++语言中对于整数的范围限制,使得过大的整数求阶乘时产生溢出。试采用一维数组来存储任意大小整数的阶乘结果(其长度只受一维数组的长度限制)。

8. 编制有序(从小到大)链表的合并程序,可以按照 A＝A＋B 的思路编程,或者按照 C＝A＋B 的思路编程。

9. 使用链表结构编制程序实现多项式的加法、减法等常规操作。

10．编程实现集合的交、并等常用操作。

五、思考题

1．如果把 n 个顺序表同时放在一个数组空间上，如何管理插入和删除操作？

2．两个线性表的比较方法约定如下：设 A、B 是两个线性表，其中数据约定为整数，表长分别为 m 和 n。A′和 B′分别为 A 和 B 中除去最大共同前缀后的子表。例如 A＝(1,2,2,3,1,3)，B＝(1,2,2,3,2,1,1,3)，两表的最大共同前缀为 (1,2,2,3)，则 A′＝(1,3)，B′＝(2,1,1,3)，若 A′和 B′均为空表，则 A＝B；若 A′为空表且 B′不为空表，或两者均不空且 A′的首元素小于 B′的首元素，则 A<B，否则，A>B。算法思路：依次比较两个表相同位置的元素，如果两个表同时结束全部一样，则 A＝B 返回 0，如果第一个表中某个元素比第二个表中的相应元素小，则 A<B 返回−1，其他情况为 A>B，则函数返回 1。本操作在顺序存储和链接存储两种结构下如何具体编程实现？

3．多个(n>2)有序表的合并和两个有序表的合并有什么关系？如何尽量利用已经编好的程序？

4．合并两个有序表时，如果要求相同的数据只存一份，那么在程序设计中如何变化？

5．如果两个顺序表连续放在一个数组中，怎样变化两个顺序表前后的位置？

第3章 查找与排序程序设计初步

本章介绍线性表的一个基本应用——查找和排序。讲解查找和排序相关的基本概念和基本思路,具体介绍顺序查找、直接插入排序、简单选择排序、冒泡排序、单链表插入排序,给出其程序设计源码,体现了线性表的实用功能。

3.1 引　　言

在计算机程序设计中,一个最常用的功能就是对数据的查找。在计算机应用中,不论是静态操作,还是动态操作,大多是基于查找技术的,因为要对某个数据进行操作,就必须先找到这个数据的位置,而为了使计算机查询数据更快捷、准确,就要研究数据结构对查找技术的影响。

例 3-1　在英汉字典中查找某个英文单词的中文释义,在新华字典中通过汉语拼音或字形查找某个汉字的释义,在对数表中查找某个数的对数,在平方根表中查找某个数的平方根,邮递员在城市中按收件人的地址确定位置等,都是查找的应用范例。

3.2 查找的基本概念

对于线性关系的数据结构而言,查找比较容易实现,因为数据之间是一维线性关系。

不论是哪种逻辑结构和存储结构,都有一个如何提高查找算法时间效率的问题,因为查找技术一旦运用在海量数据集时,查找时间就是一个重要指标。

数据项(也称项或字段)是具有独立含义的标识单位,是数据不可分割的最小单位。项还有"名"和"值"之分,"项名"是一个项的标识名,可以用变量定义,而"项值"是项可能取的值。

① 组合项。由若干数据项组合构成。

② 记录。由若干项、组合项构成的数据单位,是在某一应用中作为整体进行考虑和处理的基本单位。

③ 关键码。关键码是数据元素(记录)中某个项或组合项的值,用它可以标识一个数据

元素(记录)。能唯一确定一个数据元素(记录)的关键码称为主关键码;不能唯一确定一个数据元素(记录)的关键码称为次关键码。

④ 查找表。查找表是由具有同一类型(属性)的数据元素(记录)组成的集合。它分为静态查找表和动态查找表两类。

⑤ 静态查找表。仅对查找表进行查找操作,不进行其他操作的表就是静态查找表。

⑥ 动态查找表。对查找表进行查找操作,同时还要向表中插入或删除该数据元素操作的。

⑦ 查找。查找就是按给定的某个值 value,在查找表中查找关键码为给定值 value 的数据元素(记录)。

关键码是主关键码时,由于主关键码是唯一的,查找结果也唯一。对于调用查找功能的函数来说,返回数据或者是找到的数据元素(记录)的信息,或者是该数据元素(记录)的位置。如果确认没有该数据,则查找失败。此时查找结果根据程序中存储结构和其他细节可以返回以下几种结果之一:假值(表示没有找到)、空记录、空指针。

关键码是次关键码时,必须查完表中所有数据元素(记录),或在可以肯定查找失败时,才能结束查找过程。查找成功时可以选择找到所谓的"第一个"符合条件的数据,或者找到所有符合条件的全部数据。

在计算机中存储查找表,就需要定义查找表的结构,并根据查找表的大小为表分配存储单元。

3.3　顺序查找技术

本节讨论线性结构中的查找,因为数据关系是一维结构,可以用线性表的遍历思路来进行查找工作。在查找失败后,返回失败信息。

① 静态查找表结构。静态查找表一般可以使用线性表,存储方案可以是数组或链接存储。

② 顺序查找的思路就是线性表遍历查找法。从表的一端开始,向另一端逐个按给定值与关键码进行比较,若找到,查找成功,并给出数据元素在表中的位置;若整个表检测完,仍未找到相同的关键码,则查找失败,给出失败信息。

从数据结构的逻辑关系层面考虑,顺序查找的方向可以从左到右,也可以从右到左。但是如果进一步考虑存储结构,该结论就不一定正确,比如单链表只能从左到右,如果已经决定使用链表,又要考虑从右到左的查找,显然必须启用双向链表,为了操作方便性而付出空间代价。

从查找结果看,如果是按照主关键码进行查找,那么从左到右和从右到左查找的结果一样,成功后位置一样。如果是次关键码,既然数据可能重复,从左到右查找到的为逻辑上的第一个符合条件的数据,而从右到左查找到则为逻辑上最后一个符合条件的数据。

图 3-1 是顺序查找的示意图。采用数组存储,0 号单元暂时空置。这样第 i 个数据正好在第 i 个位置上,比较好理解。这批数据中要查找 60,结论不一样,因为有 3 个 60。从左到

右为 4，从右到左为 10。

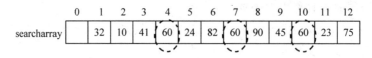

图 3-1 顺序查找的示意图

上面这个算法设计中循环的结束条件必须考虑两个因素，就是"如果没有查完而且没有查到就一直查下去"。注意这两个条件的关系必须同时成立，只要其中一个条件不成立，就说明或者找到了，或者失败了。

由于启用了循环，这个算法的时间复杂度是 O(n)，但是依然可以设法提高时间效率。技巧是把要查找的数据存储在 0 号单元中，采用从尾到头法进行查找，这样至少会在 0 号单元中遇到它，而 0 正好是 C++语言中表示"假"的值，所以算法中的两个条件就可以优化为一个条件，那就是"如果没有找到，就一直找下去"。虽然只是在循环条件上进行了一个小改动，但是在海量数据条件下，这个改进却是有价值的改进，因为多条件的联合判断比单条件的判断需要多一些计算时间。

这个算法中的 0 号单元被称为"哨兵元素"。

这个算法中的基本操作就是关键码的比较，不论是否启用哨兵元素，循环都不可避免，因此查找数据量(即线性表的长度)的数量级就是查找算法的时间复杂度，为 O(n)。

顺序查找的缺点是，当数据量很大时，平均查找长度较大，算法时间效率过低；优点是对表中数据元素的存储结构没有特殊要求。如果存储结构是单链表，则只能进行顺序查找。

【程序源码 3-1】 常规查找算法的实现和对比的部分源码。

```
//顺序查找 3 种方法
//从左到右、从右到左、带哨兵元素等方法的细节对比
# include < iostream. h >
# include < windows. h >
# include < iomanip. h >
# define datawidth 5                          //设置数据显示宽度
# define arraymaxnum 21                       //约定数组大小,0 号单元默认不用,故用户数据
                                              //可以接受 20 个
# define defaultnum 13                        //约定默认数据数组大小,数据使用教材实际范例
int defaultdata[defaultnum] = {0,32,10,41,60,24,82,60,90,45,60,23,75};
                                              //0 号下标默认不用,故存 0
int flag = 0;                                 //表示用户没有输入数据,使用默认数据
//顺序对象设计
class seqsearching                            //seq:顺序 searching:查找
{
public:
    int ltorsearching(int * data,int length,int seekdata);    //l:left 左,r:right 右,to:到
    int rtolsearching(int * data,int length,int seekdata);
    int guardsearching(int * data,int length,int seekdata);   //哨兵元素查找法
    void displaydata(int * data,int length );
```

```
};
int seqsearching::ltorsearching(int * data,int length,int seekdata)
{
    int i = 1;                              //从右到左时,开始查找的下标为1
    while(i <= length && data[i]!= seekdata)  //两个条件为: 当没有找完而且没有找到时一直
                                            //循环
        i++;
    if(i <= length)                         //如果是正常范围内结束,说明找到了,否则说明
                                            //查找失败
        return i;
    else
        return 0;
}
int seqsearching::rtolsearching(int * data,int length,int seekdata)
{
    int i = length;                         //从右到左时,开始查找的下标为length
    while(i > 0 && data[i]!= seekdata)
        i-- ;
    if(i >= 1)
        return i;
    else
        return 0;
}
int seqsearching::guardsearching(int * data,int length,int seekdata)
{
    data[0] = seekdata;
    int i = length;                         //从右到左时,开始查找的下标为length
    while(data[i]!= seekdata)               //此算法的优点,把两个条件改成了一个,减少了
                                            //逻辑运算量
    i-- ;
    return i;
}
void seqsearching::displaydata(int * data,int length)   //从坐标1开始显示到第number个数据
{
    int i;
    cout <<"坐标: ";
    for(i = 1;i <= length;i++)
        cout << setw(datawidth)<< i;
    cout << endl;
    cout <<"数据: ";
    for(i = 1;i <= length;i++)
        cout << setw(datawidth)<< data[i];
    cout << endl;
}
```

图 3-2 为顺序查找程序运行图。

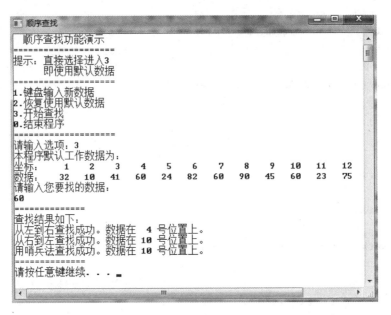

图 3-2　顺序查找程序运行图

3.4　排序基础和基本概念

在计算机程序设计中,另一个常用的功能就是数据排序,因为无序的数据和有序的数据之间实际上是有信息差异的。表 3-1 为运动会上 8 名运动员在 100 米短跑中的成绩,需要编程求出冠军、亚军和季军。

表 3-1　一批 100 米短跑成绩原始数据

9.65	9.72	9.61	9.58	9.9	9.76	10.1	9.76

因为输入数据时这批数据是无序的,所以该程序的功能就是要求出其最小值、次小值和第三个最小值。如果仅仅要求出一批数据的最小值,那么用"扫描法"是很容易求出其位置的,但是如果要求同时记录出次小值和第三个最小值的位置,则该算法的难度就会上升。通常采用的思路为,设法取消最小值,然后在剩下的数据里重复"扫描法"的算法思路,那么要求出前三名的话就必须调用同样的函数三次。如果对这批数据先做一次从小到大的排序操作,那么不光前三名的次序出来了,而且全部运动员的排名同时全部出来了。表 3-2 为已经排成升序的 100 米短跑成绩数据。

表 3-2　已经排成升序的 100 米短跑成绩数据

9.58	9.61	9.65	9.72	9.76	9.76	9.9	10.1

在这批数据里,没有附加运动员编号或姓名等信息,仅仅抽象出实际的跑步成绩进行处理,如果需要在输出时提供运动员的个人信息,则通过增加结构体的方式进行排序即可完成。另外,由于跑步成绩有可能完全相同,所以在被排序的数据中,出现相同的数据完全是

正常的。表 3-3 为带有个人信息的 100 米短跑成绩原始数据。

表 3-3　带有个人信息的 100 米短跑成绩原始数据

运动员编号	2584	3615	4257	1258	3549	3584	6547	3647
运动员姓名	张三	李四	王五	杨六	赵七	马八	钱九	王五
成　　绩	9.65	9.72	9.61	9.58	9.9	9.76	10.1	9.76

在计算机编程中，许多功能都会有一个前提，即要求把相关数据先行（从小到大或从大到小）排序。

由于计算机程序的"点式思维"和人的"面式思维"不同，在设计排序程序时通常第一步就是把数据组织成（一维）线性结构，也就是数据结构"线性表"，以便于进行"扫描法"程序设计。

排序是程序设计中非常重要的应用之一，吸引了世界上很多计算机科学家研究该课题，排序方法也是种类繁多。在后续的章节中，会深入讨论利用更为复杂的数据结构和算法进行排序的各种算法。

排序（Sorting）是将一个数据元素集合或序列重新排列成一个按数据元素某个项值有序（从大到小或从小到大）的序列。

如果要排序的是由多个数据项组成的记录，那么把作为排序依据的那个数据项称为"排序码"，也叫做数据元素的"关键码"。

关键码分为两种，一种是可以唯一地标识每一个记录的，就是区分每个记录的数据项，称为"主关键码"。另外一种是次关键码，这种数据项可以是相同的。若关键码是主关键码，则对于任意待排序序列，经排序后得到的结果显然就是唯一的；若关键码是次关键码，排序结果可能就不唯一，因为具有相同关键码的数据元素在排序结束后，它们之间的位置跟排序前相比可能已经交换。

由于现实生活中，人名是可能会重复的（表 3-3 中有两个"王五"），所以姓名就没有资格作为"主关键码"。而运动员编号则必须唯一，那么它就可以作为主关键码来区分任何两个不同的运动员。如果把运动员编号作为整数，那么其排序的方法在本章给出，如果作为字符串处理，则涉及数据结构字符串的比较和排序技术，而中文的姓名也是一种特殊的字符串，对于字符串的比较和排序技术在后面的章节中会介绍。

对任意数据元素序列，使用某种排序方法，对它按次关键码进行排序：若相同关键码元素间的位置关系排序前与排序后保持不变，则称此排序方法是稳定的；而不能保持一致的排序方法则称为不稳定的排序方法。因为排序后相同的数据必然放在一起，所以较少数据交换次数也是提高算法效率的一个基本考虑。基于此，在程序设计中，如果某种思路可以稳定排序，那么就不要编写成不稳定的，因为那样会增加交换数据带来的时间代价。

由于数据量过大有时不能完全一次性把全部数据放入内存，这对于算法的思路有着重大的影响。根据数据全部在内存中还是部分进入内存通常把排序分为两类：内排序和外排序。内排序指待排序列完全存放在内存中所进行的排序。外排序指排序过程中还需要不断地访问外存储器以调入其他数据来和内存配合对全部数据进行排序。本书只介绍内排序。

由于线性表可以采用顺序表和链表，所以在排序程序设计中，也需要讨论在不同的存储情况下如何实现排序。

排序主要涉及 3 种基本操作。

第一种操作是"比较"。因为通过两个数据的比较,才能知道它们的相对位置是不符合排序结果的。

第二种操作是"交换"。因为知道某两个数据的相对位置不对,则通过交换这两个数据之间的位置可以达到符合要求的次序。

第三种操作是"成批移动",它是"交换"的变形。通过把一大批数据从某一片存储区域换到另外的存储区域来达到符合排序要求的次序。

这三种操作要不断地调用各个数据的存储地址,所以启用顺序存储结构是排序算法的首选,而数组的下标就是很好的地址控制机制。

采用链表存储时,很多排序算法将无法使用,所以有很大的局限性。如果某批数据已经存入链表,又需要排序,那么一般建议是先把链表中的数据复制一份到数组中,然后进行排序,至于排序后是否还用链表保存则根据当时的具体情况区别对待。

从程序设计的思路看,从小到大和从大到小排序的算法并无本质的区别,在程序设计中通常是对大于号或小于号的选择,故本章约定所有的排序都是从小到大排序。

C 语言中数组的下标是从 0 单元开始的,如果有时说到第 8 个数据存放在第 7 号存储单元时,总有些奇怪,为了增加程序的逻辑清晰性,有时启用数组时可以把下标 0 的位置故意空置不用,实际数据从下标 1 的位置开始放置。如果数据量最大值为 MaxSize,那么申请空间时建议用 MaxSize+1,这样实际数据的存储空间为 1~MaxSize,可以吻合第 i 个数据正好在第 i 号下标的位置上,从逻辑层面比较容易理解。

有时空置的 0 下标存储空间可以被利用,如果存储的数据正好是整数,那么这个位置可以用来存放数据个数等信息,在这些算法中正好就利用了这个单元。

另外用数组来进行排序只是在内存中的实现方案,更有实用价值的排序操作应该是基于"文件"的,也就是把未排序的数据从一个文件中读入内存,然后在内存中进行排序操作,最后把结果再写入该文件或者一个新文件中,而已经排好序的文件可以在其他时候随时打开查看,或者被其他程序读入内存继续进行其他处理,这样已排序数据就可以被多次和长期使用了。

3.5　基本排序算法设计

3.5.1　排序算法设计基础

约定所有没有排序的数据为"待排数据"(即等待排序的数据),结合存储结构,又称为"待排空间"。把已经排序的数据称为"已排数据",相应的则有"已排空间"。

本章介绍的基本排序思路大都为"逐步缩小待排空间,直到把整个数据空间变为已排空间"。

例如,如果能设法找到所有数据的最小值,然后把它换到最前面的位置上,此时第一个数据就变成了已排空间,而除了第一个数据外的其他数据则继续组成新的待排空间,对于少了一个数据的待排空间而言,根据相同的思路继续下去,慢慢地待排空间每次减少一个数据,已排空间每次增加一个数据,直到所有数据处理完毕。

在逐步缩小待排空间的过程中,由于思路不同,因此具体实现时就会产生不同的排序方法。

在图 3-3 的示意图中,方括号表示待排空间,圆括号表示已排空间,Min 表示目前待排空间中最小数据,Max 表示最大数据,用忽上忽下的曲线表示数据的大小不同和没有排序的状态,min01 表示其中最小数据,min02 表示第二小的数据。一旦排序成功,则用一条从下到上的曲线表示,代表所有数据已排序完毕。

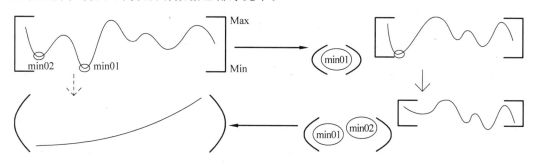

图 3-3 基本排序思路原理示意图

以下介绍 4 种排序方法:直接插入排序、简单选择排序、冒泡排序、链表插入排序,同时会给出简略的稳定性分析和时间效率分析。

在下面的程序设计中,提供了 3 种基础排序的对比。为了保证基础数据可以反复使用,需要考虑每次复制一份原始数据到排序数据区。方便起见,提供了键盘输入和自动生成数据两种方式。

【程序源码 3-2】 基础排序 3 种方法的部分源码。

```cpp
//功能:3 种基本排序方法的功能演示
# include < stdlib. h >
# include < iomanip. h >
# include < iostream. h >
# include < windows. h >
# include < time. h >
# define MAXSIZE 100              //支持排序数据个数的最大限
# define MAXNUM 1000              //设置系统产生数据的最大限
int flag = 0;                     //用来标识待排数据是否产生
//排序表对象设计
class list
{
public:
    list(){};
    ~list(){};
    void create();                //创建对象数据函数
    void copy(list initlist);      //复制对象数据函数
    void display();                //显示数据函数
    void directinsertsorting();    //直接插入排序函数
    void simpleselectsorting();    //简单选择排序函数
    void bubblesorting();          //冒泡排序函数
private:
```

```
        int data[MAXSIZE];                      //静态数组作为线性表的存储结构
        int total;                              //数据量
};
void list::create()                             //创建对象数据函数
{
    int choice,i;
    char ch;
    if(flag == 1)                               //代表此时已经有一组建立好的数据
    {
        cout <<"此时系统已经有一组建立好的数据,您确认想替换吗?(Y||y): ";
        cin >> ch;
        if(ch == 'Y'||ch == 'y')
            flag = 0;
    }
    if(flag == 0)
    {
        cout <<"创建待排数据: <1>键盘输入 <2>自动生成 "<< endl <<"请选择: ";
        cin >> choice;
        switch(choice)
        {
        case 1:
            cout <<"请输入您需要键盘输入待排数据的个数: ";
            cin >> total;
            cout <<"请开始输入数据(提示: 一共 "<< total <<"个数据,用空格分开): "<< endl;
            for(i = 0;i < total;i++)
                cin >> data[i];
                flag = 1;
            break;
        case 2:
            cout <<"请输入您需要系统产生待排数据的个数: ";
            cin >> total;
            cout <<"系统自动产生"<< total <<"个数据!"<< endl;
            for(i = 0;i < total;i++)
                data[i] = rand() % MAXNUM;       //系统给出一个 0~MAXNUM 的随机数
            flag = 1;
            break;
        default:
            cout <<"您输入有误!请重新输入: "<< endl;
            break;
        }
        if(flag == 1)
        {
            cout <<"待排数据如下..."<< endl;
            display();
            cout <<"待排数据成功建立!"<< endl;
        }
    }
    else
    {
        cout <<"你已经成功取消了上述操作!"<< endl;
    }
```

```
}
void list::copy(list initlist)                    //复制对象数据函数
{
    int i;
    for(i = 0;i < initlist.total;i++)
        data[i] = initlist.data[i];
    total = initlist.total;
}
void list::display()                              //显示函数
{
    int i;
    for(i = 0;i < total;i++)
        cout << setw(5)<< setiosflags(ios::left)<< data[i];
    cout << endl;
}
```

图 3-4 为基本排序程序运行进入界面。

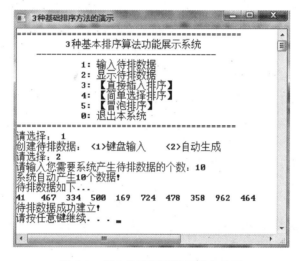

图 3-4 基本排序程序运行进入界面

3.5.2 直接插入排序

设想已经有一批排好序的数据在已排空间(在整个空间的左面),剩下的数据在未排空间,每次都固定取出待排空间中"第一个数据",把它插入到已排空间正确位置上去,也就是保持已排空间依然是排序状态。图 3-5 为直接插入排序(Direct Insert Sorting)的原理示意图和范例。编程时要注意每次处理的待排空间中"第一个数据"必须先另外存储(例如可以利用 0 号单元),在数据移动后再填入正确的位置,并不是像虚线箭头所指那样直接插入的。

对初始状态而言,可以把第一个数据默认为已排空间,因为仅一个数据是没有所谓大小先后位置关系对不对的问题的,可以认为它已经有序。然后按照上述算法思路,直到全部数据进入已排空间后排序结束。

本算法的关键就是找到某个数据的正确位置,然后把相关空间的数据移开,最后插入即

图 3-5　直接插入排序的原理示意图和范例

可,所以命名为直接插入排序。寻找正确位置的过程可以从前到后,也可以从后向前。由于未排空间在已排空间的右边,相比之下建议从后向前比较。可以在找到正确的位置后,将一批数据开始逐个向后移动。也可以用另外一个思路,从后往前(即从右至左)逐一比较,同时移动数据。这时需要注意的是,需要把待处理的数据先行另存以备该位置被移动的数据覆盖。如果启用从后往前的比较方法,遇到了相同的数据后马上停止比较,此位置即为正确的插入位置,故这个算法可以写成稳定的程序。第二种思路中还可以通过交换来达成排序的效果。这些都是细节上的不同,可以通过计数比较和移动的次数对这几种排序的细节差异进行时间效率上的评估。总体来说,启用交换数据必然大量增加移动次数。

下面为直接插入排序的部分程序源码。

```cpp
void list::directinsertsorting()            //直接插入排序函数
{
    int term;                               //指向未排数据的首位置
    int i,j,iterm;
    cout <<"【直接插入排序】的排序过程如下:"<< endl;
    cout <<"待排数据如下..."<< endl;
    display();
    for(term = 0;term < total;term++)
    {
        cout <<"第"<< setw(3)<< term + 1 <<"个数据"<< setw(3)<< data[term]<<"插入结果是:";
        for(i = 0;i < term;i++)
            if(data[i]> data[term])
            {
                iterm = data[term];         //保留未排数据首位置的值
                for(j = term;j > i;j-- )    //移动数据
                    data[j] = data[j-1];
                data[i] = iterm;            //把数据存入
                break;
            }
        display();
    }
}
```

由于本算法启用了双层嵌套循环,故时间复杂度为 $O(n^2)$。

图 3-6 为直接插入排序运行界面。

3.5.3　简单选择排序

简单选择排序(Simple Select Sorting)的关键思路就是求出最小值,第一次只要把整个

图 3-6　直接插入排序运行界面

待排空间的最小值求出来,然后与第一个数据交换位置,这样已排空间中就有了一个数据。之后对剩下的待排空间中的所有数据重复该过程,这样次小值、第 3 个最小值等都求出来了,直到全部数据都变成了已排空间,排序完毕。

$$
\begin{array}{|cccccc|}
63 & 01 & 17 & 87 & 05 & 07 \\
\end{array}
$$

$$
(01 \ \begin{array}{|ccccc|} 63 & 17 & 87 & 05 & 07 \end{array}
$$

$$
(01 \quad 05 \ \begin{array}{|cccc|} 17 & 87 & 63 & 07 \end{array}
$$

$$
(01 \quad 05 \quad 07 \ \begin{array}{|ccc|} 87 & 63 & 17 \end{array}
$$

$$
(01 \quad 05 \quad 07 \quad 17 \ \begin{array}{|cc|} 63 & 87 \end{array}
$$

$$
(01 \quad 05 \quad 07 \quad 17 \quad 63 \ \begin{array}{|c|} 87 \end{array}
$$

$$
(01 \quad 05 \quad 07 \quad 17 \quad 63 \quad 87)
$$

由于简单选择排序算法的原理与图 3-3 所示的完全相同,此处就不再提供其原理示意图,只通过一批数据的排序过程来说明其原理(如图 3-7 所示)。对于相同数据,可以选择第 1 个作为本轮的最小值数据先行处理,那么相同数据的相对位置关系不会发生变化,故本算法也是可以编写成稳定的程序的。

图 3-7　简单选择排序范例

下面为简单选择排序的部分程序源码。

```cpp
void list::simpleselectsorting()              //简单选择排序函数
{
    int term;                                 //指向未排数据的首位置
    int i,iterm,minpos = 0;
    cout <<"【简单选择排序】的排序过程如下:"<< endl;
    cout <<"待排数据为:"<< endl;
    display();
    for(term = 0;term < total;term++)
    {
        iterm = data[term];
        for(i = term;i < total;i++)
            if(data[i]<= iterm)
            {
                iterm = data[i];              //保留未排数据最小数据
                minpos = i;                   //保留未排数据最小数据的位置
            }
        data[minpos] = data[term];
        data[term] = iterm;
        cout <<"第"<< setw(3)<< term + 1 <<" 个数据到最后一个数据中"<< setw(3)<< iterm <
<"最小: "<< endl;
```

```
        display();
    }
}
```

本算法中数据移动量比较少,但是关键码比较次数依然是双重循环所决定,时间复杂度仍为 $O(n^2)$。

图 3-8 为简单选择排序运行界面。

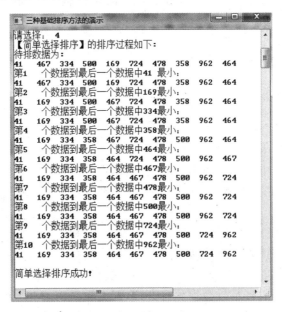

图 3-8　简单选择排序运行界面

3.5.4　冒泡排序

冒泡排序(Bubble Sorting)算法的思路用它的名字来理解最恰当不过,设想一批水泡同时上漂,但是大小不同,肯定最大的先漂上来。约定排序结果用从小到大,将从第一个数据开始向后漂,成功后最后一个数据就成为已排空间,除了最后一个数据外的前面所有数据依然是待排空间,重复此过程。当然也可以从后面每次往前面漂出最小值。

当前要处理的待排空间的第一个数据为"基准数据",其他数据为"对比数据",将基准数据依次与下一个对比数据进行比较,如果基准数据大于对比数据,则位置发生交换。关键是如果出现基准数据小于对比数据时,就要把基准数据标志改为当前的这个对比数据,之后,对于剩下的待排空间进行同样的工作。

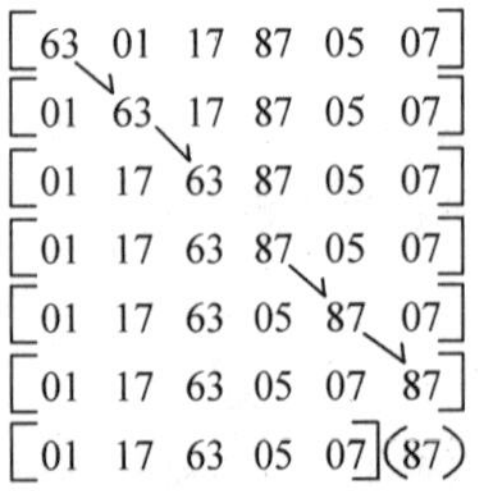

```
[63 01 17 87 05 07]
[01 63 17 87 05 07]
[01 17 63 87 05 07]
[01 17 63 87 05 07]
[01 17 63 05 87 07]
[01 17 63 05 07 87]
[01 17 63 05 07] (87)
```

图 3-9　冒泡排序示意图

下面通过第一次漂出一个最大泡泡说明原理(见图 3-9)。算法的结束并不需要把所有数据都漂一次。如果某一次一个泡泡漂的过程中没有发生任何位置交换排序就可以结束了。如果一开始数据的初始状态是从小到大,因为没有任何交换,显然一次上漂就结束了。在每次冒泡的过程中,如果遇到相同数据,把后面的对比数据作为大的情况看待,则后面的数据依然排在后面,所以这也是一个稳定的排序方法。

下面为冒泡排序的部分程序源码。

```
void list::bubblesorting()                              //冒泡排序函数
{
    int term;                                          //指向已排数据的首位置
    int i,iterm,ii = 0;
    cout <<"【冒泡排序】的排序过程如下:"<< endl;
    cout <<"待排数据为:"<< endl;
    display();
    for(term = total - 1;term > 0;term -- )
    {
        for(i = 1;i < = term;i++)
            if(data[i]< = data[i - 1])
            {
                iterm = data[i - 1];           //交换数据
                data[i - 1] = data[i];
                data[i] = iterm;
            }
        cout <<"第"<< setw(2)<< total - term <<"次冒泡: ";
        display();
    }
}
```

由于每次冒泡都要用到循环,基于同样的思路,还要对所有数据都进行类似操作,还是一个循环,因此本算法依然采用的是双重循环的嵌套,故时间复杂度仍为 $O(n^2)$。

图 3-10 为冒泡排序运行界面。

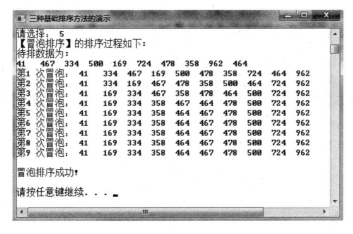

图 3-10 冒泡排序运行界面

3.5.5 单链表插入排序

直接插入排序会引发数据移动,时间效率比较低。如果希望不移动数据就能完成排序,则需要改变存储结构,例如使用单链表插入排序(LinkList Insert Sorting)。单链表插入排序就是把链接指针按关键码的大小实现从小到大的改链过程,为此需要增加一个指针项。这个算法的思路与直接插入排序类似,不同的是直接插入排序时移动了数据,而链表插入排

序则是修改了链接指针。下面给出单链表插入排序的示意图(如图 3-11 所示)。头指针
head 引导的为已经排好序的数据链表,newdata 指针引导的为未排序的数据,图中只有一
个,实际可以有多个数据。每一次待排空间的第一个数据就是要插在正确位置的新数据。
正确位置就是新数据插入后链表中数据保持有序。如果启用链表结构,可以直接编写出本
节的程序。如果某种开发环境不容许使用链表结构,但是又感觉这种思路很好,则可以利用
数组来模拟这种结构,此时称为静态链表。

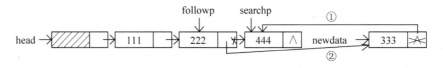

图 3-11 动态链表插入排序的工作示意图

3.6 排序的应用案例

【应用案例 3-1】 股票信息编号方便阅读和查找。

中国股市 A 股市场已经有几千只股票,如果只有中文名称则对股民会带来巨大的
记忆和操作困难。上海市场和深圳市场的股票已经全部编号,并且通过"六位长度"处
理后已经统一为一个整体,这样记忆股票就简单多了。同时为了看盘方便,所有股票
都会按照编号从小到大进行排序,这样即使增加了新的股票,由于有编号而且已经排
序,就很容易找到了。通过这个案例明显可以看到大批数据经过排序后大大增加了数
据的易用性。

【应用案例 3-2】 身份证编号使得中国的居民可以相互区别。

现实生活中,人名重复是很普遍的现象。虽然说人名是标识一个人的主要标志,但如果
只用人名来管理人的各种信息,就会出现很多问题。解决这个问题的方法通常是增加一个
代码,如工作证编号、学生证编号,在中国最大的编号体系就是身份证编号。有了这套体系,
就可以进行任何操作,包括在一个范围内对所有人员按编号排序。对于提高查找效率将起
到很大作用。这个思想方法可以举一反三,如设备编号、产品编号等。

3.7 本 章 总 结

本章主要介绍了基本查找方法的 4 种排序方法,用比较实用的观点去体会线性表的应
用。查找算法在细节上也有提升速度的考量。排序方面先给出了一个总的排序思路,然后
通过不同的设计细节来实现多种排序方法。给出的程序源码可以帮助读者更容易地理解原
理和代码之间的关系,最后通过案例介绍了排序的实际用途。

查找是很多功能的前提,只有查到了相关数据,才能进一步进行处理。

排序也是实现许多其他功能的前提,排序后可以增加数据的信息量。在学习了更多的
数据结构知识后,就可以学习到更多更好的排序方法。本书后面章节将推出更多的排序方
法供读者研究。

习　　题

一、原理讨论题

1. 查找的基本思路是什么？它的时间效率如何？

2. 排序涉及的 3 种基本操作是什么？

3. 常规的排序算法的共同点是什么？

4. 排序的稳定性指什么？为什么要讨论它？

5. 排序可以增加信息量吗？试举例说明。

二、理论基本题

1. 写出以下概念的定义：数据项、组合项、记录、关键码、查找表、静态查找表、动态查找表。

2. 画出顺序查找的示意图。

3. 写出以下概念的定义：排序、稳定性、主关键码、次关键码。

4. 给出任意无序的数据 7 个，画出直接插入排序法过程的示意图（约定从小到大，下同）。

5. 给出任意无序的数据 7 个，画出简单选择排序法过程的示意图。

6. 给出任意无序的数据 7 个，画出冒泡排序法过程的示意图。

三、编程基本题

1. 编程判断一个线性表中的数据是否已经排好序（升序）。

2. 在跑步成绩管理系统中，至少有运动员号、运动员名、成绩和名次 4 项信息。构造数据结构，同时存储这 4 个数据项，编程中约定运动员不超过 100 名。用菜单管理，并且把个人基本信息和跑步成绩分开录入。建议的菜单为：录入运动员个人信息、显示运动员个人信息、修改运动员个人信息、插入运动员个人信息、删除运动员个人信息、录入跑步成绩、统计名次、显示排名。程序要求可以反复运行。

3. 编写程序，在一个有序的线性表中删除重复的数据。如(1,2,2,3,3,3,4,5,5,6)会化简为(1,2,3,4,5,6)。

4. 编写程序，把两个有序表合并成一个有序表，并且删除其中重复的数据。如(1,2,3,4)和(3,4,5,6)会化简为(1,2,3,4,5,6)。存储结构可以分别使用顺序表和单链表。

四、编程提高题

1. 请采用以下思路来进行排序编程，分别统计出小于每个数据的数据个数，利用数组下标从 0 开始直接得到所有数据的正确地址。讨论这个算法适合有相同数据的情形。

2. 改进本书中 3 种排序程序，加入统计交换数据的次数或者移动数据的次数功能并且对照显示。

3. 编程实现静态链表插入排序。

五、思考题

1. 对于十进制的数值进行排序是相对容易理解的，但是使用计算机处理信息时，还会遇到文字等其他信息，那么对于英文字串、中文字串，是否能够排序呢？它们的比较规则是什么呢？试推荐一种你设计的比较规则。

2. 读者能否自己研究出一种排序算法并且编程实现？

3. 能否不比较数据而进行排序？

第4章 栈的构造与应用

本章主要介绍第二种数据结构——栈。它是一种特殊的线性结构,本章介绍它的逻辑结构、存储结构,存储结构包括顺序栈和链栈两种实现方式,并且给出栈相关基本操作的程序设计。栈可以用来解决许多编程中遇到的难题,本书后面的许多数据结构相关程序设计中也需要栈结构来支撑。

4.1 引　　言

先来观察一下现实生活中的一些现象。如餐馆洗碗工洗盘子时总会把洗干净的盘子放在一摞盘子的最上面,而做菜的师傅使用盘子时总是拿最上面一个。又如手枪的子弹夹,虽然它的顶部不动而是底部的弹簧在变化高度,但是对于子弹来说,却是最后一个压进去的被第一个击发出去。这种特性被称为"后进先出"。

本章通过对第2章介绍的线性表的改造对数据"后进先出"特性进行处理,主要是对线性表的插入和删除操作增加约束条件。约束条件为只能在线性表固定的一端进行插入和删除,这将构成"栈",栈具有"后进先出"的性质。

4.2 栈的逻辑结构

栈(Stack)是限制在特定一端进行插入和删除操作的线性表。允许插入、删除的这一端称为栈顶;另一个固定端称为栈底;当表中没有元素时称为空栈。

栈的概念来自于早期火车掉头的一种实现方式。图 4-1 所示为火车通过栈道进行掉头的工作原理。显然最后进入栈道的车厢最先退出栈道。

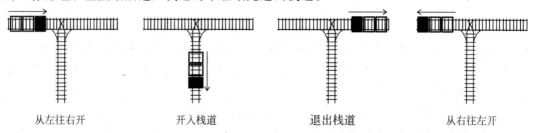

| 从左往右开 | 开入栈道 | 退出栈道 | 从右往左开 |

图 4-1　火车利用栈道掉头的工作原理示意图

"后进先出"的英文为 Last In First Out,所以栈也被称为 LIFO 表,这种性质在程序设计中将起到基础和至关重要的作用。

栈的实现可以通过不同的存储结构来完成,在建立的过程中就要先确定使用哪种存储结构,如果是顺序存储,开始就要确定栈的大小。在空间使用完毕时就会达到栈满的状态,再进栈的话就会产生"上溢"的错误提示信息。使用链接结构,则不需要先行设计空间大小。只要在申请空间时操作系统能返回可以使用的地址,就没有"上溢"的问题。

在具体实现栈的过程中,要注意栈顶并不是一个固定的地址,如数组的边界下标。栈顶的位置是随着进栈的数据量变化的。为了记录实际的栈顶,约定用一个变量 top 来指向栈顶。

如果需要可以显示栈中所有数据,但是这可以理解为线性表的基本操作,故不列在下面的操作清单中。

栈的主要操作清单见表 4-1。

表 4-1　栈的主要操作清单

操 作 名 称	建议函数名称	编程细节约定
栈初始化	create(size)	编程时通过构造函数完成。size 是空间的大小,不需要时则没有该参数
销毁栈	destroy(stack)	释放栈所占的空间
判栈空	isempty(stack)	若 stack 为空栈返回 1,否则返回 0
判栈满	isfull(stack)	若 stack 为满栈返回 1,否则返回 0
进栈	push(stack,newdata)	在栈 stack 的顶部插入一个新元素 newdata,newdata 成为新的栈顶元素
出栈	pop(stack)	将栈 stack 的顶部元素从栈中删除,栈中少了一个元素
读栈顶元素	gettop(stack)	将栈顶元素作为结果返回,栈顶指针不变化

例 4-1　进栈操作约定用 push 表示,出栈操作用 pop 表示。假设对于数据(1,2,3),约定从左到右的次序用栈依次处理一次,即进栈一次,出栈一次。如果操作序列为:push、push、push、pop、pop、pop,输出序列是(3,2,1),也就是原序列的逆序。如果操作序列为:push、pop、push、pop、push、pop,输出序列是(1,2,3),也就是原序列。如果是 push、push、pop、pop、push、pop,输出的序列则是(2,1,3)。

有些操作序列是不可能的,如:push、pop、pop、push、pop、push,因为第一次出栈后当前栈为空,没有数据可以出栈,也就是会提示出错信息"下溢"。

还有一些输出序列也不可能,如(3,1,2)。因为要输出 3,必须先将 1、2、3 依次入栈,3 出栈之后 2 在栈顶而 1 并不在栈顶,按照"后进先出"的性质,1 不可能出栈。

4.3　栈的顺序存储

栈的第一种存储方案是顺序存储,用顺序存储结构实现的栈称为"顺序栈"。

类似于顺序表,栈中的数据元素依次放在一片连续的空间中。为了便于算法设计,编程时通常都是用一维数组来实现,由于栈中的数据量不断变化,通常数组的申请空间大小需要考虑这个因素,不浪费空间的同时也尽量不要出现上溢的情况。栈底位置建议设置在数组的最低下标,也就是下标 0,启用变量 top 作为栈顶指针,指向当前栈顶位置,栈顶指针随着进栈和出栈操作变化,在数组这个层面就是 top++ 或 top−−,为了统一编程中空栈和栈中有数据情况下的两种语句,建议把 top 的初值赋为−1,用于代表空栈。

图 4-2 假设一个空间大小为 7 的数组 stackspace,其中有 3 个数据(111,222,333)已被压入栈,之后再进行进栈操作,数据 item 为 444。图 4-2(c)是相对于图 4-2(a)出栈的示意图。

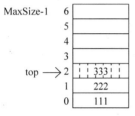

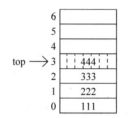

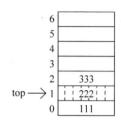

(a) 初始状态   (b) 相对初始状态进栈444的效果   (c) 相对初始状态进栈333的效果

图 4-2　顺序栈的进栈、出栈示意图

由于在顺序存储中栈顶指针约定指向实际栈顶元素,故进栈操作编程时应该把栈顶指针先加 1 产生最新的栈顶位置(top=top+1,即 top++),然后存入数据(stackspace[top]=item;)。注意这两个操作有次序相关性,不能颠倒(在编程时可以合并为一个语句,如 stackspace[++top]=item;);出栈时只需把栈顶指针减 1 即可(top=top−1,即 top−−)。根据内存的特性,出栈操作完成后下标 2 的位置实际上原来那个数据(即 333)还在,并不会变成空白。这个数据已经在 top 指向的栈顶地址之外,所以它已经不属于栈中的数据了,下次进栈时可以用新的数据覆盖它并使用这个位置。在画示意图的时候可以不画这些已经出栈的数据。

【程序源码 4-1】　顺序栈的功能演示。由于栈的相关操作都是基础操作,会在以后的程序设计中用到,所以相关函数内部最好不要有任何输入和输出的过程或语句。需要处理的数据的输入过程和结果的输出都在函数外面完成。本次数组采用动态数组而不是静态数组,所以有一次临时通过用户输入的数组大小进行申请空间的过程。由于今后进栈的数据不一定是整数的数据,所以这里开发的是利用模板来设计顺序栈的程序,它的好处是将来调用时才临时告知需要进栈的是什么数据类型,这样就大大提高了程序的通用性,不过刚学习设计时有一定的困难,所以下面给出了完整的程序源码。

```
//功能:顺序栈的功能演示
# include<stdlib.h>
# include<conio.h>
# include<string.h>
# include<iostream.h>
//以下为栈数据结构定义部分,如果用工程建立程序,可以另外存入文件 seqstack.h
//模板顺序栈类 seqstack 的定义说明
template<class Type> class seqstack{
public:
```

```cpp
        seqstack();                          //创建一个空栈
        seqstack(int size);                  //创建一个可以容纳 size 个元素的栈
        ~seqstack();                         //销毁一个栈
        bool create(int size);               //实际创建一个可以容纳 size 个元素的栈
        void destroy();                      //销毁一个栈
        bool isempty() const;                //确定栈是否已空
        bool isfull() const;                 //确定栈是否已满
        bool push(Type & item);              //数据进栈
        bool pop();                          //数据出栈
        bool pop(Type & item);               //数据出栈并返回出栈前的栈顶
        bool gettop(Type & item);            //取出当前栈顶数据
        void display();                      //显示栈的所有元素
private:
        Type * stackspace;                   //指向栈
        int stacksize;                       //栈的大小,当为 0 时,栈没有创建空间
        int top;                             //栈顶位置,当为 -1 时,栈为空
};
//以下为栈数据结构实现部分,如果用工程建立程序,可以另外存入文件 seqstack.cpp
template < class Type >
seqstack < Type >::seqstack()
{
        stackspace = NULL;
        stacksize = 0;                       //栈的大小,当为 0 时,栈没有创建空间
        top = -1;                            //栈顶位置,当为 -1 时,栈为空
}
template < class Type >
seqstack < Type >::seqstack(int size)
{
        stackspace = NULL;
        stacksize = 0;
        top = -1;
        create(size);
}
template < class Type >
seqstack < Type >::~seqstack()
{
        destroy();
}
template < class Type >
bool seqstack < Type >::create(int size)
{
        if(stacksize)                        //栈已经存在,不能再创建
            return false;
        if(size <= 0)                        //size 的值必须大于零
            return false;
        stackspace = new Type[size];
        if(!stackspace)                      //没有申请到存储空间,创建栈不成功
            return false;
        stacksize = size;
        top = -1;
        return true;
```

```
    }
    template < class Type >
    void seqstack < Type >::destroy()
    {
        if(stackspace)
            delete [ ] stackspace;
        stackspace = NULL;
        stacksize = 0;
        top = - 1;
    }
    template < class Type >
    bool seqstack < Type >::isempty() const
    {
        if(! stacksize)                      //确定栈是否被创建
            return true;
        return top > = 0 ? false : true ;
    }
    template < class Type >
    bool seqstack < Type >::isfull() const
    {
        if(! stacksize)                      //确定栈是否被创建
            return true;
        return top == stacksize - 1 ? true : false;
    }
    template < class Type >
    bool seqstack < Type >::push(Type & item)
    {
        if(! stacksize)                      //确定栈是否被创建
            return false;
        if(isfull())                         //确定栈是否装满
            return false;
        stackspace[++top] = item;            //此处先执行栈顶指针往上移动,然后再把数据放入其中
        //此处约定 top 始终指向真正的栈顶
        return true;
    }
    template < class Type >
    bool seqstack < Type >::pop()
    {
        if(isempty())                        //确定栈是否为空
            return false;
        top -- ;                             //出栈只需要把栈顶指针往下移动
        return true;
    }
    template < class Type >
    bool seqstack < Type >::pop(Type & item)
    {
        if(isempty())
            return false;
        item = stackspace[top -- ];          //把数据返回去,之后把栈顶指针往下移动
        return true;
    }
```

```
template < class Type >
bool seqstack < Type >::gettop(Type & item)
{
    if(isempty())
        return false;
    item = stackspace[top];
    return true;
}
template < class Type >
void seqstack < Type >::display()
{
    if(stacksize)
    {
        cout <<"目前栈中的内容是: ";
        cout <<"栈底■";
        for(int i = 0;i <= top;i++)
            cout << stackspace[i]<<" ";
        cout <<"←top 栈顶"<< endl;
    }
    else
        cout <<"栈尚未建立!"<< endl;
}
//主程序开始
void main(void)
{
    system("color f0");
    SetConsoleTitle("顺序栈的功能演示");      //设置标题
    seqstack < int > stacknow;
    char yesno,userchoice = '9';                    //先进行一次清屏
    int newstacksize,datain,dataout;
    while(1)
    {
        if(userchoice == '9')
        {
            system("cls");
            cout <<" ***********************************  "<< endl;
            cout <<" **              顺序栈的功能演示            ** "<< endl;
            cout <<" ***********************************  "<< endl;
            cout <<" **          1: 创建一个栈              ** "<< endl;
            cout <<" **          2: 销毁一个栈              ** "<< endl;
            cout <<" **          3: 数据进栈              ** "<< endl;
            cout <<" **          4: 数据出栈              ** "<< endl;
            cout <<" **          5: 显示栈中全部数据          ** "<< endl;
            cout <<" **          6: 读取栈顶数据            ** "<< endl;
            cout <<" **          7: 判断是否空栈            ** "<< endl;
            cout <<" **          8: 判断是否满栈            ** "<< endl;
            cout <<" **          9: *** 清屏 ***          ** "<< endl;
            cout <<" **          0: 退出                ** "<< endl;
            cout <<" ***********************************  "<< endl;
        }
        cout <<"请选择:";
```

```
cin >> userchoice;
if(userchoice == '0')                              //退出程序
    break;
switch(userchoice)
{
case '1':                                          //必须先创建一个栈,才能压入数据
    cout <<"开始创建栈,请输入栈空间大小:";
    cin >> newstacksize;
    if(stacknow.create(newstacksize))
        cout <<"创建成功,栈空间大小是:"<< newstacksize << endl;
    else
        cout <<"创建失败!"<< endl;
    break;
case '2':                                          //销毁一个栈
    cout <<"你真的要销毁栈吗?请输入(Y/N)确定:";
        cin >> yesno;
    if(yesno == 'Y'||yesno == 'y')
    {
        stacknow.destroy();
        cout <<"栈已经销毁!"<< endl;
    }
    break;
case '3':                                          //把数据压入栈
    cout <<"向栈压入数据:";
    cin >> datain;
    if(stacknow.push(datain))
    {
        cout <<"数据 "<< datain <<" 已成功进栈!"<< endl;
        stacknow.display();
    }
    else
        cout <<"数据 "<< datain <<" 进栈失败!"<< endl;
    break;
case '4':                                          //从栈中弹出数据
    if(stacknow.pop(dataout))
    {cout <<"从栈中成功地弹出数据:"<< dataout << endl;
        stacknow.display();
    }
    else
        cout <<"出栈操作失败"<< endl;
    break;
case '5':
    stacknow.display();
    break;
case '6':
    if(stacknow.gettop(dataout))
    {cout <<"栈顶数据为:"<< dataout << endl;
        stacknow.display();
    }
    else
        cout <<"取栈顶数据操作失败"<< endl;
```

```
            break;
        case '7':                                      //栈是否已空
            if(stacknow.isempty())
                cout <<"目前是空栈或者栈尚未建立."<< endl;
            else
                cout <<"目前是非空栈."<< endl;
            break;
        case '8':                                      //栈是否已满
            if(stacknow.isfull())
                cout <<"目前是满栈或者栈尚未建立."<< endl;
            else
                cout <<"目前栈不满,还可以继续进栈."<< endl;
            break;
        case '9':
            break;
        default:
            cout <<"对不起,输入命令有错!"<< endl;
            break;
        }
    }
}
```

图 4-3 为顺序栈运行后的部分界面效果。

图 4-3 顺序栈运行后的部分界面效果

时间效率评价：对于栈来说,由于进栈和出栈都在栈顶位置(或相邻一个单元)进行,所以即使使用了顺序存储结构,也没有引起数据的移动。在上面所有函数中,只有遍历栈中所有元素的操作是 $O(n)$ 的时间复杂度,其他的都是 $O(1)$ 级的。

4.4 栈的链接存储

栈的第 2 种存储方案采用单链表结构,用链接存储结构实现的栈称为"链栈"。链栈的结点结构与线性链表的结点结构相同,可以定义如下:

```cpp
struct stacknode                          //定义一个结构体
{
    int data;
    stacknode * next;
};
```

为了区别顺序栈,此处的栈顶指针改为 linkStackTop。因为进栈、出栈操作总是在栈顶一端,如果把 linkStackTop 设计在链的尾部,进栈可以做到,出栈就很困难,所以把单链表的头指针直接作为栈顶指针较好。

和线性链表类似,为了防止空栈的特殊情况给算法设计带来不便,可以约定链栈带有头结点,如图 4-4 所示。

图 4-4 带有头结点的链栈示意图

此处的 linkStackTop 没有直接指向逻辑上的栈顶元素,而是通过 linkStackTop->next 来完成对实际栈顶元素的指向,所以程序设计中某些语句的正确性也会依赖这样的约定。

例如有头结点的情况下,搜索指针的初始化状态就应该在头指针的直接后继结点位置(即 searchp = linkStackTop->next),而没有头结点的情况下,初始化应该为 searchp = linkStackTop。下面的程序源码 4-2 采用了启用头结点的单链表。

图 4-5 是链栈的进栈操作示意图,被打叉的指针是原来的状态,进栈操作改链后修改过的指针用带圈的标号指明其次序。

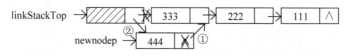

图 4-5 链栈的进栈操作示意图

图 4-6 是链栈的出栈操作示意图,其中没有画出释放 usedNodep 所指向空间的过程。

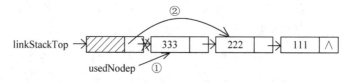

图 4-6 链栈的出栈操作示意图

考虑到降低编程的难度,本程序源码没有使用模板。下面的源码主要是进栈和出栈的实现。

【程序源码 4-2】 链栈的功能演示。

```
//功能: 链栈的功能演示【非类模板格式】
# include < stdlib. h >
# include < stdio. h >
# include < conio. h >
# include < iostream. h >
# include < windows. h >
# include < string. h >
class linkstack;                                    //对象链栈的说明
class linkstacknode
{
    friend class linkstack;                         //申请友元类
private:
    linkstacknode(linkstacknode * nextp = NULL);    //构造函数
    linkstacknode(int &newdata , linkstacknode * nextp = NULL); //构造函数
    int data;                                       //数据元素
    linkstacknode * next;                           //递归定义指向后继结点的
                                                    //指针
};
class linkstack
{
public:
    linkstack();                                    //创建一个空栈
    ~linkstack();
    void destroy();                                 //销毁一个栈
    bool isempty() const;                           //确定栈是否已空
    int getlength() const;                          //获取栈中元素的个数
    bool push( int &item);                          //把数据压进栈
    bool pop();                                     //把数据弹出栈
    bool pop( int &item);
    bool gettop( int &item) const;                  //取出栈顶数据
    void display();                                 //显示栈的所有元素
private:
    linkstacknode * newnode(linkstacknode * nextp = NULL);
    linkstacknode * newnode( int &item ,linkstacknode * nextp = NULL); //创建新的结点
    linkstacknode * linkstacktop;
    int linkstacklength;
};
bool linkstack::push( int &item)                    //数据进栈
{
    linkstacknode * newnodep;                       //定义指针 newnodep 准备指向
                                                    //申请的新结点

    newnodep = newnode(item,linkstacktop);          //申请新结点,把数据存入,把
                                                    //指针域指向头指针①

    if(!newnodep)
        return false;                               //如果没有申请到空间,返回
                                                    //失败

    linkstacktop = newnodep;                        //改链,完成进栈②
```

```
        linkstacklength++;                              //栈的长度增加
        return true;                                    //本次操作成功
    }
    bool linkstack::pop(int &item)                      //出栈,把栈顶数据返回去
    {
        linkstacknode * usednodep;                      //定义指针 usednodep 准备指
                                                        //向出栈的结点

        if(!isempty())                                  //判断是否栈空
        {
            usednodep = linkstacktop;                   //指向出栈的结点①
            linkstacktop = linkstacktop - > next;       //栈顶指针后移②
            item = usednodep - > data;                  //把数据保留下来,返回去
            delete usednodep;                           //释放空间③
            inkstacklength - - ;                        //栈的长度减少
            return true;                                //本次操作成功
        }
        return false;                                   //否则本次操作失败
    }
```

图 4-7 为链栈运行后的部分界面效果。

图 4-7　链栈运行后的部分界面效果

时间效率评价:链表的特点就是不用移动数据可以进行插入和删除,对于栈来说,由于进栈和出栈都在栈顶位置(或下一个结点)进行,所以使用链表存储结构,更不会引起数据移动。在上面所有函数中,只有遍历栈中所有元素的操作是 O(n)的时间复杂度,其他的都是O(1)级的。

4.5　栈的应用案例

栈作为数据结构，其主要用途是产生逆序数据。如象棋程序设计中需要设计悔棋功能，就必须记录双方所有已经下过的步骤，一旦悔棋发生，悔棋的次序和原来下棋的次序正好相反，所以就需要产生逆序数据了。栈的第二大用途是用来保护现场，如迷宫程序设计中，老鼠需要不断尝试各种没有去过的路径，而在到达死路一条时就需要按照原路回退，而回退的编程机制就是要保护现场。

【应用案例 4-1】　数制转换问题。计算机内部采用二进制表示数据，所以必须解决二进制和十进制相互唯一性的转换问题。在汇编语言编程中，还会出现八进制、十六进制等，都有需要转换的问题。以下为把十进制转换为其他进制的方法，即辗转相除法。

启用除法，把十进制数作为被除数，把要转换的进制数作为除数，把余数记录下来，然后把商作为被除数，如此反复直到不能再除为止，所有余数就是结果，但是次序正好和希望的相反，所以必须设法产生逆序。启用栈后就可以得到正确的结果。但是程序设计中必须注意在屏幕上显示逆序只是表面现象，要把出栈后的多个数字转换为一个真正的数字，还要其他算法配合才行。小数部分的算法设计和整数不相同。整数部分的转换过程如图 4-8 所示，可以看出依次出栈，即 $(3467)_{10} = (6613)_8$。

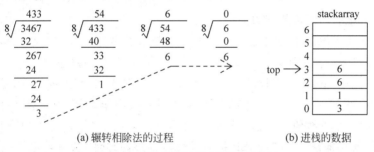

(a) 辗转相除法的过程　　　　　　　　(b) 进栈的数据

图 4-8　利用栈解决数制转换示意图

【应用案例 4-2】　函数调用机制的实现。模块化程序设计的思想主要体现在逐步求精和分而治之，在高级语言中实现的机制分别有子程序、过程和函数等，C 语言中就是使用函数。因为函数被调用时的位置都是随机的，返回地址也就是不固定的，所以不可能在函数中把返回点直接写入，而且一个函数可能在不同的位置被多次调用，因此也更不可能在函数中直接写入返回地址，这也是为什么所有函数的最后都有 return 语句，虽然可以返回数据，但是却没有返回地址的任何信息。当调用关系很多而且很复杂时就很难编程进行管理。

函数调用关系的复杂性在于它们之间有父子关系（嵌套调用）和兄弟关系（一个函数调用结束返回后才会出现另外一个调用），而且可以多层调用。仅通过算法设计很难解决这个问题，因为其中返回地址信息的关系很难控制。返回地址就是一种"后进先出"的数据关系，一旦启用栈，这个难题将会迎刃而解。除了栈作为数据结构外，算法处理规则为：当出现调用时把返回点进栈，当遇到返回语句时则出栈，出栈的数据就是正确的返回点。如图 4-9 所示，栈对应左边示意图画圆圈的地方，可以看到返回点正好是 F。

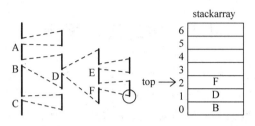

图 4-9　函数调用机制的实现示意图

实现递归机制也会出现类似问题,故必须用栈来管理。从本质上说递归调用与一般函数调用并没有区别,约定在每次调用时将属于各个递归层次的信息组成一个活动记录(Activity Record),这个记录中包含着本层调用的实参、返回地址、局部变量等信息,并将这个活动记录保存在系统的"递归工作栈"中,每当递归调用一次就在栈顶建立一个新的活动记录,一旦本次调用结束就将栈顶活动记录出栈,根据获得的返回地址信息返回到本次的调用处。

4.6　本章总结

本章主要介绍栈的逻辑结构、存储结构和基本操作的程序设计。通过图示和讨论,展示栈的工作原理,给出了多个应用案例。许多问题仅通过算法技巧不容易解决,但是启用栈这种数据结构后很难的问题都能迎刃而解。

通常情况下使用数组实现栈就可以了,因为栈的操作并不需要引起数据移动,但是如果经常溢出,则可以考虑使用链表。为了满足功能上的要求,一个程序中也可以启用多个栈。在只有两个栈的情况下,还可以设法利用一个数组的共享来减少"上溢"的出错概率。

汇编语言相对于高级语言的差别是可以对硬件直接操作,允许用户建立自己的堆栈,其存储区的位置由一个堆栈段寄存器 SS 给定,并且固定采用 SP 作为指针,即 SP 的内容为栈顶相对于 SS 的偏移地址。栈空时,SP 指向堆栈段的最高地址,这里约定为栈底,之后的进栈操作导致栈顶由高地址向低地址变化。进栈指令为 PUSH,出栈指令为 POP。

习　　题

一、原理讨论题

1. 栈和线性表的关系是什么?

2. 为什么迷宫问题需要栈?

3. 为什么悔棋机制需要栈?

4. 对于栈的两种存储结构,数据移动性问题是否还存在? 为什么?

5. 写出栈的主要用途。

二、理论基本题

1. 写出以下概念的定义:栈、栈顶、空栈。

2. 写出栈的性质。

3. 写出栈的主要操作清单。

4. 对于数据 1、2、3、4,给出使用栈操作后可能产生的合法结果(三种)和不可能的结果(两种)。

5. 任意 3 个数据进栈后,画出链接存储结构的示意图。按是否带有头结点分为两种方案。

6. 在上题中画出进栈和出栈的示意图。

7. 任给一个十进制整数数据,画出通过栈进行数制转换(结果为八进制)的示意图。

三、编程基本题

1. 数据逆序的产生。

2. 把顺序栈的源代码改为非模板类的程序,处理的数据类型为字符型。

3. 把链栈的源代码改为有一个头结点,并且处理的数据类型为整数型,在头结点的数据域中存储结点个数。

4. 把链栈的源代码改为模板类的程序。

四、编程提高题

1. 双栈共享空间。如果在一个应用中需要启用两个栈,双栈使用顺序存储的形式,很可能会出现一个栈的空间已经使用完毕,而另外一个栈的空间还有剩余的情况,如何提高空间利用率呢? 可以把两个栈合在一个申请的空间(如数组)中,也可以把两个栈分别建在两端。栈底可以定义在数组的两端,两个栈顶随着数据的压入都往中间移动,直到两个栈顶相连,才出现真正的"溢出"。这样就充分利用了两个栈的设计总空间。图 4-10 是双栈共享空间的范例。其中栈满的条件是 $top1+1=top2$。

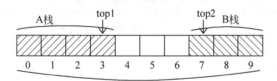

图 4-10 双栈共享空间示意图

2. 表达式求值处理。首先表达式是由运算数、运算符、括号组成的有意义的式子。运算符从运算数的个数上分,有单目运算符(只需要在运算符右边提供一个运算数,如求相反数)和双目运算符(必须在运算符左边和右边各提供一个运算数,如加、减、乘、除法);从运算类型上分,有算术运算、关系运算、逻辑运算等。这里只是为了说明这种思路的原理,所以讨论只含二目运算符的算术表达式。对于这种数学中最常见的表达式书写法,定义一个名称即中缀表达式,它表示每个二目运算符都写在两个运算量的中间,如:$3+2*5-(10+6)/2^3$。

假设所讨论的算术运算符包括:+(加法)、−(减法)、*(乘法)、/(除法)、%(整除)、^(乘方)和括号()。按照常规运算规则,可以看到运算符的优先级为:首先是(),然后是^,再次是 *、/、%,最后是+、−;同级别的从左至右计算,有括号出现时先算括号内的,后算括号外的,多层括号则由内向外进行;乘方连续出现时则先算最右边的。表达式作为一个满足表达式语法规则的串存储,这里约定用♯表示该表达式串已经结束,如:$3+2*5-(10+6)/8♯$。

数据结构:启用两个栈,一个是运算数栈,另外一个是运算符栈。

算法处理规则:自左向右扫描表达式中每一个字符,若当前字符是运算数,则进入运算数栈；如果是运算符，则需要进行判别后分别处理。若这个运算符比当前栈顶运算符的级别高则继续进入运算符栈，然后继续向后读取字符。若这个运算符比栈顶运算符级别更低或相等，则从运算数栈取出两个运算数，同时从运算符栈中压出一个运算符开始进行运算。出栈的两个数据应该分别作为右运算数和左运算数。之后将运算结果送入运算数栈，继续处理当前字符，直到遇到结束符，然后计算过程，直到栈中只剩下一个数据时结束，此时计算结果正好在运算数栈的当前栈顶。

　　上面的思路基本正确，尤其是对于没有括号的情形，但还有两个问题没有得到很好的解决。第一是多级括号的处理，第二是连续的乘方。根据运算规则，当遇到左括号"("在栈外时它的级别显然最高，一旦进栈后它的级别必须改为最低；而乘方运算的结合性却是自右向左，所以，它的栈外级别又高于栈内的，即运算符在栈内和栈外的级别可能不同。当遇到右括号")"时，一直需要对运算符栈出栈，并且做相应计算，直到遇到栈顶为左括号"("时，将其出栈，因此右括号")"级别最低但它却不必进栈，故定义为−1。

　　下面为设计时约定的一些细节。运算数栈初始化为空，为了使表达式中的第一个运算符能够进栈，在运算符栈中预设一个最低级的运算符"("。计算过程结束时，此运算符还留在运算符栈中。根据以上讨论，每个运算符栈内、栈外的级别分别定义如表 4-2 所示。为了更快掌握这种计算表达式的思路，表 4-3 给出了 3 个例子。第一个比较简单，第二个涉及括号，第三个涉及多级括号和连续方幂。

表 4-2　运算符级别约定表

运　算　符	栈　内　级　别	栈　外　级　别
^	3	4
*、/、%	2	2
+、−	1	1
(	0	4
)	−1	−1

表 4-3　表达式计算过程范例

读字符	运　算　数　栈	运　算　符　栈	备　　　注
① 计算 3+2*4−2♯的过程			
3	3	(	运算符栈中首先预设一个(
+	3	(、+	
2	3、2	(、+	
*	3、2	(、+、*	
4	3、2、4	(、+、*	
−	3、8	(、+	因为−的级别比*低，故计算 2*4，结果再次进运算数栈。−没有进栈
	11	(	继续处理−。−的级别和+同级，计算 3+8，结果进运算数栈。−依然没有进栈
	11	(、−	不动，继续处理。因为−已经比(的级别高，进运算符栈

续表

读字符	运 算 数 栈	运 算 符 栈	备 注
2	11、2	(、—	
♯	9	(	计算过程结束,结果为栈顶的 9

② 计算 9+(3*4—2)/5♯的过程

读字符	运 算 数 栈	运 算 符 栈	备 注
9	9	(	
+	9	(、+	
(	9	(、+、(	
3	9、3	(、+、(、*	
*	9、3	(、+、(、*	
4	9、3、4	(、+、(、*	
—	9、12	(、+、(	遇到—后,先计算了 3*4,结果进栈
	9、12	(、+、(、—	不动,继续处理—。因为—已经比(级别高,进运算符栈
2	9、12、2	(、+、(、—	
)	9、10	(、+	遇到),所以直接计算 12—2,)并不进栈。计算完后,把(出栈
/	9、10	(、+、/	
5	9、10、5	(、+、/	
♯	9、2	(、+	遇到♯,把 10/5 计算出来
	11	(	运算数栈中并不是只剩一个数据,所以继续计算。结果为 11

③ 计算 2^((4+5)/3)^2♯的过程

读字符	运 算 数 栈	运 算 符 栈	备 注
2	2	(	
^	2	(、^	
(	2	(、^、(	
(	2	(、^、(、(	栈内(的级别为 0,外面的(的级别为 4,故继续进栈
4	2、4	(、^、(、(	
+	2、4	(、^、(、(、+	
5	2、4、5	(、^、(、(、+	
)	2、9	(、^、(	遇到),所以直接计算 4+5,)并不进栈。计算完后,把(出栈
/	2、9	(、^、(、/	
3	2、9、3	(、^、(、/	
)	2、3	(、^	遇到),所以直接计算 9/3,)并不进栈。计算完后,把(出栈
^	2、3	(、^、^	栈内^的级别为 3,外面的^的级别为 4,故继续进栈
2	2、3、2	(、^、^	
♯	2、9	(、^	遇到结束符,先计算 3^2,把结果 9 压入栈
	512	(	继续计算,得到结果 512

用上述思路计算中缀表达式并不是最简捷的,也不是编译系统真正使用的思路,后面章节会讨论更精妙的计算过程。

3. 行编辑软件对输入字符的处理。目前常用的字处理软件 Word 和 WPS 都已经做到了"所见即所得",光标可以上、下、左、右移动,十分方便。最初的文字编辑环境是行编辑,也就是只能对一行内的文本进行编辑。那么在进行诸如修改字符或取消本行时该编辑软件是如何处理的呢?

约定本行编辑程序的功能为从键盘接收用户输入的字符,之后把正确的文本转入数据区。为了达到这个目的,使用"接收一个字符马上转入数据区"的思路显然是错误的,正确的处理方式是启用一个栈,约定@为退格,功能为删除刚输入的一个字符。约定~为清除本行。相应的处理规则为:对用户输入的字符进行判断,如果不是退格符,也不是清除本行符,则进栈;如果是退格符,则出栈一次;如果是清除本行符,则将栈进行初始化。本行输入结束时,把这个栈看成普通的线性表,遍历将全部数据从左至右依次输入数据区,同时将栈初始化为空。

在本范例中,可以看到综合应用两种数据结构的思想方法,这是很重要的计算机编程技巧。由于这个数据结构的作用比较特殊,就不单独称它为栈或线性表了,结合应用为它起一个名字,称为"输入缓冲区"。

表 4-4 为行编辑软件输入字符的处理。

表 4-4 行编辑软件输入字符的处理

输入序列	输入数据区的内容
＃ im@nclude ＜ iostream ＞ ＃ define max@@@MAXLEN 1024 typedef struct stacknode { int data; ~ { char data; 　 struct stacknoo@de ＊ next; }node	＃ include ＜ iostream ＞ ＃ define MAXLEN 1024 typedef struct stacknode { char data; 　 struct stacknode ＊ next; }node

4. 编程进行表达式括号是否正确匹配的判断,同时有 3 种括号,要把可能的各种错误情况都能正确反映出来。

5. 回文字符串的判别。如果一个字符串,如英文单词,正读和反读都是一样的,则称它为回文。如:Anna、Bob、Dad、Mom、Otto、tot、pop、civic、level、madam。回文还可以造句,如:Madam, I'm Adam. (夫人,我是亚当。)又如:Dennis sinned. 丹尼斯犯罪了。如果以单词为单位,也可以看到句子的回文,如:You can cage a swallow, can't you, but you can't swallow a cage, can you? (您可以把燕子关进笼子里,是吧? 可是您不能把笼子吞下肚,不是吗?)中文也有诸如"花非花""人上人""山外山""苦中苦"等说法,还可以见到"上海自来水来自海上""西东当铺当东西"等对联,大诗人苏东坡还写出了一首回文诗:春晚落花余碧草,夜凉低月半梧桐。人随雁远边城暮,雨映疏帘绣阁空。对应的是:空阁绣帘疏映雨,暮城边远雁随人。梧桐半月低凉夜,草碧余花落晚春。以下回文诗更有意思,不但全首可自尾倒读,且每句顺读倒读也都一样:处处飞花飞处处,潺潺碧水碧潺潺;树中云接云中树,山外楼遮楼外山。编写一个程序来判断一个字符串是否是回文,这里约定字符串完全相同指的是每个对应位置的字符都相同。

五、思考题

1. 象棋对弈系统悔棋机制。设计一个象棋对弈系统,希望有悔棋机制,但是并不要求无限制地一直悔棋,约定为每一方至多连续悔棋 3 次,加在一起就是 6 个刚刚走过的步骤。这里很自然要用到栈,问题是空间申请过多又没有用,只申请 6 个单元,又容易很快用完。既然新的步骤又出现了,最初的步骤就没有用了。那可不可以把数据都往前移动呢? 这是可以的,如果希望不采用数据移动,如何完成这个功能? 写出可以执行的程序。

2. 迷宫问题的模拟系统。公园中,有人使用竹子搭起了一个迷魂阵,也就是迷宫。它的特点是人进去后,能看到所有的竹子和路,但是走来走去却发现很多是死路或者环路。人们可以反复试走和观察,要走出来还是有一定难度的。如何用计算机程序来模拟一只老鼠找迷宫出口的问题呢?

第5章 队列的构造与应用

本章主要介绍第三种数据结构——队列。它是一种特殊的线性结构,本章介绍它的逻辑结构、存储结构,对其存储结构介绍顺序队、链队和环状队列 3 种实现形式。队列用来帮助解决计算机程序设计中遇到的许多难题。本书后面的许多数据结构相关程序设计也需要队列结构来支持。

5.1 引　　言

先通过现实生活中的一些现象来了解队列的工作原理,如在银行、火车站、食堂排队等待服务或购票等;重型机关枪的子弹夹是从侧面横排插入的,最先进去的子弹也就最先被击发出去;再如汽车制造厂的总装配线上,所有车辆的底盘逐个进入,之后开始装配,车辆离开车间也是先进去的先出去。这种特性被称为"先进先出",通俗地讲就是排队。

本章通过对线性表的改造来完成对数据"先进先出"特性的处理,主要是对线性表的插入和删除操作增加约束条件。约束条件为只能在线性表的某一端进行删除,必须在另外一端进行插入(一旦决定后,插入和删除端不能再互换),中间的任何位置也不能进行插删,这就构成了"队列",它就具有"先进先出"的性质。

5.2 队列的逻辑结构

队列(queue)是限制只在表的一端进行插入,在表的另一端进行删除的线性表。允许插入的一端叫队尾(rear),允许删除的一端叫队头(front)。插入数据操作称为入队,删除数据操作称为出队;当表中没有元素时称为空队。

图 5-1　先进先出原
　　　　理示意图

队列的工作原理来自现实生活中基于时间的公平性原则(先到先服务),排队是通常的管理思想方法,如图 5-1 所示。与栈类似,队列也是程序设计中最常用的数据结构,"先进先出"在英语中为 First In First Out,故队列也称为 FIFO 表,这种特性在很多需要按照时间公平的原则处理的程序设计中非常有用。

队列的实现也可以通过顺序存储或链接结构来完成。如果是顺序存储,开始就要确定队列的大小,队列的"上溢"问题比较复杂,后面会专门讨论。相比之下,使用链接结构则不需要先行设计空间大小,只要在申请空间时操作系统能返回可以使用的地址,就没有"上溢"的问题。

在具体实现顺序队的过程中,要注意队头和队尾并不是一个固定的地址,如数组的某个边界。队头和队尾的位置都随进出队的操作变化。一般约定用变量 rear 指向队尾,用 front 指向队头。

显示队中所有数据应该理解为线性表的基本操作,故不列在下面的操作清单中。

队列的主要操作见表 5-1。

表 5-1 队列的基本操作

操作名称	建议算法名称	编程细节约定
队列初始化	create(size)	编程时通过构造函数完成。size 是空间的大小,不需要时则没有该参数
销毁队列	destroy(queue)	释放队列所占的空间
判队列空	isempty(queue)	若 queue 为空队返回 1,否则返回 0
判队列满	isfull(queue)	若 queue 为满队返回 1,否则返回 0
入队	queuein(queue, newdata)	在队列 queue 的尾部追加一个新元素 newdata,newdata 成为新的队尾元素
出队	queueout(queue)	队列 queue 的头部元素从队列中删除,队列少了一个元素
读队头元素	getfront(queue)	把队头元素作为结果返回,队头指针不变化

例 5-1 约定入队操作用 in 表示,出队操作用 out 表示,对于数据(1,2,3),约定从左到右的次序用队列依次处理一次,即进队一次,出队一次。如果操作序列是合法的,即排除了入队操作少而出队操作多的出错情况,结果只有一个,那就是原来的次序,不论是 in、in、in、out、out、out,还是 in、out、in、out、in、out,或者是其他的操作序列,其结果都是(1,2,3)。这个例子说明了队列的工作性质"先进先出"。

5.3 队列的顺序存储

下面介绍队列的顺序存储,采用顺序存储来实现队列,就是顺序队。顺序队中的数据元素依次放在一片连续的空间中,为了便于算法设计,启用一维数组来实现,队头指针(front)和队尾指针(rear)的初始值都是 0。约定 front 记录当前的实际队头,始终指向可以出队的数据。注意用 rear 变量记录实际可用的位置,而不是实际队尾。这样就可以简单地判断出是否是空队。

图 5-2 为队列的顺序存储示意图,queuedata 为数组名。其中先连续进行入队 6 次,数据为(20,19,63,01,17,87),然后再出队 3 次,再入队两次,数据为(05,07)。随着数据的入队和出队,rear 和 front 指针都逐渐移向示意图的右边。

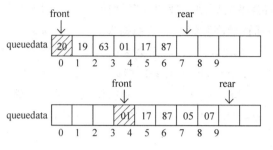

图 5-2　队列的顺序存储示意图

因为 rear 始终指向可用空间,一旦移到下标 10 处,显然已经越界。再要求入队则"上溢",通过图 5-3 可以看到队列空间并没有用完,故这种溢出称为"假溢出"。

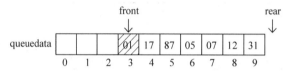

图 5-3　队列的顺序存储"假溢出"示意图

在图 5-2 中,继续入队两次,数据为(12,31)后还要入队,则"假溢出"出现。

要解决"假溢出"问题,必须设法利用全部空间。

第一种方案:事后处理。当出现"假溢出"时,把所有数据全部向前移动(即左边),使当前队头数据移到数组的 0 下标处,所有可用空间出现在数组的后面(即右边),它的特点是平时不考虑数据的移动,出现"假溢出"后再处理。但每次移动的数据总量和移动的偏移量(即向左移动几个位置)都要计算。

第二种方案:事前防范。在每次出队时,都将队列中所有元素向前移一个位置。这样一旦出现"上溢"就肯定是真正的"上溢"。它的特点是每个数据每次只前移一个位置,相比第一种方案,数据移动量更多。

不论使用以上哪种方案,都会引起大量元素的移动,因此这种操作会导致时间效率降低,所以下面将介绍不需要移动数据而解决"假溢出"的环状队列。

5.4　队列的环状顺序存储

为了解决"假溢出",计算机科学家大胆地设想把顺序结构的头尾相连,造出了一个所谓的"环状队列"。

图 5-4 是环状队列的操作示意图,展示了从空队开始逐步演变到满队的情况。其中,虚线箭头表示两个前移的方向。

在环状队列中初始状态为 front＝rear＝0,此时队空。每次入队时,应该先把数据存入当前 rear 的位置上,之后用 rear＝rear＋1 向前移动尾指针。出队时用 front＝front＋1 前移即可。环状的实现既可以用 if 语句也可以用数学中的求模函数,因为求模就是求余数,不论什么整数 address,进行 address mod 10 时,结果就在 0 到 9。入队的地址计算为 rear＝(rear＋1)％maxsize,而出队的地址计算为 front＝(front＋1)％maxsize。

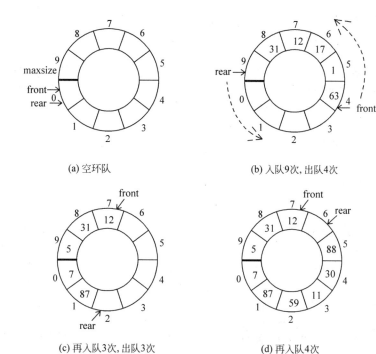

(a) 空环队

(b) 入队9次, 出队4次

(c) 再入队3次, 出队3次

(d) 再入队4次

图 5-4　环状队列的操作示意图

由于 rear 始终指向可用空间,在全部空间用完时,正好是 front＝＝rear,那么如何区分队空和队满呢? 方法一:启用一个计数器记录当前队中的数据个数。方法二:牺牲一个空间,当 rear＋1＝front 时认为队满,图 5-4(d)就符合这个条件。下面程序中使用的是第一种方案。

【程序源码 5-1】　环队实现队列基本功能。

```
//功能: 环队实现队列的基本功能
# include < iostream. h >
# include < conio. h >
# include < windows. h >
# include < iomanip. h >
# include < math. h >
# define Maxsize 10                                    //设置环队的最大空间
enum returninfo{success, fail, overflow, underflow, range_error};  //定义返回信息清单
class loopqueue                                         //环队的对象设计
{
private:
    int data[Maxsize];                                  //静态数组实现队列
    int front, rear;                                    //队头、队尾指针
protected:
    int count;                                          //计数器。统计结点个数,即线
                                                        //性队列的长度
public:
    loopqueue();                                        //构造函数
```

```cpp
        ~loopqueue();                                    //析构函数
        void clearqueue(void);                           //清空环队
        bool empty(void) const;                          //判断是否空队
        int size(void) const;                            //求环队的长度
        returninfo traverse(void);                       //遍历环队所有元素
        returninfo getfront(int &item) const;            //读取队头
        returninfo insert(const int &item);              //数据入队
        returninfo remove(int &item);                    //数据出队
};
returninfo loopqueue::traverse(void)                     //遍历环队中的所有元素
{
    if(empty())
        return underflow;                                //空队列的处理
    cout <<"环队中的全部数据为: Front—>(";                //提示显示数据开始
    for(int i = front;i < count + front;i++)             //循环显示所有数据
    {
        cout <<" "<< setw(2)<< data[i % Maxsize];
        if (i == count + front - 1)
            cout <<" )<— Rear"<< endl;                    //数据完毕
        else
            cout <<" ,";                                 //数据中间
    }
    return success;                                      //本次操作成功
}
returninfo loopqueue::insert(const int &item)            //进队
{
    if(count >= Maxsize)                                 //满队处理
        return overflow;
    data[rear] = item;                                   //给数据赋值
    rear = (rear + 1) % Maxsize;                         //产生环形的下一个地址
    count++;                                             //计数器加1
    return success;
}
returninfo loopqueue::remove(int &item)                  //出队
{
    if(empty())                                          //空队处理
        return underflow;
    item = data[front];                                  //保存数据
    front = (front + 1) % Maxsize;                       //产生环形的下一个地址
    count -- ;                                           //计数器减1
    return success;
}
```

图 5-5 为环状队列程序运行界面。

时间效率评价：环队的特点是，不用移动数据就处理了"假溢出"的问题。在上面所有函数中，只有遍历环队中所有元素的操作是 O(n) 的时间复杂度，其他的都是 O(1) 级的。

图 5-5 环状队列程序运行界面截图

5.5 队列的链接存储

本节讨论使用链表结构来实现队列,也称为链队。因为分别在两端进行插入和删除操作,故用单链表即可。队列的链接存储示意图如图 5-6 所示。如果把 front 设计在链表的尾部,rear 设计成链表的头部,入队容易做到,但是出队就很困难,除非启用双向队列,但是付出空间的代价太大,所以单链表的头指针处设计为队头。由于队列使用链表实现时,插入和删除操作都在边界上,相对比较简单,就不提供示意图了。

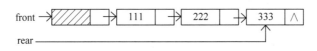

图 5-6 队列的链接存储示意图

【程序源码 5-2】 链队实现队列基本功能。

```
//功能:链队实现队列的基本功能
//本程序中设置了头结点
# include < iostream. h >
# include < conio. h >
# include < windows. h >
enum returninfo{success,fail,underflow,range_error};        //定义错误类型清单
class node
{
public:
    int data;                                               //数据域
    node * next;                                            //结点指针
};
//链队对象设计
class linkqueue
{
private:
    node * rear;                                            //尾指针
    node * front;                                           //头指针
```

```
    protected:
        int count;                                          //计数器,统计结点个数,即
                                                            //队列长度

    public:
        linkqueue();                                        //构造函数
        ~linkqueue();                                       //析构函数
        void clearqueue(void);                              //清空链队
        bool empty(void) const;                             //判断是否空队
        int size(void) const;                               //求链队的长度
        returninfo traverse(void);                          //遍历链队所有元素
        returninfo getfront(int &item) const;               //读取队头
        returninfo insert(const int &item);                 //数据入队
        returninfo remove(int &item);                       //数据出队
};
returninfo linkqueue::traverse(void)                        //遍历链队中的所有元素
{
    node * searchp;                                         //启用搜索指针
    if(empty())
        return underflow;                                   //空队列的处理
    searchp = front->next;
    cout <<"链队中的全部数据为: Front━▶[头结点|-]->";       //提示显示数据开始
    while(searchp!= rear->next)                             //循环显示所有数据
    {
        cout <<"[ "<< searchp->data;
        if (searchp == rear)
            cout <<" |^]<━ Rear"<< endl;
        else
            cout <<" |-]->";
        searchp = searchp->next;
    }
    return success;                                         //本次操作成功
}
returninfo linkqueue::insert(const int &item)               //进队
{
    node * newnodep = new node;
    newnodep->data = item;                                 //给数据赋值
    rear->next = newnodep;                                 //这一步可以看出有头结点
    rear = rear->next;                                     //改动队尾指针的位置
    count++;                                               //计数器加1
    return success;
}
returninfo linkqueue::remove(int &item)                     //出队
{
    if(empty())
        return underflow;
    node * tempp = front->next;
    item = tempp->data;
    front->next = tempp->next;                             //改变指针
    delete tempp;                                          //释放该结点
    count--;                                               //计数器减1
    return success;
}
```

图 5-7 为链队基本功能程序运行界面。

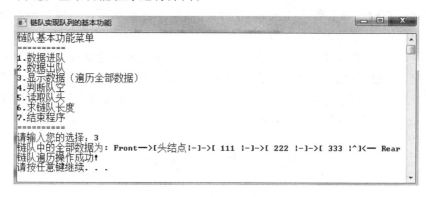

图 5-7　链队基本功能程序运行界面

时间效率评价：链队的特点是在链表的边界进行进队和出队操作，在上面所有函数中，只有遍历链队和清空链队中所有元素的操作是 O(n) 的时间复杂度，其他的都是 O(1) 级的。

5.6　队列的应用案例

队列作为数据结构，主要用途一是基于时间公平机制所涉及的程序设计，二是硬件需要缓冲区处理的实现方案。

【应用案例 5-1】　打印机共享问题。在计算机未联网时打印机无法共享，联网后发现要使打印机共享，其实并不容易。例如打印机已经接入一个网络，它可以接收网络中任何一台计算机上用户的打印请求。如果是随时接受，那么正在打印 A 用户的文件又收到 B 用户的打印请求，结果是多个用户的文件被混打在一起。这种算法思路显然错误。如果打印机空闲就接受打印请求否则就拒绝，那么这个思路好像解决了第一种情况，但却是有缺陷的。例如正在打印 A 用户的文件，此时系统拒绝了 B 用户的打印请求，于是 B 用户先去做其他事情，此时 A 用户的打印任务可能已经完成，恰巧 C 用户的打印请求提出，于是打印机又开始为 C 服务。此时 B 又来申请，但是再次被拒绝。这种按照打印机是否空闲受打印请求的随机管理法违反了时间公平原则，用程序设计技巧无法解决这个问题。

最后的结论是启用队列进行管理。算法是如果有打印请求，不向打印机提出，而是先"进队"，而打印机空闲时则执行"出队"操作，开始打印一个新的任务。在这种机制下，如果 B 用户的文件第二个提出申请，那么必然是第二个被执行打印的，这个问题圆满解决。在 Windows 操作系统下的多任务处理打印事务也是这样处理的。不过为了方便用户，没有开始打印的任务在队列中间也可以删除掉，体现了数据结构在编程中的灵活运用。

【应用案例 5-2】　主机与外部设备之间速度不匹配问题。以主机和打印机为例来说明，主机输出数据交付给打印机打印，主机输出数据的速度比打印机打印的速度要快得多，若直接把输出的数据送给打印机打印，由于速度不匹配，显然是不行的。解决方法是设置一个打印数据缓冲区，主机把要打印输出的数据不断写入这个缓冲区中，写满后就暂停输出，继而去做其他事情，打印机就从缓冲区中按照"先进先出"的原则依次取出数据并进行打印，打印完后再向主机发出请求，主机接到请求后再向缓冲区写入打印数据，这个打印数据缓冲区就是队列,利用队列既保证了打印数据的正确,又使主机提高了工作效率。

【应用案例 5-3】 键盘输入速度和系统处理速度不匹配问题。当通过键盘高速录入时,击键的速度较快,但是系统要处理这些击键有时需要更多的时间,如汉字的处理需要计算相关的字模地址和取出显示。如果直接接收,因为系统处理的速度较慢,势必遗漏一些字符,那么高速录入也就失去了可能,因为必须慢慢击键,等待每一个字符出现在屏幕上。现在的键盘已经解决了这个问题,可以放心地高速录入,稍后会发现那些字符会逐渐地显示出来,并没有丢失。这就是键盘输入缓冲区的功能。

5.7 本 章 总 结

本章主要介绍了队列的逻辑结构、存储结构和基本操作的程序设计。通过图示和讨论,展示了队列的工作原理,给出了多个应用案例。许多问题需要按照时间来排队处理,通过算法技巧不容易解决,但是启用了队列后迎刃而解。

本章存储结构的讨论中给出了很有特色的环状队列,没有引起数据移动却可以避免"假溢出"现象,值得好好思考和模仿。为了满足功能上的目的,一个程序中也可以启用多个队列。

习 题

一、原理讨论题

1．循环队列解决了什么问题？优点是什么？如何巧妙地实现环状？

2．讨论对于数据 1、2、3,给出使用队列操作后可能产生的合法结果,并讨论其原因。

3．讨论队列的主要用途。

4．队列采用顺序存储和链表存储等两种存储结构,数据移动性问题是否还存在？为什么？如何解决？

二、理论基本题

1．写出以下概念的定义：队列、队头、队尾。

2．写出队列的性质。

3．写出主要的队列栈的操作清单。

4．任意 3 个数据进队后,画出链接存储结构的示意图。注意有两种方案(是否带有头结点)。

5．根据第 4 题中画出进队和出队的示意图。

6．画出环队操作的示意图。

三、编程基本题

1．编程实现顺序队的进队和出队,用数据移动法解决假溢出问题。

2．编程实现环队的所有功能和界面设计。

3．把链队的源代码改为模板类的程序。

四、编程提高题

1．通过栈和队列的联合使用,对数据进行其他进制和十进制之间的转换,主要是整数部分需要栈,小数部分需要队列。

　　2. 编程模拟银行窗口的接待工作。

　　3. 编程模拟飞机场的管理工作。

　　五、思考题

　　1. 医院挂号排队管理系统,设计一个医院挂号排队管理系统,要求做到先来先挂号。因为要实现按照时间公平特性的机制,自然就应启用队列。问题是在医院挂号过程中,如果完全按照时间公平的原则,也不尽合理,如突发事件的重病人,排队等待挂号也不可行。要求一方面要按照时间公平性处理一般病人,同时能够处理紧急情况,编出可以执行的程序。

　　2. 假设正在设计一个大型计算机 CPU 共享的模拟系统,对象为正在进行科研工作的老师、毕业设计的学生,还有刚入门学习高级语言的学生做一些上机的练习。如果按照同等时间片分配给所有人,显然不合理。因为不同的对象的上机任务的重要度并不一致。如何兼顾时间公平和任务的重要度呢? 挑战课题就是在这套系统中一方面按照时间公平性处理所有用户,同时能够兼顾不同的任务重要度。编出可以执行的程序。

　　3. 有些问题,如持续运行的实时监控系统源源不断地接收到监控对象顺序发来的信息(如报警或现场记录),为了保持信息的时间顺序性,就要按顺序保存,而这些信息无穷无尽,不可能将它们全部驻留在内存中,如何很好地处理这个问题?(提示:要约定一个时间期限,超过此期限的信息就无用)

第6章　串的构造与应用

本章主要介绍第四种线性数据结构——串，以及它的逻辑结构、多种存储结构的实现，特别是推出了索引存储结构，给出一批相关的程序设计，最后给出多个应用范例。串是一种特殊的线性表，也可以理解为线性表的应用，在文本和其他信息处理中都有很多的实用性。

6.1　引　　言

"串"就是通常所说的"字符串"。串最常见的应用就是文字处理，当要利用计算机处理一个报告、计划、小说等各类文章时，实际上就是处理字符串。专设一章来讨论它，是因为"串"作为一种非常特殊的结构在编程时非常有用，已经发展成为一个专门领域。

在计算机程序设计中，程序也是字符串，当需要对程序进行任何修改、添加、删除时就是在做字符串处理。进一步，当编译系统处理源程序的时候也是在做一种特殊的字符串处理，最后变成了可执行文件，其结果实际上还是一种新的字符串。

在日常的数据处理中，信息不可能全部是数值，通常还会有名称、出生地、电话、联系方法等字符组成的信息，对于这些信息在计算机中如何才能正确存储和高速读取，也是很重要的研究课题。

不同的国家有不同的文字，对中国用户来说还有汉字处理的问题，它的数量极多，不能用简单的横竖撇捺来形成，如何做到汉字库的存储、汉字的提取、显示、编辑和打印等都是字符串的应用。

高级语言中通常直接提供数据类型字符串，但是 C 语言一般使用字符数组来处理字符串。能够处理字符串的函数是很多的。

6.2　串的逻辑结构

串（即字符串）是由零个或多个任意字符组成的字符序列。一般记作：

string = "$s_1 s_2 \cdots s_n$"

式中 string 是串名。本章用双引号作为串的定界符，引号引起来的字符序列就是串值，引号本身并不属于串的内容。对于一个任意字符 $a_i(1 \leqslant i \leqslant n)$，称为串的元素，是构成串的基本单位，$i$ 是它在整个串中的序号，从 1 开始统计。串是一种特殊的线性表，特殊之处在于这种线性表的数据元素仅由一个"字符"组成，计算机非数值处理的对象经常都是字符串数据。

串的长度简称串长，表示串中所包含的字符个数。

此处的串长定义是基于 ASCII 码字符的。在计算机诞生之初，从键盘输入到实际存储只考虑了英文大小写字母、数字、标点符号、运算符、光标控制键和其他功能控制键等，这样就有一个对应的 ASCII 码表，而中文文字信息处理是在后期不断改进中才加入的。由于汉字的字型信息量过多，所以 ASCII 码表没有足够的空间存储汉字编码，一个 ASCII 码的长度空间又不足以存储一个汉字的信息量，解决方案就是使用两个 ASCII 码字符的长度来存储一个汉字信息，称为"全角"或"倍宽"，在屏幕上可以看到一个汉字的宽度也是两个 ASCII 码字符的宽度。为了在文字处理中做到对齐、美观，还产生了"全角"字符，即所有正常的 ASCII 码字符都有另外一个形式，它们也同样占用两个 ASCII 码字符占用的空间，这些全角字符都是图形符号，并不是 ASCII 码字符，所以在编程语句中是不能使用这些字符的，在 DOS 等命令环境下也不能使用，否则会提示语法错误。另外在统计串长时还要注意空格的影响。

表 6-1 是部分字符的 ASCII 码表。

表 6-1 部分字符的 ASCII 码表

字符	（空格）	0	1	2	3	4	5	6	7	8	9
ASCII 码	32	48	49	50	51	52	53	54	55	56	57
字符	A	B	C	D	E	F	G	H	I	J	K
ASCII 码	65	66	67	68	69	70	71	72	73	74	75
字符	L	M	N	O	P	Q	R	S	T	U	V
ASCII 码	76	77	78	79	80	81	82	83	84	85	86
字符	W	X	Y	Z	a	b	c	d	e	f	g
ASCII 码	87	88	89	90	97	98	99	100	101	102	103
字符	h	i	j	k	l	m	n	o	p	q	r
ASCII 码	104	105	106	107	108	109	110	111	112	113	114
字符	s	t	u	v	w	x	y	z			
ASCII 码	115	116	117	118	119	120	121	122			

例 6-1 下面的字符串分别有不同的长度。

string01 = "abcdefgABCDEFG123456789" (ASCII 码字符，长度为 23)
string02 = "ａｂｃｄｅｆｇＡＢＣＤＥＦＧ１２３４５６７８９" (全角字符，长度为 46)
string03 = "I like data structure!" (ASCII 码字符，长度为 22)
string04 = "DATA STRUCTURE IS CHARMING." (ASCII 码字符，长度为 27，注意标点符号)
string05 = "数据结构充满魅力" (全角汉字，长度为 16)

当串长为 0 时，称为空串。含有一个空格的串，称为空白串，它的长度为 1，记为 s=" "。

空格并不是没有信息，相反它的信息量很大，例如中文的每一个段落开始一般都要求有两个空格（当然是 4 个 ASCII 码字符）。在高级语言程序设计中，构造要素之间一般也是用空格分隔的。

串中任意连续的字符组成的子序列称为该串的子串。包含子串的串相应地称为主串。子串的第 1 个字符在主串中的序号称为子串的位置。

两个串相等,是指两个串的长度相等且对应字符都相等。

例 6-2 下面的字符串分别有不同的长度。

```
string01 = "12345"     (ASCII 码字符,长度为 5)
string02 = "12345   "  (因为后面有 3 个空格,所以长度为 8.但是这两个字串在屏幕上特定的情况
                        下看起来是一样的)
```

字符串的比较将分为下面两个层次进行讨论。

ASCII 码字符串的比较。这个层面涉及两个概念:ASCII 码表和字典序。首先约定单个字符的比较是基于 ASCII 码表中符号的编号大小。如 a＜b＜c＜d 等,所有字母都比空格大。进一步讨论字典序,这里的字典指的是通常的"英语字典"。在字典中通常约定:从第一个字母开始比较,如果不同,则第一个字母大的单词就大,如果相同,则依次比较下一个字母,直到不等的情况出现。如果一个单词全部比较完了,另外一个单词还有字母,那么根据任何字母比空格都大的原则,可判别它们的大小。如果两个单词一同结束且每个字母都相同,那么就符合相等的定义了。全部 ASCII 码字符串都可以视为一个个"单词",然后根据上述规则进行比较即可。

汉字的比较。对于汉字由于本身是象形文字,约定把汉字的拼音符号存入计算机,然后把它视为一个英语单词,这样就可以比较。根据这个比较原则,显然"李四"＜"王五"＜"张三"。

对于字符串来说,由于它就是特殊的线性表,一方面它的基本操作和线性表完全一样,另一方面由于它在应用方面的特点,会把一个"字符串"作为操作的基本单元,很多时候它关注的是一次性处理大量字符。在线性表的基本操作中,大多以"单个元素"作为操作对象,如,在线性表中查找某个元素,读取某个元素,在某个位置上插入一个元素和删除一个元素等;而在串的基本操作中,通常以"串的整体"作为操作对象,如,在串中查找某个子串,读取一个子串,在串的某个位置上插入一个子串以及删除一个子串等,相应地程序设计也会发生变化。

例 6-3 文字处理软件中要提供插入一个字符或删除一个字符的操作,但是如果只有这样的功能就会造成很大不便,如一个作家正在审阅自己的小说,决定删除中间一段不大理想的段落,由于这一段有 10 000 多个汉字,那么就意味着必须按下 10 000 多次删除键,显然这是很不方便的,于是在文字处理软件中通常都会提供"注标"处理,可以很容易地成块处理大批字符(如剪切、复制、粘贴、移动等)。

字符串的主要操作见表 6-2。

表 6-2 字符串的主要操作

操作名称	建议算法名称	编程细节约定
串初始化	create(string)	
求串长	strlength(string)	返回串 string 的长度
串赋值	strassign(string1,string2)	string1 是一个串变量,string2 是一个串常量或串变量(通常 string2 是一个串常量时称为串赋值,是一个串变量时称为串复制)。将 string2 的串值赋值给 string1,string1 原来的值被覆盖掉

操 作 名 称	建议算法名称	编程细节约定
串连接	strconcat （ string1， string2， string）或 strconcat （string1， string2)	两个串的连接就是将一个串的串值放在另一个串的后面,连接成一个串。前者会产生新串 string,string1 和 string2 不改变;后者是在 string1 的后面连接 string2 的串值,string1 改变,string2 不改变。例如:string1 ="bei",string2=" jing",前者操作结果是 string= "bei jing",后者操作结果是 string1="bei jing"
求子串	strsub(string,i,len)	串 string 存在,1≤i≤strlength（string）,0≤len≤ strlength(string)−i+1。返回从串 string 的第 i 个字符开始的长度为 len 的子串。len=0 得到的是空串。例如:strsub("abcdefghi",3,4)= "cdef"
串比较	strcomp(string1,string2)	若 string1==string2,操作返回值为 0;若 string1< string2,返回值<0;若 string1>string2,返回值>0
子串定位	strindex(string,substring)	寻找子串 substring 在主串 string 中首次出现的位置。若 substring 在 string 中,则操作返回 substring 在 string 中首次出现的位置,否则返回值为 −1。如: strindex("abcdebda","bc")=2, strindex（"abcdebda", "ba")=−1
串插入	strinsert(string,i, substring)	串 string、substring 存在,1≤i≤strlength（string）+1。将串 substring 插入到串 string 的第 i 个字符位置上
串删除	strdelete(string,i,len)	串 string 存在,1≤i≤strlength（string）,0≤len≤ strlength(string)−i+1。删除串 string 中从第 i 个字符开始的长度为 len 的子串
串替换	strreplace （ string， substring01， substring02)	串 string、substring01、substring02 存在,substring01 不为空。用串 substring02 替换串 string 中出现的所有与串 substring01 相等的不重叠的子串
串遍历	strtraverse(string)	把字符串中所有字符从头至尾依次输出

有的高级语言中串连接用加号实现,则要注意"123"+"456"="123456",而不是"579"。

6.3 串的顺序存储

用顺序结构存储字符串称为"顺序串",与前面介绍过的"顺序表"类似。但由于串中元素全部为字符,故存放形式与顺序表有所区别。如大型机、小型机、微机的字长都是不一样的,所以有一些影响。如 32 位计算机,实际上谈的就是字长。

串的非紧缩存储。一个存储单元中只存储一个字符,与顺序表中一个元素占用一个存储单元类似。如果字长超过一个字符需要的位数,就会造成一些浪费,但是编程时算法和线性表类似,比较简单。

例 6-4　设串 STRING＝"I like data structure."。假设字长为 32 位,所以占用了 22×32＝704 位,而一个字符仅需要 8 位字长,只需要 22×8＝176 位,每一个字要浪费 24 位,一共浪费了 22×24＝528 位。

串的紧缩存储。根据计算机字长,尽可能将多个字符存放在一个字长中。假设一个字 32 位,可以存储 4 个字符,则紧缩存储可以做到充分利用空间。紧缩存储能够节省大量存储单元,但对串的操作很不方便,编程时对于动态操作要考虑每个字之间的关系,涉及不同单元之间的数据移动,将会使任何操作都非常困难,因而需要花费更多的处理时间。

串的字节存储。计算机常用的字节编址方式是一个字符占用一个字节。一般正好是 8 位长存储 8 位长的 ASCII 码字符。在 C 语言中,为了表示字符串的结束,启用了结束符。

整个串的长度事先要固定下来,那么如何标识真实长度呢? 有以下几种方法。

定尾法一,类似顺序表,用一个指针指向最后一个字符。

定尾法二,此方法就是在串尾存储一个不会在串中出现的特殊字符作为串的终结符,以此表示串的结尾。在 C 语言中,用字符"\0"来表示串的结束。这种存储方法不能直接得到串的长度,而是通过判断当前字符是否是"\0"来确定串是否结束。

以下为顺序串功能演示程序源码。由于采用数组来实现顺序表,操作又多为字符串的处理,会导致数据大量的移动,基本上是顺序表相关程序的变形。

在顺序存储方式下,串插入的算法可以用线性表的插入算法来类比,但是二者还是有一些细节差异,如对于溢出的判断,线性表里在放满数据后再插入才会溢出,而插入串时则依赖被插入串的长度。插入时引起的数据移动也不同,线性表是每次移动一个位置,是个常量,但是在串中移动的距离还是依赖被插入串的长度,因为要腾出足够的空间。

在顺序存储方式下,串替换将变得比较复杂,因为并没有给出被替换的串长和新的串长的限制条件。这意味着可以是串长相等,或者被替换的串长比新的串长短,还可以是被替换的串长比新的串长更长,这 3 种情况分别对应着数据修改、数据删除、数据插入,后两种情况都会引起数据移动,这也说明顺序存储本质上不能适应串的应用。

串查找算法通常称为"匹配"算法,启用两个搜索指针同时后移,采用逐位比较的方式(BF 算法),在某个字符开始的字符串匹配失败后,主串 string 只向前移动一个位置,匹配串 substring 则要回到第一个字符的位置。字符串 majiang 最后在主串的 6 号单元匹配成功,如图 6-1 所示。

	0	1	2	3	4	5	6	7	8	9	10	11	12	13	14	15	16
string	m	b	m	a	c	m	a	j	i	a	n	g	b	a	b	\0	

	0	1	2	3	4	5	6	7	8
substring	m	a	j	i	a	n	g	\0	

图 6-1　逐位比较的匹配算法示意图

【程序源码 6-1】　顺序串的基本功能,提供了主要操作的函数。

```
//功能: 顺序串的基本功能
# include < iostream. h>
# include < conio. h>
# include < windows. h>
```

```
#include <iomanip.h>
#define maxsize 30                                        //顺序串的总空间大小
enum returninfo{success,fail,overflow,underflow,range_error,empty};  //定义返回信息清单
//串对象设计
class string
{
public:
    string();                                             //构造函数
    ~string();                                            //析构函数
    returninfo strcreate();                               //创建串
    returninfo strinsert(int position,char newstr[],int str_length);  //插入
    returninfo strdelete(int beginposition, int endposition);  //删除
    returninfo strmodify(int beginposition, int endposition,char newstr[]); //修改
    int strsearch(char newstr[]);                         //查找
    void strtraverse();                                   //遍历
    int strlength();                                      //求串长
private:
    char * str;                                           //串
    int length;                                           //长度
};
string::string()
{
    str = new char[maxsize];                              //申请数组空间
}
string::~string()
{}
returninfo string::strcreate()
{
    int i = -1,ch;
    cout <<"请输入要创建的字符串(ctrl + z 结束输入):"<< endl;
    while((ch = getch())!= 26)
    {
        cout << char(ch);
        i++;
        if(ch!= 13)
            str[i] = char(ch);
        else i = i - 1;
            cout.flush();         //为了每次输入后可以立即显示所输入的字符,则先清除缓冲区
    }
    length = i + 1;
    cout << endl;
    return success;
}
returninfo string::strinsert(int position,char newstr[],int str_length)
//当插入的字符串在原串末尾时,就相当于合并
{
    int j;
    if(position > length + 1||position <= 0)              //如果位置错误,返回错误标志
        return range_error;
    if(str_length + length > maxsize)
        return overflow;
    for(j = length - 1;j >= position - 1;j-- )            //数据移动
        str[j + str_length] = str[j];
    position = position - 1;
```

```cpp
    for(j = 0; j < str_length; position++, j++)        //插入
        str[position] = newstr[j];
    length = str_length + length;
    return success;
}
returninfo string::strdelete(int beginposition, int endposition)
{
    int i, j;
    if(length == 0)
        return empty;
    if(beginposition > length || endposition > length || beginposition <= 0 || endposition <= 0 ||
beginposition > endposition)
        return range_error;                                    //如果位置错误则返回错误标志
    for(i = beginposition, j = endposition; j < length; j++, i++)
        str[i - 1] = str[j];
    length = length - (endposition - beginposition + 1);
    return success;
}
returninfo string::strmodify(int beginposition, int endposition, char newstr[])
{
    int i, j, k, str_length, count, newlength, returnvalue;
    char * newdata;
    count = endposition - beginposition + 1;
    str_length = strlen(newstr);
    if(length == 0)
        return empty;
    if(beginposition > length || endposition > length || beginposition <= 0 || endposition <= 0 ||
beginposition > endposition)
        return range_error;                                    //如果位置错误则返回
                                                               //错误标志
    for(i = 0, j = beginposition - 1; i < str_length&&i < count; j++, i++)    //处理相同长度的一
                                                                             //部分
        str[j] = newstr[i];
    if(str_length > count)        //当输入串的长度大于需要修改串的长度时,处理后面多的一部分
    {
        newlength = str_length - count;
        newdata = new char[newlength];
        for(i = count, k = 0; i < str_length; i++, k++)
            newdata[k] = newstr[i];
        returnvalue = strinsert(endposition + 1, newdata, newlength);
        if(returnvalue == overflow)
            return overflow;
    }
    if(str_length < count)                //当输入串的长度小于需要修改串的长度时,直接删除一部分
        strdelete(beginposition + str_length, endposition);
    return success;
}
```

```
int string::strsearch(char newstr[])
{
    int i = 0, str_length, position = 0, count = 0;   //是否相等标志,count 用来确定比较时原串的移动
    if(length == 0)
        return -1;
    str_length = strlen(newstr);
    for(; i < length&&count < str_length; i++)
    {
        if(str[i] == newstr[count])
            {position = i - str_length + 2; count++; continue;}
        else
        {
            if(position == 1)
                i = i - count;
            count = 0;
            position = 0;
        }
    }
    return position;
}
void string::strtraverse()
{
    int i, j;
    if(length > 0)
    {
        cout <<"位置: ";
        for(i = 0; i <= length/10; i++)
            cout <<"| -- -"<< i <<"-- --|";
        cout << endl;
        cout <<"位置: ";
        for(i = 0; i <= length/10; i++)
        {
            for(j = 0; j <= 9; j++)
            cout << j;
        }
        cout << endl;
        cout <<"当前串: ";
        for(i = 0; i < length; i++)
            cout << str[i];
        cout << endl;
    }
    else
        cout <<"字符串为空!"<< endl;
}
int string::strlength()
{
    return length;
}
```

图 6-2 为顺序串常用功能程序的运行截图。

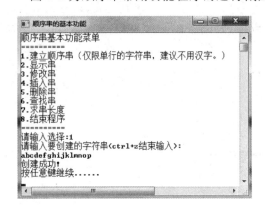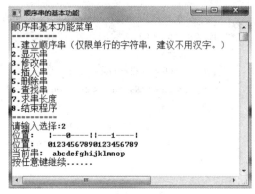

图 6-2　顺序串常用功能程序的运行截图

6.4　串的链接存储

用链表结构处理字符串会出现较多的问题。如每个结点为一个字符,链表的操作很容易实现,但缺点是过于浪费空间,每个字符都要占用一个链域,但是全角字符或汉字无法存储,所以通常没有实用价值。

为了提高存储效率,和紧缩存储类似,假设一个结点中的数据域可以存储 K 个字符(如 K = 4),则一个结点有 K 个数据域和一个指针域,最后一个结点中数据少于 K 个时,把剩余的数据域用 Ø 代替。在提高存储效率的情况下,牺牲了编程的简洁性,在进行数据的插入和删除中,会引起不同结点之间的数据交换,如果想编制出通用的程序将十分困难,所以也没有太大的实用价值。

因为顺序存储和链接存储都有较大的弊病,所以在处理串的过程中,提出了“索引存储”。

6.5　串的索引存储

索引存储的思想如同一本书的目录,有了目录就可以很快地找到想阅读的章节。索引存储就是在原始数据外增加一些管理数据,合在一起构成一种存储结构,既保存了数据,又保持了关系,而且在实用中会有很大的方便性。但是它与书的目录不一样的是,在计算机中如果丢失了索引,可能连原始数据也看不到了,索引是访问这些数据的唯一正常途径。

索引存储(即串名的存储映像)是用串变量的名字作为关键字组织名字表(即索引表),该表中存储的是串名和串值之间的对应关系。名字表中包含的项目根据不同的需要来设置,只要为存取串值提供足够的信息即可。

如果串值是以链接方式存储的,则在名字表中只要存入串名及其串值的链表的头指针即可。

如果串值是以顺序方式存储的,则在表中除了存入指示串值存放的起始地址首指针外,还必须有信息指出串值存放的末地址。末地址的表示方法有几种:①给出串长。②设置尾指针直接指向串值末地址。③在串值末尾设置结束符。

常见的"串名-串值存储映像索引表"有如下几种。

① 带串长度的索引表,示意图见图 6-3。

② 带末尾指针的索引表,示意图见图 6-4。

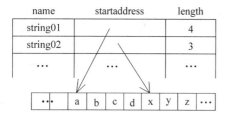

图 6-3　带串长度的索引表示意图

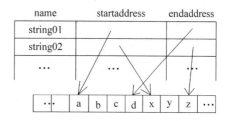

图 6-4　带末尾指针的索引表示意图

下面介绍一种变形,把较短的字符串存入索引表之中,但这时要加一个特征位 tag 以指出指针域中存放的是指针还是串。

③ 带标志位的索引表,示意图见图 6-5。

在内存中处理大量字符串时,通常把这种索引结构称为堆结构。其基本思想是:在内存中开辟能存储足够多的串、地址连续的存储空间作为所有串的可利用存储空间,称为堆空间。根据每个串的长

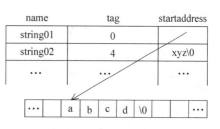

图 6-5　带标志位的索引表示意图

度,动态地为每个串在堆空间申请相应大小的存储区域,串顺序存储在所申请的存储区域中,操作过程中若原空间不够,可以根据串的实际长度重新申请,复制原串值后存入一片新的地址。开始时所有串放置的次序和逻辑次序完全一致,类似线性表的顺序存储。随着不断编辑演变,所有语句的次序已经凌乱,并且在中间有许多字符串已经不属于用户的数据了,这部分空间实际上也是可以重新分配的,下面为了简化讨论,需要新的空间时一律到最后面连续的空闲区申请。

堆存储结构示意图见图 6-6。

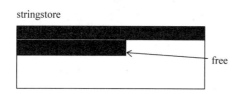

(a) 堆初始化,第一次存入一批数据的效果

(b) 堆反复进行插入删除操作后的效果

图 6-6　堆存储结构示意图

图中黑色部分是正在被串占用的空间,free 为未分配空间的起始地址,随着不断地插入删除操作,堆中的空间变成了有许多"空洞",物理次序也不一定对应逻辑次序的效果,向 stringstore 中存放一个串时,要修改相应的索引项。具体的修改规则如下。

约定除了单个字符和多个字符外,源程序中每行也是字符串处理的基本单位。对于存储源程序字符串的基本操作规则如下。

1. 字符级别

（1）插入。数据区中申请空闲区存储原串插入新字符后的整行字符串,索引表中修改起始地址和串长。

（2）删除。数据区中删除的字符用该行中该字符后的所有字符前移覆盖,在索引表中修改串长。

（3）修改。数据区中直接找到地址修改某个字符,索引表不变。

2. 字符串级别

（1）插入。数据区中申请空闲区存储原串插入新字符串后整行字符串,索引表中修改起始地址和串长。

（2）删除。数据区中删除的字符串用该行中该字符后的所有字符串前移覆盖,在索引表中修改串长。

（3）修改。

① 如果长度相等,则数据区中直接替换,索引表不变。

② 如果比原来长,则在数据区中重新申请空闲区来放修改后的字符串,索引表中改变起始地址和串长。

③ 如果比原来短,则在数据区中将字符串替换掉,后面还有字符串则前移,索引表中改变串长。

3. 行级别

（1）插入。数据区中申请空闲区来存储插入的新行,在索引表中按照排序效果插入新的索引项,填入正确的行号、起始地址和串长。如果用顺序表存储索引表,这个操作可能引起索引表中数据的移动,则可以考虑索引表使用链表来实现。

（2）删除。数据区中不变,索引表中删除该索引项。

（3）修改。由于通常不会整行修改,所以行的修改可以被删除行和插入行代替,不用单独编程实现。

以下为某段含有错误的代码段及编辑为正确代码的过程。在内存中用编号法给每个字符串命名,为了插入行更方便,从 100 开始,采用间隔法命名。由于字符串等长修改和字符的修改基本原理一致,字符串的删除和字符的删除基本原理一致,所以只讨论其中一种。简化起见,回车符约定一个字符。

	错误代码			编辑后希望的正确代码
100	# include < bcdream.h >	//字符串的修改,新串更长	100	# include < iostream.h >
200	void nein()	//字符串等长修改	200	void main()
300	{		300	{
400	char x,y;	//字符串的修改,新串长度	400	int x,y;
		//比旧串的短	450	int s;
	//缺少 s 的定义,行插入			
500	cin >> x >> y;		500	cin >> x >> y;
600	if(x > y)		600	if(x > y)
700	s++;	//行的删除		
800	s = x - y;	//字符串的插入	800	s = x - y;
900	s = - x;	//字符的插入	900	s = y - x;
1000	cout << s << enmdl;	//字符的删除	1000	cout << s << endl;
1100	}		1100	}

堆空间的初始状态如下表所示。

00	01	02	03	04	05	06	07	08	09
#	i	n	c	l	u	d	e	<	b
10	11	12	13	14	15	16	17	18	19
c	d	r	e	a	m	.		h	>	↙
20	21	22	23	24	25	26	27	28	29
v	o	i	d	⌣	n	e	i	n	(
30	31	32	33	34	35	36	37	38	39
)	↙	{	↙	⌣	⌣	c	h	a	r
40	41	42	43	44	45	46	47	48	49
⌣	x	,	y	;	↙	⌣	⌣	c	i
50	51	52	53	54	55	56	57	58	59
n	>	>	x	>	>	y	;	↙	⌣
60	61	62	63	64	65	66	67	68	69
⌣	i	f	(	x	>	y	)	↙	⌣
70	71	72	73	74	75	76	77	78	79
⌣	⌣	⌣	s	+	+	;	↙	⌣	⌣
80	81	82	83	84	85	86	87	88	89
s	=	x	—	y	;	↙	⌣	⌣	s
90	91	92	93	94	95	96	97	98	99
=	—	x	;	↙	⌣	⌣	c	o	u
100	101	102	103	104	105	106	107	108	109
t	<	<	s	<	<	e	n	m	d
110	111	112	113	114	115	116	117	118	119
l	;	↙	}	↙					

串的索引表初始状态如下表所示。

串　　名	串 头 位 置	串　　长
100	00	20
200	20	12
300	32	2
400	34	12
500	46	13
600	59	10
700	69	9
800	78	9
900	87	8
1000	95	18
1100	113	2

通过下面的操作逐步将程序改正。

经过多轮修改后的堆空间的状态如下表所示。

00	01	02	03	04	05	06	07	08	09
#	i	n	c	l	u	d	e	<	b
10	11	12	13	14	15	16	17	18	19
c	d	r	e	a	m	.	h	>	↙
20	21	22	23	24	25	26	27	28	29
v	o	i	d	⌣	m	a	i	n	(
30	31	32	33	34	35	36	37	38	39
)	↙	{	↙	⌣	⌣	i	n	t	⌣
40	41	42	43	44	45	46	47	48	49
x	,	y	;	↙	↙	⌣	⌣	c	i
50	51	52	53	54	55	56	57	58	59
n	>	>	x	>	>	y	;	↙	⌣
60	61	62	63	64	65	66	67	68	69
⌣	i	f	(	x	>	y	)	↙	⌣
70	71	72	73	74	75	76	77	78	79
⌣	⌣	⌣	s	+	+	;	↙	⌣	⌣
80	81	82	83	84	85	86	87	88	89
s	=	x	−	y	;	↙	⌣	⌣	s
90	91	92	93	94	95	96	97	98	99
=	−	x	;	↙	⌣	⌣	c	o	u
100	101	102	103	104	105	106	107	108	109
t	<	<	s	<	<	e	n	d	l
110	111	112	113	114	115	116	117	118	119
;	↙	↙	}	↙	#	i	n	c	l
120	121	122	123	124	125	126	127	128	129
u	d	e	<	i	o	s	t	r	e
130	131	132	33	134	135	136	137	138	139
a	m	.	h	>	↙	⌣	⌣	i	n
140	141	142	143	144	145	146	147	148	149
t	⌣	s	;	↙	⌣	⌣	⌣	⌣	s
150	151	152	153	154	155	156	157	158	159
=	x	−	y	;	↙	⌣	⌣	s	=
160	161	162	163	164	165	166	167	168	169
y	−	x	;	↙					

多轮修改后串的索引表状态如下表示。

串　　名	串 头 位 置	串　　长
100	115	21
200	20	12
300	32	2
400	34	11
450	136	9
500	46	13
600	59	10
800	145	11
900	156	9
1000	95	17
1100	113	2

从最后的堆空间和索引表可以看出,语句原来的逻辑次序在存储空间里已经乱序,而且中间有许多已经废弃的空间,数据区本身并不是顺序存储,也不是链接存储,但是数据在编辑过程中特别是插入和删除操作已经最大限度解决了数据移动的问题。根据最后的索引表和数据区的数据,可以读出下面正确的字符串。

```
# include < iostream.h >
void main()
{
    int x,y;
    int s;
    cin >> x >> y;
    if(x > y)
        s = x - y;
    s = y - x;
    cout << s << endl;
}
```

【程序源码 6-2】 索引结构的基本功能程序的部分源码如下。主要提供了字符串的 3 种基本操作。

```
//串的索引结构
# include < STDIO.H >
# include < IOSTREAM.H >
# include < FSTREAM.H >
# include < WINDOWS.H >
# include < STRING.H >
# include < IOMANIP.H >
# include < STDLIB.H >
# define Maxsize_Heap 1000
# define Maxsize_Line 80
# define Maxsize_Filename 20
```

```cpp
#define Maxsize_Message 30
char Msg_1[Maxsize_Message] = "修改完毕!";
char Msg_2[Maxsize_Message] = "删除完毕!";
char Msg_3[Maxsize_Message] = "插入完毕!";
char Msg_4[Maxsize_Message] = "请输入正确的选择!";
char HeapSpace[Maxsize_Heap] = {'0'};               //堆空间
char * FreeSpace = HeapSpace;                        //free 区
FILE * profile;                                      //用于显示修改后的文本信息
int HeapCounter = 0;                                 //堆空间已使用大小计数器
//索引表对象设计
class Index
{
public:
    Index();
    ~Index();
    int number;                                      //行编号
    char * fstr;                                     //字符串首地址
    int length;                                      //字符串长度
    int hpstr;                                       //字符串起始地址在堆空间编号
    Index * next;                                    //结点指针
};
//字符串级操作
/*** 修改操作 ***/
Index * String_Modify(Index * nownode)
{
    char * firads = nownode -> fstr;
    int sposition, fposition;                        //要修改字符串的起始、结束位置
    int i, j;
    char newstr[Maxsize_Line] = {'0'};               //接收新字符串
    unsigned int leng;
    cout <<"请输入需要修改字符串的起始和结束位置:";
    cin >> sposition >> fposition;
    cout <<"请输入需要插入的字符串:";
    cin >> newstr;
    leng = fposition - sposition + 1;                //要求改字符串的长度
    /* ----- 新旧字符串相等 ---- */
    if (leng == strlen(newstr))
    {
        for (i = 0, j = 0; i < nownode -> length; i++)
        {
            if (i == sposition - 1)                  //找到要求改字符串的开始位置
            {
                do
                {
                    firads[i++] = newstr[j++];       //执行新串覆盖旧串操作
                } while (j < (int)leng);
            }
            firads[i] = firads[i];                   //无须修改的地方直接复制
        }

        nownode -> fstr = firads;                    //更新字符串首地址
```

```
    }
    /* ---- 新字符串长度小于旧字符串 ---- */
    if (leng > strlen(newstr))
    {
        for (i = 0, j = 0;; i++)                            //完成第一段旧串及新串的连接
        {
            if (i == sposition - 1)
            {
                do
                {
                    firads[i++] = newstr[j++];
                } while (j < (int)strlen(newstr));
                break;
            }
            firads[i] = firads[i];
        }
        for (j = fposition - 1; j <= nownode -> length; j++)  //完成第二段旧串的连接
        {
            firads[i++] = firads[j];
        }
        nownode -> length -= (leng - strlen(newstr) - 1);    //更新字符串的长度
        nownode -> fstr = firads;
    }
    /* ---- 新字符串长度大于旧字符串 ---- */
    if (leng < strlen(newstr))
    {
        for (i = 0, j = 0;; i++)
        {
            if (i == sposition - 1)
            {
                do
                {
                    FreeSpace[i++] = newstr[j++];
                } while (j < (int)strlen(newstr));
                break;
            }
            FreeSpace[i] = firads[i];                        //在 free 区存放修改后的内容
        }
        for (j = fposition - 1; j < nownode -> length; j++)
        {
            FreeSpace[i++] = firads[j];
        }
        nownode -> fstr = FreeSpace;
        nownode -> hpstr = HeapCounter;
        nownode -> length += (strlen(newstr) - leng + 1);
        FreeSpace = &FreeSpace[i];
        HeapCounter += i;
    }
    return nownode;
}
/*** 删除操作 ***/
```

```cpp
Index * String_Delete(Index * nownode)
{
    char  * firads = nownode -> fstr;
    int sposition, fposition;
    int i, j;
    cout <<"请输入需要删除字符串的起始和结束位置:";
    cin >> sposition >> fposition;
    for (i = 0, j = 0; i < nownode -> length; i++)
    {
        if (i == sposition - 1)
        {
            i = fposition;
        }
        firads[ j++ ] = firads[ i ];
    }
    nownode -> fstr = firads;
    nownode -> length -= (fposition - sposition + 1);
    return nownode;
}
/ *** 插入操作 *** /
Index * String_insert(Index * nownode)
{
    char  * firads = nownode -> fstr;
    int position, i, j, k;
    char newstr[Maxsize_Line];
    cout <<"请输入插入字符串的起始位置:";
    cin >> position;
    cout <<"请输入新的字符串:";
    cin >> newstr;
    for (i = 0, j = 0, k = 0; i < nownode -> length; i++)
    {
        if (i == position - 1)
        {
            do
            {
                FreeSpace[ k++ ] = newstr[ j++ ];
            } while (j <( int)strlen(newstr));
            break;
        }
        FreeSpace[ k++ ] = firads[ i ];
    }
    for (; i < nownode -> length; i++)
    {
        FreeSpace[ k++ ] = firads[ i ];
    }
    nownode -> fstr = FreeSpace;
    nownode -> length += strlen(newstr);
    nownode -> hpstr = HeapCounter + 1;
    FreeSpace = &FreeSpace[ k ];
    HeapCounter += k;
    return nownode;
}
```

图 6-7 为串的索引结构程序运行图。

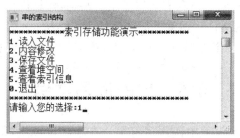

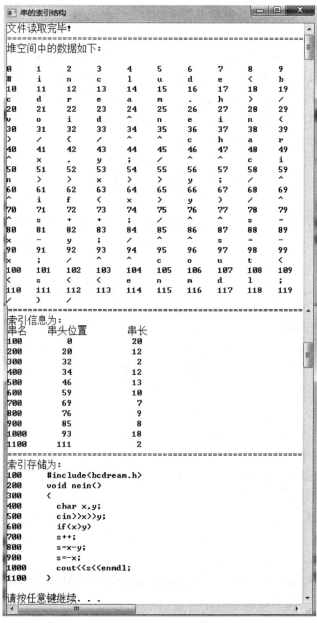

图 6-7　串的索引结构程序运行图

这是综合利用数据结构思想解决实际问题的最好案例。除了内存中可以这样处理数据外,外存的数据更需要类似管理。只有运用了索引结构,计算机存储才能到达真正的实用阶段。Windows 操作系统的文件管理就类似这里的索引结构,操作系统中提供的磁盘整理操作就是把不连续的数据区重新整理成连续空间以提高访问数据的速度。

6.6　串的应用案例

【应用案例 6-1】　程序设计中使用字符串。在程序设计中,很多情况下必须使用字符串。如所有的屏幕提示即是一些字符串原样显示在屏幕上的效果,又如所有的内部注释,虽然它们不被编译和执行,但是本质也是字符串。从编译角度看所有的变量名、函数名等开发者使用的名称也都是字符串,从文件系统角度看,整个程序也都是字符串。

【应用案例 6-2】　手机短信。短信也是一种字符串,看起来它的载体似乎不是计算机,但是都必须用计算机进行管理,也就是必须通过程序来操控这些字符串。

【应用案例 6-3】　密电码的传输。军事上常用的密电码文件也是一种字符串,只不过这种字符串比较特殊,它是原字符串的加密形式。

6.7　本 章 总 结

本章主要介绍了串的逻辑结构、存储结构和基本操作的程序设计;通过图示展示了串的各种存储原理,给出了多个应用范例;较为详细地讨论了索引存储,给出了其工作原理示意图。

索引存储实际上是结合了顺序存储和链接存储两种存储结构的优点,但是付出了一些空间的代价和管理上的时间代价,这种代价是值得的,它带来了一种很实用的数据管理方式。值得深入学习和研究。

习　　题

一、原理讨论题

1. 字符串和线性表的关系是什么?

2. 字符串的操作主要体现在什么方面?

3. 为什么常规的存储结构不能适应串的处理?

4. 索引存储的特点和优点?

二、理论基本题

1. 写出以下概念的定义:串、串长、空串、空白串、串相等、串比较大小。

2. 写出主要的串的操作清单。

3. 在 C 语言中,找出 10 种标准的字符串函数(不是本书中的基本操作)。

4. 画出几种存储结构的示意图。

5. 画出索引存储结构的工作示意图。建议用计算机制作,用一个小的程序段的编辑过程体现索引表的工作原理。

三、编程基本题

1．用顺序存储的思路编程进行串的基本操作演示系统。

2．用链接存储的思路编程进行串的基本操作演示系统。

3．英文文本统计系统。具体要求：文本在 test. txt 文件中。主要功能：统计单词数、句子数、总行数、总空行数、段落数。高级功能：统计每个单词的出现次数和所在行号。

四、编程提高题

1．简易的文字处理软件。可以不考虑如何存储在外存上，但是在软件启动后可以进行文字的输入、显示、插入、删除等操作。

2．编程把任何一句英语加密变成密语，然后写出解密的程序。

3．从文件中读入英语文章，把其中的英语单词梳理出来，去掉重复的，再进行排序。结果输出到另外的文件中。

4．编程实现索引结构的 8 种修改过程，可以显示内存示意图、索引表、带行号的字符串内容、实际编辑后的效果，初始文本从文件读入，结果数据写入另外的文本文件中。

五、思考题

在计算机处理数据时，很多情况下都要把实体进行编号，如学号、职工编号、设备编号。还有在处理电话号码时，将这些信息数据化之后，应该是字符串还是整数，主要理由是什么？各自的优缺点是什么？

第7章 二维数组和广义表的构造与应用

本章主要介绍第五种数据结构——二维数组，以及它的逻辑结构、存储结构的实现，讨论二维数组基本操作的程序设计，介绍几种特殊矩阵的压缩存储方案。二维数组主要用于构造同时具有横向和纵向关系或简单的平面二维关系，可以解决很多编程难题，也为后面的图的存储结构打下基础。本章还简要介绍广义表，它可以被视为特殊的二维数组，也为后面的非线性结构打下一个基础。

7.1 引　　言

任何高级语言都提供了二维数组的数据类型，它比一维数组提供的一维线性关系表达能力更强大，本章把它作为一种数据结构进行深入讨论。虽然本章讨论的二维数组与高级语言中的二维数组名称一样，但是讨论的层面不一样。高级语言主要学习语法格式和编程实现，即如何使用二维数组，而数据结构关注的是其内部的数据关系以及存储方法，即如何实现二维数组。数据结构的二维数组可以用高级语言中的二维数组编程实现，也可以用链表等其他存储结构编程实现。

从数学层面观察二维数组，它就是矩阵，是一个具有固定行数和列数的阵列形式。关于矩阵的所有知识都是本章数据结构的数学基础，也是学习本章之后程序设计必须考虑的因素。

如果把固定行数和列数的限制打开，就构成了所谓的广义表，它是最复杂的线性结构，同时也可以视为非线性结构。

7.2 二维数组的逻辑结构

二维数组是一个具有固定格式和长度（即数据个数）的数据有序集，每一个数据元素由一组下标（行下标和列下标）来标识，除了边界元素外任何一个元素都有两个方向的直接前趋和直接后继，通常约定往左和往上是直接前趋关系，往右和往下是直接后继关系。边界和4个角落的数据为特例，总有某些直接前趋或直接后继是不存在的。

图 7-1 是二维数组的逻辑结构示意图,表示一个 m 行 n 列的二维数组,可以看出它和数学中的矩阵是相同的关系模型,本章讨论的二维数组更多的是研究它的程序设计。

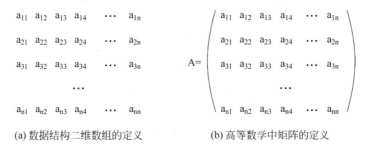

(a) 数据结构二维数组的定义　　　　(b) 高等数学中矩阵的定义

图 7-1　二维数组的逻辑结构示意图

使用高级语言编程时,通常要求静态数组在使用之前先定义它的大小,在后面对数组的使用中每一维的大小及上下界是不能改变的,所以数组中通常主要做下面两种操作。

(1) 取值操作。给定一组下标,读出其对应的数据元素。

(2) 赋值操作。给定一组下标,存储或修改该位置的数据元素。

从逻辑上看,二维数组中不能做数据的插入、删除等操作,因为其总的行、列数要求是固定不变的。

数据结构中二维数组就是数学矩阵概念的编程实现,是从计算机程序设计的角度对数学理论的具体体现,当然二维数组可以实现矩阵运算,可以表示数学概念行列式,还可以处理诸如棋盘等具有二维特征的其他逻辑关系模型。在不产生歧义的情况下,本书也使用"矩阵"表示"二维数组"。

7.3　二维数组的顺序存储

二维数组在计算机内存中的存储并不体现为二维结构,最终还是一维结构,总体上是按照行的方向或者列的方向逐一处理所有数据元素,该存储方法可以保证全部数据无遗漏地进行存储,同时还具有原来的二维关系属性,其中任何一个元素都可以通过地址计算公式很快找到和使用。

对二维数组进行存储时,逐行存储的方案是"行优先"存储法,逐列存储的方案是"列优先"存储法。行优先顺序存储法是一行存储完毕再去存储下一行,同一行中从左到右,逐一处理。高级语言中如 BASIC、Pascal、Cobol、C、C++等都用行优先存储法。

列优先顺序存储法的思路与行优先一样,但是方向改变,即一列一列地存储。高级语言中如 FORTRAN 语言用的就是"列优先"存储法。

图 7-2 是一个 3×3 的二维数组"行优先存储"和"列优先存储"的对比示意图。以行优先为例,除了边界元素外,任何一个元素的横向的直接前趋在它的左边的相邻单元中,横向的直接后继在它的右边的相邻单元中,纵向的直接前趋在它的向左偏移原二维数组总列数的单元中,纵向的直接后继在它的向右偏移原二维数组总列数的单元中,虽然用一维结构表示,但是其二维关系特征完整保留。至于边界的元素,可以通过总列数的倍数等信息来体现。

$$A=\begin{pmatrix} a_{11} & a_{12} & a_{13} \\ a_{21} & a_{22} & a_{23} \\ a_{31} & a_{32} & a_{33} \end{pmatrix}$$

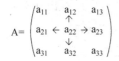

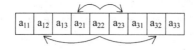

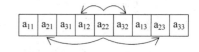

(a) 9个元素的矩阵　　(b) 行优先时访问横向和纵向数据　　(b) 列优先时访问横向和纵向数据

图 7-2　二维数组行优先、列优先存储的示意图

对于 m 行 n 列的二维数组 A_{mn}，下面推导任何元素的下标地址计算公式，不论是行优先还是列优先，存储一个数据元素的前提是必须把它前面应该存储的所有数据都存储完毕，对行优先来说就是该元素上面的所有行必须处理完，然后把本行中该元素左边的所有元素先存储完。列优先思路类似。

下面利用面积公式作为推导地址公式的一个模型，这样可以比较简单地了解地址计算公式的推导过程。

设 m 行 n 列的二维数组 A_{mn} 的下标地址从 1 开始。以行优先存储法为例，矩形的面积＝长×高，任何一个元素 a_{ij} 要存储，必须先处理两个矩形。第一个矩形由上面的所有行组成。这个矩形的长为原二维数组的列数 n，高为 i−1。第二个矩形由这个数据同一行左边的所有数据组成，所以长为 j−1，而高只有一行。如果第一个数据的实际存储地址发生了移动，那么其他所有数据都会跟着移动，所以基准是第一个数据的存放地址，从更加通用的

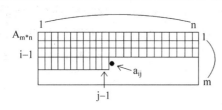

图 7-3　利用面积公式推导二维数组地址计算公式示意图

角度看，这里不设置为 0 或 1，而写成 $Loc(a_{11})$。如果每一个元素实际占用单元数不止一个的话，对任何元素的存储地址也是有影响的，所以从通用的角度考虑，约定一个数据占用 K 个存储单元，当然，K 在绝大多数情况下就是 1。

图 7-3 为利用面积公式推导二维数组地址计算公式的过程。

行优先存储法地址公式计算方法：设数组的基址为 $LOC(a_{11})$，每个数组元素占据 K 个地址单元，任何元素 a_{ij} 的物理地址为：

$$LOC(a_{ij})=LOC(a_{11})+((i-1)*n+j-1)*K$$

在 C++语言程序设计中，由于数组中每一维的下界固定为 0，所以地址公式相应变为：

$$LOC(a_{ij})=LOC(a_{00})+(i*n+j)*K$$

注意：此处下标改为从 0 开始，少了两次减法计算的时间，也体现了高级语言中数组下标从 0 开始的好处。在内存中，数据的写入既可以从低地址到高地址，也可以反过来，从高地址到低地址。如果是递减而不是递增，那么公式中两部分之间的加号就应该变成减号。

$$LOC(a_{ij})=LOC(a_{00})-(i*n+j)*K$$

请读者自己完成列优先下任何数据的地址计算公式推导。

7.4　特殊矩阵的压缩存储

线性代数中的矩阵在程序设计时就是用二维数组实现的。如，图形的变换，包括放大、缩小、旋转、截取部分、合并图形、叠加图形、移位等操作，从本质上说就是在不断地进行矩阵

运算,那么这些操作在程序设计时就全部是二维数组实现其功能了,所以本章使用矩阵来代表二维数组。许多现实应用会导致有特殊性质的矩阵,如三角矩阵、对称矩阵、带状矩阵等,如果数据全部存储则比较浪费空间,因为有很多数据是重复的。"数据结构"课程大部分都是讨论如何利用数据结构来提高程序的时间效率,也就是让程序运行更快,有时甚至不惜牺牲空间的代价。本节专门讨论提高存储空间效率,也体现了数据结构的另外一种应用。

对称矩阵的特点为:在一个 n 阶方阵中,有 $a_{ij}=a_{ji}$,其中 $1\leqslant i\leqslant n$,$1\leqslant j\leqslant n$,由于对称矩阵中的元素相对主对角线对称,因此只需存储其上三角或下三角部分。如果存储下三角中的元素 a_{ij},其特点是 $j\leqslant i$ 且 $1\leqslant i\leqslant n$,对于上三角中的元素 a_{ij},由于它和对称的 a_{ji} 相等,因此当访问的元素在上三角时,把行下标与列下标交换,访问和它对称的下三角元素即可。全部元素存储需要 n^2 个存储单元,而现在只需要 $n(n+1)/2$ 个存储单元,节省了 $n(n-1)/2$ 个存储单元,当 n 较大时节省了可观的存储资源。

图 7-4 为一个普通矩阵和一个对称矩阵的对比。

从面积公式的角度看,下三角是一个梯形,因为其最上面有一个数据,故下面的公式推导过程中,启用梯形计算公式。

对下三角的数据元素以"行优先"次序存储到一个一维数组中去,下三角中共有 $n(n+1)/2$ 个元素。根据图示,a_{ij} 前面的数据量按照面积计算应该是一个梯形加上一个矩形的面积,图 7-5 为对称矩阵存储地址计算公式示意图。

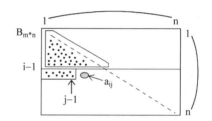

$$A=\begin{pmatrix} 9 & 7 & 2 & 0 \\ 3 & 4 & 6 & 1 \\ 2 & 5 & 0 & 3 \\ 4 & 2 & 5 & 8 \end{pmatrix}$$

(a) 普通矩阵

$$B=\begin{pmatrix} 9 & 3 & 2 & 4 \\ 3 & 4 & 5 & 2 \\ 2 & 5 & 0 & 5 \\ 4 & 2 & 5 & 8 \end{pmatrix}$$

(b) 对称矩阵

图 7-4 普通矩阵和对称矩阵对比示意图

图 7-5 对称矩阵存储地址计算公式示意图

设 a_{11} 的存储地址为 $LOC(a_{11})$,每个数据元素占用 K 个存储地址,则数据元素 a_{ij} 的地址为:

$$LOC(a_{ij})=LOC(a_{11})+((1+(i-1))*(i-1)/2+(j-1))*K$$
$$=LOC(a_{11})+(i*(i-1)/2+j-1)*K$$

与对称矩阵类似的是三角矩阵,它的特征是下三角(或上三角)是正常的矩阵数据,其他部分全部为 0 或其他常数。

图 7-6 为上三角矩阵和下三角矩阵的范例,三角矩阵中按照主对角线分开,其中一边的数据为某个常数 C。它的压缩存储方案与对称矩阵的方案一样,只不过读取数据时按照上下三角的区别分别处理即可,读者自行判断某个数据属于哪部分,此处不再详细讨论。

n 阶矩阵 A 称为带状矩阵,如果存在最小正数 m,满足当 $|i-j|\geqslant m$ 时,$a_{ij}=0$,这时称 $w=2m-1$ 为矩阵 A 的带宽。带状矩阵也称为对角矩阵。这种矩阵中所有非零元素都集中在以主对角线为中心

$$C=\begin{pmatrix} 9 & C & C & C \\ 3 & 4 & C & C \\ 2 & 5 & 0 & C \\ 4 & 2 & 5 & 8 \end{pmatrix}$$

(a) 下三角矩阵

$$D=\begin{pmatrix} 9 & 3 & 2 & 4 \\ C & 4 & 5 & 2 \\ C & C & 0 & 5 \\ C & C & C & 8 \end{pmatrix}$$

(b) 上三角矩阵

图 7-6 三角矩阵示意图

的带状区域中,除了主对角线和它的左右两侧若干条对角线的元素外,其他元素都为零(或同一个常数 c)。

为简化起见,此处讨论带宽为 3 的带状矩阵。如图 7-7 所示是一个带宽为 3 的带状矩阵范例和面积示意图。从面积公式的角度看,所求地址的数据元素上方形状是一个"有缺陷的平行四边形",如果补上左上角的一个数据元素,每行的非零元素个数是一样的,所以上面一部分的计算公式和矩形的是一样的。而对于该数据元素的同一行前面的数据量计算就比较麻烦,分 3 种情况,分别为 0、1、2 个元素。请读者自行分析 a_{ij} 属于哪种情况。

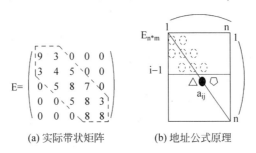

(a) 实际带状矩阵   (b) 地址公式原理

图 7-7 带状矩阵的示意图

7.5 稀疏矩阵的压缩存储

除了上面讨论过的特殊矩阵,还有另外一种特殊矩阵,就是稀疏矩阵,其特征是矩阵中有大量零元素,但是这些零元素的位置是没有规律的。如果按常规存储方法将全部零都存储的话,就会浪费大量存储空间。为了提高存储效率,这里希望只存储非零元素,但是还需要能保证其他非零元素的正常访问。

设 m×n 矩阵中有 d 个非零元素且 d≪m×n,这样的矩阵称为稀疏矩阵。也就是说稀疏矩阵中非零元的个数非常稀少,一般认为应该在 15% 甚至 10% 以下。在存储数据元素本身之外同时存储其位置信息,约定记录下数据元素所在行和列下标,也就是将非零元素所在的行、列以及值构成一个三元组(row,col,value),按照行优先的顺序采用顺序存储方法存储三元组,称为三元组表。

仅存储非零元素和相应位置还不够,因为不知道原来矩阵的实际大小,这样就不能完整还原。因为矩阵中容许某一行或某一列都是 0,如果最大行或最大列上全部为 0,则三元组中行列的最大值并不能代表原来矩阵的大小。为了正确地还原,故还要存储该矩阵的总行数和总列值。为了编程方便,再存储非零元素的总个数。思路之一为,存储这些信息时,启用三个变量。思路之二为,三元组在编程时采用二维数组,下标从 0 开始,那么可以把总行、总列数和非零元素个数放在相应二维数组的第 0 行上的第 0 列、第 1 列和第 2 列,第一个真正的非 0 数据从行下标 1 开始存放。

图 7-8 为稀疏矩阵和对应的三元组压缩存储法的示意图。

三元组存储法要求在稀疏矩阵中的非零元素非常稀少时才能有效。如原来的非零元素数据占 40%,则用三元组存储后已经比原来二维数组存储法还要占用更多的空间。

稀疏矩阵的运算结果也不一定还是稀疏矩阵。如稀疏矩阵的加法,如果大量非零元素的位置完全不同,位置互补后就可能出现非稀疏矩阵。这些因素在编程中也需要考虑。

$$F=\begin{pmatrix} & 0 & 1 & 2 & 3 & 4 & 5 & 6 \\ 0 & 0 & 3 & 0 & 0 & 0 & 0 & 0 \\ 1 & 0 & 0 & 0 & 0 & 0 & 4 & 0 \\ 2 & 0 & 5 & 0 & 0 & 0 & 0 & 0 \\ 3 & 0 & 0 & 0 & 0 & 1 & 6 & 0 \\ 4 & 0 & 0 & 8 & 0 & 0 & 2 \\ 5 & 9 & 0 & 0 & 0 & 0 & 0 & 7 \\ 6 & 0 & 0 & 0 & 0 & 0 & 0 & 0 \end{pmatrix}$$

	0	1	2
F 0	7	7	9
1	0	1	3
2	1	5	4
3	2	1	5
4	3	4	1
5	3	5	6
6	4	3	8
7	4	6	2
8	5	0	9
9	5	6	7

图 7-8 稀疏矩阵和对应的三元组压缩存储法的示意图

三元组存储法节约了存储空间,但从算法设计角度观察,矩阵的各种运算从编程上会变得更难实现。

下面的程序源码主要用于把稀疏矩阵压缩为三元组,也可以把三元组解压缩为稀疏矩阵。数据的输入采用了人工输入和计算机自动产生两种。特别是计算机自动产生稀疏矩阵和三元组过程中,有用户可以给定数组大小的灵活性、有关于稀疏量的控制、有非零元素三元组数据如何产生的技巧、有如何确保三元组行优先的设计等。全面研究明白后对于二维数组程序设计会有一个比较好的理解。由于篇幅所限,从文件中读入数据、菜单设计、主函数等留给读者自行完成。

【程序源码 7-1】 稀疏矩阵的压缩与解压缩的部分程序源代码如下。

```cpp
# include < iostream. h >
# include < windows. h >
# include < conio. h >
# include < iomanip. h >
# include < time. h >
# include < fstream. h >
const max = 10;
//三元组第三个元素为处理其他数据类型做准备
typedef int datatype;
//三元组对象设计
class triples          //triples:三元组
{
friend class sparsematrixdata;
private:
    int datarow;                        //data:数据,row:行
    int datacol;                        //col:列
    datatype dataval;                   //val:值
};
//定义存储文件名
ofstream matin("矩阵压缩前原始数据.txt");      //mat:matrixdata:矩阵,in: 输入
ofstream matout("矩阵压缩后三元组数据.txt");    //mat:matrixdata:矩阵,out:输出
ofstream triin("三元组原始数据.txt");           //tri:triples:三元组,in: 输入
ofstream triout("三元组解压后矩阵数据.txt");     //tri:triples:三元组,out:输出
//稀疏矩阵对象设计
class sparsematrixdata
{
private:
```

```cpp
        int matrixdata[max][max];                              //内部稀疏矩阵的定义
        //约定三元组个数为稀疏矩阵元素个数总数的20%以下加上第一行的总行总列,可能没有用完
        //此空间,类似线性表
        triples triplesdata[max * max/5 + 1];
public:
        sparsematrixdata(){}
        ～sparsematrixdata(){}
        //压缩函数
        void matinput(int row, int col);                       //手工输入稀疏矩阵
        void matcreat(int row, int col);                       //自动产生稀疏矩阵
        void transpose(int row, int col);                      //压缩稀疏矩阵成为三元组
        //解压缩函数
        void triinput(int row, int wide, int length);          //手工输入三元组
        void tricreat(int row);                                //自动产生三元组
        bool testequal(int point, int * data);                 //去掉重复数据
        void simpleselectsorting(int k, int * data);           //排序使分割后的行列信息符合行优先
        void retranspose(int row);                             //解压三元组成为稀疏矩阵
};
//对象函数的实现
void sparsematrixdata::matinput(int row, int col)
{
        int i, j;
        int number;                                            //非零元素数目,随机产生
        int count = 0;                                         //计数,非零元素个数
        int judge = 0;                                         //判定非零元素数目是否超出
        cout <<"这是"<< row <<"行"<< col <<"列的矩阵范例: "<< endl;
        for(i = 0; i < row; i++)
        {
            for(j = 0; j < col; j++)
                cout << rand() % 10 << setw(6);
            cout << endl;
        }
        do
        {
            cout <<"请输入稀疏矩阵中非零元素个数:(约定不超过总数的"<< 2 * max <<"%,即<= "<<
row * col * max/50 <<")"<< endl;
            cin >> number;
        }while(number >(row * col * max/50));                  //默认个数为总数的20%以下
        cout <<"请输入"<< row <<"行"<< col <<"列的矩阵: "<< endl;
        for(i = 0; i < row; i++)
            for(j = 0; j < col; j++)
                cin >> matrixdata[i][j];
        for(i = 0; i < row; i++)
            for(j = 0; j < col; j++)
            {
                if(matrixdata[i][j]!= 0)
                    count++;
                if(count > number)
                //如果超出个数,后面的数据都自动归零
                {
                    judge = 1;
```

```cpp
                matrixdata[i][j] = 0;
            }
        }
    if(judge)
        cout << endl <<"多余非零元素数据已重置!"<< endl << endl;
    cout <<"这是您输入的稀疏矩阵:"<< endl;
    for(i = 0; i < row; i++)
    {
        for(j = 0; j < col; j++)
        {
            cout << matrixdata[i][j]<< setw(6);
            matin << matrixdata[i][j]<< setw(6);
            //存入文件
        }
        cout << endl;
        matin << endl;
    }
    cout << endl;
    matin.close();
}
void sparsematrixdata::matcreat(int row,int col)
{
    int i,j;
    int dataij[max * max/5];
    int count;
    int rowc,colc;
    do
    {
        count = rand() % (row * col/5);     //确定稀疏矩阵非零元素个数
    }while (count <(row * col/5 - 3));
    //设法使得稀疏数据量接近总量的 20 %
    //避免数据量过少
    for(i = 0; i < row; i++)
        for(j = 0; j < col; j++)
            matrixdata[i][j] = 0;               //赋初值
    for(i = 0; i < count; i++)                  //利用技巧解决了非零元素分布的均匀性
    {
        dataij[i] = rand() % 100;               //先产生一个两位数,首位可以为 0
        rowc = dataij[i]/10;                    //十位数约定给行下标
        colc = dataij[i] % 10;                  //个位数约定给列下标
        do
        {
            matrixdata[rowc][colc] = rand() % 100;
            //把这个位置控制住
            //再产生一个一位数的随机数存入
        }while(matrixdata[rowc][colc]< 10);
    }
    cout <<"这是产生的稀疏矩阵: "<< endl;
    for(i = 0; i < row; i++)
    {
```

```
        for(j = 0;j < col;j++)
        {
            cout << setw(6)<< matrixdata[i][j];
            matin << setw(6)<< matrixdata[i][j];
            //存入文件
        }
        cout << endl;
        matin << endl;
    }
    cout << endl;
    matin.close();
}
void sparsematrixdata::transpose(int row,int col)
{
    int i,j;                                //i代表行,j代表列
    int count = 0;                          //计数
    for(i = 0;i < row;i++)
        for(j = 0;j < col;j++)
            if(matrixdata[i][j]!= 0)
            {
                triplesdata[count + 1].datarow = i;     //记录非零元素的行
                triplesdata[count + 1].datacol = j;     //记录非零元素的列
                triplesdata[count + 1].dataval = matrixdata[i][j];
                                                //记录非零元素的值,三元到位

                count++;
            }
    //以下为三元组第一行中存储的总行数、总列数、非零元素个数
    triplesdata[0].datarow = row;
    triplesdata[0].datacol = col;
    triplesdata[0].dataval = count;
    cout <<"这是三元组的形式:"<< endl;
    cout <<"行"<< setw(6)<<"列"<< setw(6)<<"值"<< setw(6)<< endl;
    for(i = 0;i <= count;i++)
    {
    cout << triplesdata[i].datarow << setw(6)<< triplesdata[i].datacol << setw(6)<<
triplesdata[i].dataval << setw(6)<< endl;
    matout << triplesdata[i].datarow << setw(6)<< triplesdata[i].datacol << setw(6)<<
triplesdata[i].dataval << setw(6)<< endl;               //存入文件
    }
    cout << endl;
    matout.close();
}
void sparsematrixdata::triinput(int row,int wide,int length)
{
    cout <<"请输入"<< row <<"行的三元组:"<< endl;
    for(int i = 1;i <= row;i++)
    {
        do
        {
            cout <<"请输入第"<< i <<"行数据: ";
            cin >> triplesdata[i].datarow >> triplesdata[i].datacol >> triplesdata[i].
```

```
dataval;
        } while(triplesdata[i].datarow > = wide||triplesdata[i].datacol > = length||
triplesdata[i].dataval == 0);
    }
    //以下为三元组第一行中存储的总行数、总列数、非零元素个数
    triplesdata[0].datarow = wide;
    triplesdata[0].datacol = length;
    triplesdata[0].dataval = row;
    //行排序
    for(int term = 1;term < = row;term++)
        for(i = 1;i < = term;i++)
            if(triplesdata[i].datarow > triplesdata[term].datarow)
            {
                triples iterm = triplesdata[term];     //保留未排数据首位置的值
                for(int j = term;j > i;j-- )            //移动数据
                    triplesdata[j] = triplesdata[j - 1];
                triplesdata[i] = iterm;                 //把数据存入
                break;
            }
    cout << endl <<"这是您输入的三元组：" << endl;
    for(i = 1;i < = row;i++)
        cout << triplesdata[i].datarow << setw(6)<< triplesdata[i].datacol << setw(6)<<
triplesdata[i].dataval << setw(6)<< endl;
    cout << endl;
}
void sparsematrixdata::tricreat(int row)
{
    int dataij[max];
    for(int k = 1;k < = row;k++)
    //这里从 1 开始,下面再考虑 0 行的 3 个数据
    {
        do
        {
            dataij[k] = (rand() % 100);
            //产生 0～99 的数据
        }while(testequal(k,dataij));
        //只要检测的结果为真就重新产生数据
    }
    for(k = 2;k < = row;k++)
        simpleselectsorting(row,dataij);
    /* 分离数据,得到行列 */
    for(k = 1;k < = row;k++)
    {
        triplesdata[k].datarow = dataij[k]/10;          //十位数为行值
        triplesdata[k].datacol = dataij[k] % 10;        //个位数为列值
        do
        {
            triplesdata[k].dataval = (rand() % 100);    //第三列放 2 位数的数据
        }while(triplesdata[k].dataval < 10);
    }
    //求总列数
```

```cpp
    int datacmax = triplesdata[1].datacol;
    for(int i = 2;i <= row;i++)
        if(datacmax < triplesdata[i].datacol)
            datacmax = triplesdata[i].datacol;
    //以下为三元组第一行中存储的总行数、总列数、非零元素个数
    triplesdata[0].datarow = dataij[row]/10 + 1;
    triplesdata[0].datacol = datacmax + 1;
    triplesdata[0].dataval = row;
    cout << endl;
}
bool sparsematrixdata::testequal(int point,int ∗ data)   //判断是否是重复数据
{
    for(int i = 1;i < point;i++)
        if(data[point] == data[i])
            return 1;                                      //1 代表出现了相等的情况
    return 0;                                              //0 代表没有相等的情况
}
void sparsematrixdata::simpleselectsorting(int k,int ∗ data)
{
    int min;
    for(int term = 1;term <= k;term++)
        for(int i = term + 1;i <= k;i++)
            if(data[i]< data[term])
            {
                min = data[i];
                data[i] = data[term];
                data[term] = min;
            }
}
void sparsematrixdata::retranspose(int row){
    int i,j;                                               //i 代表行,j 代表交换中的行
    int maxrow,maxcol;                                    //最大行,最大列
    int rowc,colc;
    cout <<"这是行优先三元组的形式:"<< endl;
    cout <<"行"<< setw(6)<<"列"<< setw(6)<<"值"<< setw(6)<< endl;
    for(i = 0;i <= row;i++)
    {
    cout << triplesdata[i].datarow << setw(6) << triplesdata[i].datacol << setw(6)<<
triplesdata[i].dataval << setw(6)<< endl;
    triin << triplesdata[i].datarow << setw(6) << triplesdata[i].datacol << setw(6)<<
triplesdata[i].dataval << setw(6)<< endl;                 //存入文件
    }
    maxrow = triplesdata[0].datarow;                      //最大行
    maxcol = triplesdata[0].datacol;                      //最大列
    for(i = 0;i < maxrow;i++)                             //先行把所有数据预置为 0
        for(j = 0;j < maxcol;j++)
            matrixdata[i][j] = 0;
    for(i = 1;i <= row;i++)                               //把三元组信息恢复到稀疏矩阵中去
    {
        rowc = triplesdata[i].datarow;                    //等号对齐有利于看清楚功能
        colc = triplesdata[i].datacol;                    //恢复行和列的值
```

```
            matrixdata[rowc][colc] = triplesdata[i].dataval;//再恢复稀疏矩阵中元素的值
        }
        cout << endl <<"解压缩后总行:"<< maxrow <<",总列:"<< maxcol <<",非零元个数: "<< row <<
    endl;
        cout <<"这是解压后稀疏矩阵的数据:"<< endl;
        for(i = 0;i < maxrow;i++)
        {
            for(j = 0;j < maxcol;j++)
            {
                cout << setw(6)<< matrixdata[i][j];
                triout << setw(6)<< matrixdata[i][j];        //存入文件
            }
            triout << endl;
            cout << endl;
        }
        cout << endl;
        triin.close();
        triout.close();
    }
```

图 7-9 为稀疏矩阵的压缩和解压缩程序运行图。

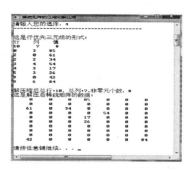

图 7-9　稀疏矩阵的压缩和解压缩程序运行图

下面深入讨论矩阵的转置运算,会发现三元组的程序设计比起常规的二维数组的程序设计要困难得多。

在常规二维数组存储的稀疏矩阵下,编程进行转置是通过一个双重循环直接完成的。到了三元组存储时会发生什么情况呢? 设 F1 表示一个 m×n 稀疏矩阵的三元组结构,其转置 F2 则对应一个 n×m 的稀疏矩阵的三元组结构。由于三元组中头两列正好是行的信息和列的信息,故有的读者认为,编制一个循环,把这两列的数据进行左右交换即可。这样的过程显然更加简单,从数学角度也可以认为是正确的,但是从计算机程序设计的角度看就有问题了。因为 F1 是按照行优先的次序排放数据的,所有第一列的数据必然是有序的。而仅仅做一个交换,原来第二列的数据并没有排序的情况下移动到第一列后就破坏了行优先规则。

如何解决这个问题呢? 有些读者又设想用排序的方式来解决,这实际上也是不对的,因为数据有重复,即使排序后,也不能保证相同数据对应的列信息是排序的效果。如果启动二次排序,把行信息中相同数据的对应列信息单独再进行排序,那么从原理上就必须对每个不同的数据都要处理,由于每个不同的数据量也不能事先控制,所以这种程序设计思路即使是功能正常,也是不可取的。

下面是第一种解决方案,称为逐行扫描转换法。既然转置后的效果需要符合行优先,那么就从 F1 的列信息中依次扫描,如第一轮扫描数据 0,遇到 0 的数据则从上到下逐一存储到 F2 从小到大的空间中,直到所有行处理完毕。第二轮再处理 1 下标的数据,相同的思路一直循环处理完最大值。编程时将启用双重循环,第一重循环处理所有行数据,第二重循环处理每个行数据对应的所有列数据。

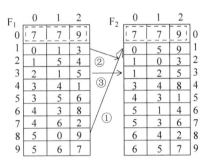

图 7-10　稀疏矩阵三元组转置
算法示意图

如果有多个行数据相同的话,直接逐一传输过去对不对呢? 图 7-10 为一个稀疏矩阵对应的三元组进行转置的示意图。原三元组行优先时确定值对应的列信息也是从小到大排列的,所以在转置后正好吻合行优先。为了示意图的清晰性,这里只标注了 0 和 1 的扫描过程,一共只有 3 次转换,其他请读者自行完成。

设 m、n 是原矩阵的行、列,vcount 是稀疏矩阵的非零元素个数,分析本算法,时间主要耗费在 col 和 pcount 的二重循环上,所以时间复杂度为 $O(n \times$ vcount),如果非零元素的个数 vcount 上升到与 m×n 同数量级时,算法的时间复杂度将变为 $O(m \times n^2)$,与通常存储方式下的矩阵转置算法相比,提高了存储效率,但时间效率更差一些。这就是时空转换的典型特征。

下面是第二种解决方案,称为计算个数转换法。上述算法时间效率低下的原因是要在三元组表上反复扫描 F1 表,若能直接确定 F1 中每一个三元组在 F2 中的位置,则对 F1 三元组表扫描一次即可。

这是可以做到的,因为 F1 中第一列的第一个非零元素一定存储在 F2 的第一个位置上,如果还知道第一列的非零元素的个数,那么第二列的第一个非零元素在 F2 中的位置便等于第一列的第一个非零元素在 F2 中的位置加上第一列的非零元素的个数,如此类推,因为 F1 中三元组的存放顺序是行优先,对同一行来说,必定先遇到列号小的元素,这样只需扫描一遍 F1 即可。根据这个想法,引入两个向量来实现:num[n+1] 和 cpot[n+1],num[col] 表示矩阵 F1 中第 col 列的非零元素的个数(为了方便从 1 单元开始存储),cpot[col] 初始值表示矩阵 F1 中的第 col 列的第一个非零元素在 F2 中的位置。

cpot 的初始值为: cpot[1] = 1;	col = 1
cpot[col] = cpot[col − 1] + num[col − 1];	2≤col≤n

依次扫描 F1,当扫描到一个 col 列元素时,直接将其存放在 F2 的 cpot[col] 位置上,cpot[col] 加 1,cpot[col] 中始终是下一个 col 列元素在 F2 中的位置。

7.6　稀疏矩阵的十字链表存储

三元组可以理解为稀疏矩阵的一种顺序存储结构。因为稀疏矩阵的数据不一定是整数,可能还有小数、字符等情况,所以设计成结构体三元组组成的一维数组比较合理,也同时考虑了数据量压缩的问题,但是在做一些操作(如矩阵加法、乘法)时,非零项数目会发生增加或减少,非零元素的位置会需要移动,此时这种表示方法就显得不理想,因为顺序存储时数据移动使得时间效率下降。

本节将介绍稀疏矩阵的一种链接存储结构——十字链表,它具备了链接存储的优点,结点在新增的时候临时申请,在不需要的时候通过释放空间可以更充分地利用存储空间。

对每个非零元素存储为一个结点,结点由 5 个域组成,其结构如图 7-11 所示。其中:row 域存储非零元素的行号;col 域存储非零元素的列号;value 域存储本元素的值;right 是指针域,指向横向关系的直接后继;down 也是个指针域,指向纵向关系的直接后继。

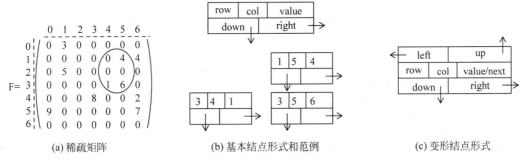

(a) 稀疏矩阵　　　　　　　(b) 基本结点形式和范例　　　　　　(c) 变形结点形式

图 7-11　稀疏矩阵的十字链表表示法示意图

图 7-11 是一个稀疏矩阵的十字链表表示法。限于版面,只给出其中 3 个数据之间的十字链表表示,原稀疏矩阵的这 3 个数据用圆圈标注。

稀疏矩阵中每一行的非零元素结点,按其列号从小到大的顺序由 right 域链成一个带表头结点的循环行链表,同样每一列中的非零元素按其行号从小到大的顺序由 down 域链成一个带表头结点的循环列链表。即每个非零元素 a_{ij} 既是第 i 行循环链表中的一个结点,又是第 j 列循环链表中的一个结点。如果某种应用需要访问横向的直接前趋或纵向的直接前趋结点,那么上述设计依然不大方便。于是可以再次增加链域,启用 4 个方向的指针,分别为 left、right、up、down。

由于每一行的链表和每一列的链表入口较多,所以决定启用一批头结点数组作为统一管理的入口,它的结点形式与数据的结点形式基本一致,行链表、列链表的头结点的 row 域和 col 域置 0。每一列链表的表头结点的 down 域指向该列链表的第一个元素结点,每一行链表的表头结点的 right 域指向该行表的第一个元素结点。

由于各行、列链表头结点的 row 域、col 域和 value 域均为零,行链表头结点只用 right 指针域,列链表头结点也只用 right 指针域,故这两组表头结点可以合用。也就是说,对于第 i 行的链表和第 i 列的链表可以共用同一个头结点。但是如果该矩阵不是方阵,那么就要选取其中更大的值来作为头结点的数目。

为了方便地找到每一行或每一列,可以将每行(列)的这些头结点链接起来,因为头结点的值域目前空闲,所以决定启用头结点的值域作为链接各头结点的链域,即第 i 行(列)的头结点的值域指向第 i+1 行(列)的头结点,……,形成一个循环表。因为非零元素结点的值域是 datatype 类型,而在表头结点中的值域需要改为指针类型,为了使整个结构的结点一致,约定表头结点和其他结点有同样的结构,因此该域可以用一个 C 语言中的联合体结构来表示。

为了避免空表带来的麻烦，给这个循环链表再启用一个头结点，这就是最后的总头结点。总头结点的 row 和 col 域存储原矩阵的行数和列数。

十字链表充分体现了链表中结点申请和空间释放的自由性及删除插入等操作的时间效率较高的良好特性，但是在空间利用率上将会付出较大代价。假设把数据占用空间和链表结点空间视为一致，那么三元组就是通过扩大 3 倍的方式进行存储，十字链表就更加占用空间，竟然到了扩大 5 倍或 7 倍的程度。为了维护这些结点之间的正确链接，也需要付出一定的时间成本。

7.7 二维数组的应用案例与程序设计

【应用案例 7-1】 二维数组主要用来表示横向和纵向两个方向的数据关系，但在现实问题中还会遇到更复杂的数据关系。如在五子棋的程序设计中就必须考虑斜向 45°的关系，在象棋的程序设计中“马”的“日”形走法，或者虽然是 45°的关系，但是直接距离更远，如象棋程序设计中“象”的走法。

【应用案例 7-2】 迷宫经典问题的求解。用计算机编程模拟一个迷宫，其中设置有很多墙壁和一些通道，墙壁对前进方向形成了多处障碍，设计一个老鼠在迷宫中寻找出口。由于本程序设计的思路是试探找路，所以通常会使用回溯法，这是一种不断试探且及时纠正错误的搜索方法。

下面是搜索过程。从入口出发，按某一方向向前探索，若能往前走(即前面的点未走过)，即某处可以到达，则到达一个新的点，否则试探下一方向；若所有的方向均没有通路，则沿原路返回上一个点，更换下一个方向再继续试探，直到所有可能的通路都探索到。如果其中正好碰到了出口，则任务完成；如果返回入口点而所有方向都已经试探完毕，则任务失败，表示没有出口。

为方便编程，方向必须确定下来，此处约定进口在左上方，出口在右下方，所以约定从横向开始，顺时针转动方向，一共 8 种。

在求解过程中，为了保证在到达某一点后不能向前继续行走(无路)时，能正确返回上一个点以便继续从下一个方向向前试探，需要启用一个栈保存能够到达的每一点的下标以及从该点前进的方向。在求解这个难题时，需要解决 4 个设计问题，下面分别讨论。

第一个问题是如何用数据结构表示迷宫。设迷宫为 m 行 n 列，利用二维数组 maze[m][n]来表示一个迷宫，maze[i][j]=0 或 1。其中：0 表示通路，1 表示不通，当从某点向下试探时，中间点有 8 个方向可以试探，而 4 个角点有 3 个方向，其他边缘点有 5 个方向。为使问题简化，改用二维数组 maze[m+2][n+2]表示迷宫，迷宫四周的值全为 1，相当于在迷宫外面包裹了一面墙。这样使问题变得简单，因为每个点的试探方向全部为 8，不用再判断当前点是边界、四角还是中间。

	0	1	2	3	4	5	6	7	8	9
0	1	1	1	1	1	1	1	1	1	1
1	1	0	1	1	1	0	1	1	1	1
2	1	1	0	1	0	0	1	1	1	1
3	1	0	1	0	0	0	0	0	1	1
4	1	0	1	1	1	0	1	1	1	1
5	1	1	0	0	1	1	0	0	0	1
6	1	0	1	1	0	0	1	1	0	1
7	1	1	1	1	1	1	1	1	1	1

图 7-12 迷宫范例的示意图

图 7-12 为一个 6×8 的迷宫范例，矩阵大小设计为 8×10，下标分别为 0～7 和 0～9。入口坐标为(1,1)，出口坐标

为(6,8),虚线为其中一条可以成功出来的通路。

迷宫的定义如下:

```
# define m 6                              //迷宫的实际行
# define n 8                              //迷宫的实际列
int maze [m + 2][n + 2] ;
```

第二个问题是试探方向如何解决。在上述表示迷宫的情况下,每个点有 8 个方向供试探,如当前点的坐标(x,y),与其相邻的 8 个点的坐标都可根据与该点的相邻方位得到。因为出口在(m,n),因此试探顺序规定为:从当前位置向前试探的方向为从正东(即右边)沿顺时针方向进行。为了简化问题,方便地求出新点的坐标,将从正东开始沿顺时针进行的这 8 个方向的坐标增量放在一个结构数组 move[8]中,在 move 数组中,每个元素由两个域组成,x 为横坐标增量,y 为纵坐标增量。

move 数组的定义如下:

```
class item
{ int x,y;
} ;
item move[8] ;
```

这样对 move 的设计就会很方便地求出从某点(x,y)按某一方向 v(0≤v≤7)到达的新点(i,j)的坐标:

```
i = x + move[v].x ; j = y + move[v].y ;
```

图 7-13 为求迷宫路径方向的示意图。其中有 8 个方向需要处理,但是启用一个二维数组后可以统一处理。这样虽然统一,但是每次运行显得有点单调,如果要体现出老鼠试探的方向有些随机,那么算法上的改进就是通过随机函数来确定当时往前走的方向,但是带来的新问题就是要记录哪些方向已经走过,哪些方向还可以选择,这部分实现起来就会有一定的困难。

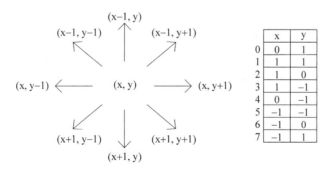

图 7-13　求迷宫路径方向的示意图

第三个问题是此处的栈如何设计。当到达了某点而无路可走时需返回前一点,再从前一点开始向下一个方向继续试探。因此,压入栈中的不仅是顺序到达的各点的坐标,而且还要有从前一点到达本点的方向。

图 7-14 是利用栈保存迷宫路径示意图。栈中每一组数据是所到达点的坐标及从该点

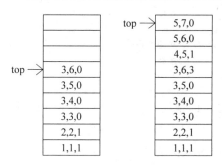

图 7-14　迷宫问题中利用栈保存
路径的示意图

沿哪个方向走，走的路线为：$(1,1)_1 \rightarrow (2,2)_1 \rightarrow (3,3)_0 \rightarrow (3,4)_0 \rightarrow (3,5)_0 \rightarrow (3,6)_0$（下标表示方向），当从点$(3,6)$沿方向 0 到达点$(3,7)$之后，无路可走，则应回溯，即退回到点$(3,6)$。对应的操作是出栈，沿下一个方向即方向 1 继续试探，方向 1、2 试探失败，在方向 3 上试探成功，因此将$(3,6,3)$压入栈中，即到达了$(4,5)$点。注意，图 7-14 只讨论了部分过程。

栈中元素是一个由行、列、行走方向组成的三元组，栈元素的设计如下：

```
class datatype
{int x , y , direction ;                    //横坐标、纵坐标及方向
} ;
```

第四个问题是如何防止重复到达某点，以避免发生死循环。第一种方法是另外设置一个标志数组 mark[m][n]，它的所有元素都初始化为 0，一旦到达了某一点(i,j)之后，将mark[i][j] 置为 1，下次再试探这个位置时不可行。第二种方法是当到达某点(i, j)后，将maze[i][j] 置为 -1，以便区别未到达过的点。本书采用第二种方法，算法结束前可恢复原迷宫的数据。

迷宫求解算法思想如下：

```
①栈初始化；
②将入口点坐标及到达该点的方向(初始值设为 - 1)入栈
③while (栈不空)
    { 栈顶元素 = >(x , y , direction)
      出栈 ;
      求出下一个要试探的方向 direction++ ;
      while (还有剩余试探方向时)
        { if (direction 方向可走)
            则 { (x , y , direction)入栈 ;
                 求新点坐标 (i, j) ;
                 将新点(i, j)切换为当前点(x , y) ;
                 if ( (x,y) == (m,n) ) 结束 ;
                 else 重置 direction = 0 ;
            }
            else direction++ ;
        }
    }
```

【程序源码 7-2】　迷宫求解程序部分源码分析(其中数据结构定义为 int maze[m+2][n+2]；和 item move[8]；)。

```
int trymaze::pfirstth(maze,move){
    seqstack stack;
    datatype temp;
```

```
int x, y, direction, row, col;
temp.x = 1; temp.y = 1; temp.direction = -1;
push_seqstack (stack,temp);
while (!empty_seqstack (stack ) )
     { pop_seqstack (stack,&temp);
    x = temp.x; y = temp.y; direction = temp.direction + 1;
    while (direction < 8)
      { row = x + move[direction].x; col = y + move[direction].y;
        if ( maze[row][col] == 0 )
           { temp = {x, y, direction};
             push_seqstack ( stack, temp );
             x = row; y = col; maze[x][y] = -1;
             if (x == m&&y == n) return 1;          //迷宫有出口
             else direction = 0;
             }
        else direction++;
      } //while (direction < 8)
    } //while
return 0;                                          //迷宫无出口
}
```

最后栈中保存的就是一条迷宫的通路。

【应用案例 7-3】　下面讨论一个小型游戏"推箱子"的程序设计。为了形象地表示仓库,约定用俯视的角度来绘制仓库,那么这就是一个具有二维方向的平面关系(实际上有 8 个方向),所以自然要启用二维数组。同时要利用方向键来控制箱子的移动,有一定的程序设计技巧。通过本程序设计过程,可以了解一个小型游戏软件的开发细节、二维数组的实际编程应用、数学对程序设计的影响,也进一步应用了数据结构栈。

推箱子游戏主要功能:在 DOS 窗口界面下模拟仓库管理员进行推箱子,最终目标为使所有箱子移动到特定的目标位置。可以通过设置关数来提高难度和趣味性。程序设计中需要考虑进入界面、选关、重新开始玩、往四个方向移动、不能往前推动的意外处理、步数统计、最高分记录等。为了保证游戏正常运行,对于不能推动的情况下,采用的是无提示处理,该步无效即可。在移动过程中,要能同时处理人与箱子同时移动和人自己移动并存的控制。如果提供后悔机制,则必须启用数据结构栈。当然为了趣味性,一般可以只提供后悔一步的机会,用一个单元记录最新走过的位置就可以完成这个功能。

【程序源码 7-3】　推箱子游戏部分源码分析。

```
const roomsize = 9;                         //仓库内部为正方形,边长为9
int map[roomsize + 2][roomsize + 2];        //推箱子房子布局的数据结构:二维数组
int data;                                   //记录最短步骤数目
int times = 0;
int array[2] = {100,100};                   //记录最好成绩
char string[30] = "正在装入…………………";
```

上面是每轮游戏实际工作使用的二维数组,每一关的实际布局数据另外放在每一个数据数组中,根据不同的关数,把相应的数据填入 map 即可。如下面为第一轮游戏仓库中细节布局的数据结构:

```
int map1[roomsize + 2][roomsize + 2] =
{ //0,1,2,3,4,5,6,7,8,9,10
{-1,-1,-1,-1,-1,-1,-1,-1,-1,-1,-1},        //0
{-1,0,0,0,0,1,1,1,1,1,-1},                 //1
{-1,0,0,0,0,1,0,0,0,1,-1},                 //2
{-1,1,1,1,0,1,0,0,0,1,-1},                 //3
{-1,1,2,1,0,1,0,0,0,1,-1},                 //4
{-1,1,2,1,0,1,0,3,0,1,-1},                 //5
{-1,1,2,1,1,1,0,3,0,1,-1},                 //6
{-1,1,0,0,0,0,3,4,0,1,-1},                 //7
{-1,1,0,0,1,0,0,0,0,1,-1},                 //8
{-1,1,1,1,1,1,1,1,1,1,-1},                 //9
{-1,-1,-1,-1,-1,-1,-1,-1,-1,-1,-1}         //10
};
```

对于箱子,则必须把该程序设计需要的各种信息集成为一个对象。范例如下:

```
class box
{
        int positionh;                      //人的位置纵坐标
        int positionl;                      //人的位置横坐标
        int flag;                           //标志位,记录人在目标位置上
        int gate;                           //这个变量是记录关数
        int count;                          //这个变量是记录步数
public:
        box();
        void begin();                       //开始界面
        void choose_gate();                 //选关提示
        void choose();                      //游戏时 c 选项的提示
        void replay();                      //重玩
        void playing();                     //玩游戏时界面
        void display();                     //显示地图
        void left();                        //左方向
        void right();                       //右方向
        void down();                        //下方向
        void up();                          //上方向
        void test_flag();                   //过关提示
        void record();                      //这段函数为排行榜
};
```

虽然内部设计是二维数组,但是在显示器上,最好能利用各种符号显示出比较理想的图案,更加人性化。下面的显示函数就利用了多种不同的符号来分别代表人、仓库的墙、箱子、目标位等。

```
void box::display()
{
        cout << endl << endl << endl << endl << endl << endl;
        for(int i = 1;i <= roomsize; i++)
        {
```

```
            cout << setw(30);
            for(int j = 1;j <= roomsize;j++)
            {
                if(map[i][j] == 0) cout <<" ";
                if(map[i][j] == 1) cout <<"■";              //墙
                if(map[i][j] == 2) cout <<"○";              //目标位置
                if(map[i][j] == 3) cout <<"★";              //箱子
                if(map[i][j] == 4) cout <<"♀";              //人
                if(map[i][j] == 5) cout <<"⑪";              //箱子在目标位置上
            }
            cout << endl;
        }
        cout << endl << endl;
        cout <<"选项(c)"<<"步数:"<< count << endl;
}
```

程序开始运行后,主要考虑四个方向的编程,要把各种意外情况全部考虑进去。键盘上的方向键主要通过 ASCII 码来控制。下面的函数为处理往右方向的箱子推动。

```
void box::right()
{
    if(map[positionh][positionl + 1] == 0)
    {
        map[positionh][positionl + 1] = 4;
        if(flag == 1)
        {map[positionh][positionl] = 2; flag = 0; }
        else
            map[positionh][positionl] = 0;
        positionl++;
    }
    else if(map[positionh][positionl + 1] == 2)            //人要到目标位置上
    {
        map[positionh][positionl + 1] = 4;
        if(flag == 1)
            map[positionh][positionl] = 2;                 //恢复目标位置
        else
        {
            map[positionh][positionl] = 0;                 //恢复原来的状态
            flag = 1;                                      //标志位,记录人在目标位置上
        }
        positionl++;
    }
    else if(map[positionh][positionl + 1] == 3&&map[positionh][positionl + 2] == 0)
//将箱子推到空白位置上
    {
        map[positionh][positionl + 2] = 3;
        map[positionh][positionl + 1] = 4;
        if(flag == 1)
        { map[positionh][positionl] = 2; flag = 0; }
        else
            map[positionh][positionl] = 0;
```

```
                position1++;
            }
        else if(map[positionh][position1 + 1] == 5&&map[positionh][position1 + 2]!= 1)
//要将箱子从目标位置上推出
        {
            if(map[positionh][position1 + 2] == 2)                //下一个位置还是目标位置
            {
                map[positionh][position1 + 2] = 5;
                map[positionh][position1 + 1] = 4;
                if(flag == 1)
                    map[positionh][position1] = 2;
                else
                { map[positionh][position1] = 0; flag = 1; }
            }
            else if(map[positionh][position1 + 2] == 0)           //下一个位置是空白
            {
                map[positionh][position1 + 2] = 3;
                map[positionh][position1 + 1] = 4;
                if(flag == 1)
                    map[positionh][position1] = 2;
                else
                { map[positionh][position1] = 0; flag = 1; }
            }
            position1++;
        }
        else if(map[positionh][position1 + 1] == 3&&map[positionh][position1 + 2] == 2)
//要将箱子推到目标位置上
        {
            map[positionh][position1 + 2] = 5;                     //箱子在目标位置上
            map[positionh][position1 + 1] = 4;
            if(flag == 1)                                          //人在目标位置上
            { map[positionh][position1] = 2; flag = 0; }
            else                                                  //人不在目标位置上
                map[positionh][position1] = 0;
            position1++;
        }
        else count -- ;                                           //抵消人不动的情况
        test_flag();
    }
```

读者完成这个小程序后,可以学着去提高本程序的视觉效果,例如能否在 Windows 图形界面上实现,把这些功能和界面做得更完美,同时支持鼠标的响应,还可以增加音响效果。为了增加难度,在某些位置临时打开一个障碍墙。

可以考虑编写一个计算机自动布局和自动给出箱子个数、初始位置以及人的初始位置等信息的程序,这时需要对随机函数有非常熟练的运用,关键是确保有解。因为有时如果箱子的起始位置不对,就根本无法成功,如开始就在墙角或靠着边墙。

图 7-15 为推箱子小游戏程序运行后的部分界面图。

(a) 启动界面

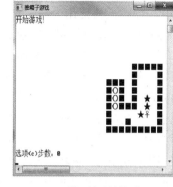

(b) 第一关开始界面

(c) 第一关运行中界面

(d) 第一关过关时界面

图 7-15　推箱子小游戏运行图

7.8　广义表简介

虽然二维数组具有二维关系,但是当把一行数据或一列数据看成一个整体时,它依然是一种特殊的线性表。只不过其中的线性表的长度是不可以改变的,其自身的长度也是不可以改变的。如图 7-16 所示,这里表现出的是二维关系和一维关系的辩证统一,同时一些高级语言中也可以这么实现,在定义时可以通过一维数组表示二维数组。

$$A=\begin{pmatrix} a_{11} & a_{12} & a_{13} \\ a_{21} & a_{22} & a_{23} \\ a_{31} & a_{32} & a_{33} \end{pmatrix} \quad \begin{matrix} B_1=(a_{11} \quad a_{21} \quad a_{31}) \\ B_2=(a_{12} \quad a_{22} \quad a_{32}) \\ B_3=(a_{13} \quad a_{23} \quad a_{33}) \end{matrix} \quad A=(B_1 \quad B_2 \quad B_3)$$

图 7-16　二维数组是特殊线性表的示意图

二维数组从数学的角度是不允许对某个元素进行插入和删除的,但是线性表本身的属性要求考虑对数据进行插入和删除,如果这么做了那么这是一种什么数据结构呢? 它还是线性表吗? 如果打破了两个定长的约束条件,允许内部的线性表长度可以改变,而且总的线性表长度也可以改变,进一步放宽条件,内部线性表的元素还可以是线性表,而且层数也不限制,那么线性表的基本特征已经改变。由于它是从线性表演变而来,所以称为广义线性表(简称广义表),之前的线性表可以理解为一种狭义的线性表,是广义表的特例。

广义表(Generalized List)是 n(n≥0)个数据元素的有限序列,一般记作: Glist ＝(A₁,

$A_2,\cdots,A_i,\cdots,A_n$）。此处使用大写字母表示每一个元素可以为表,不一定非是不可拆分的元素,用以区别在线性表中使用小写字母表示元素。

其中:Glist 是广义表的名称,n 是它的长度。每个 a_i($1\leqslant i\leqslant n$)是 Glist 的成员,它可以是单个元素,也可以是一个广义表,分别称为广义表 Glist 的单元素和子表,所以广义表的定义也是递归的。

通俗地说,广义表是由广义表组成的线性表,而广义表可由不可分的元素或者线性表构成。它又称为列表(Lists),用复数形式以示与一般线性表 List 的区别。

广义表 Glist 非空时,称第一个元素 A_1 为 Glist 的表头(head),除了表头外的其余元素组成的表($A_2,\cdots,A_i,\cdots,A_n$)称为 Glist 的表尾(tail)。

下面讨论射击运动队队员管理系统的数据结构设计。假设为了更好地备战下一届奥运会,国家射击队约定射击项目有两个主教练,之下带领多个备赛小组,每个小组必须有专任教练,也可以有多个,而且根据情况可以随时新增小组或撤销小组。每个小组的运动员可以是多名,也可以随时新增和淘汰,并且在运动员中还可以出现老队员带新队员的情况。那么如何在计算机内部表示这种具有层次性的关系呢?方法之一就是利用字符串来处理。约定每出现新的一层管理关系就启用新的一层括号。

一个射击运动队备战团队的范例如下:(王怡富,孙盛威,(李对鸿,(张山)),(李旭阳,(唐宇通,曾锦华)),(刘天游,(马斯龙)),(李玉梅,(王湘彦,(高黎泽))))。

从上面的字符串信息中可以分析出许多结论,运动队有两个总教练:王怡富,孙盛威,一共有 4 个备赛小组,李对鸿是张山的教练,王湘彦是一名运动员,但是他在带一名新队员高黎泽等。

一般可以用大写字母表示广义表,用小写字母表示单个数据元素,广义表用括号括起来,括号内的数据元素用逗号分隔开。下面是一些广义表的范例:

```
GLIST01 = ( )
GLIST02 = (a)
GLIST03 = (a,(b,c,d))
GLIST04 = (GLIST01,GLIST02,GLIST03)
GLIST05 = (a,GLIST05)
GLIST06 = ((a),((),b),c,(d))
```

广义表有时会使用带名字的括号,这样既表明每个表的名字,又说明它的组成,下面为几个范例:

```
GLIST03 = (a,GLIST07(b,c,d))
GLIST08 = GLIST09(a,GLIST09(a,GLIST09 (…)))
```

广义表的性质有:

(1) 多层次。广义表的元素可以是单元素,也可以是子表,而子表的元素还可以是子表。

(2) 可递归。广义表的定义并没有限制元素的递归,即广义表也可以是其自身的子表。

(3) 可共享。如果某个数据结构是其他数据结构的一部分,而且一旦变化则都会变,那么就可以采用广义表管理,这样可以节省很多存储空间。

广义表的特性对于它的使用范围和应用效果都起到了很大的作用。

图 7-17 表示利用广义表共享信息的方式,可以看到数据之间的关系不一定是线性关系。广义表用双线的椭圆表示,元素用单线的椭圆表示。

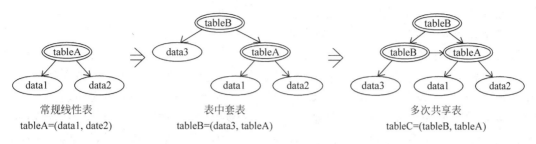

图 7-17　广义表内部关系示意图

广义表有两个重要的基本操作,即取表头操作(Head)和取表尾操作(Tail)。

根据广义表的表头、表尾的定义可知,对于任意一个非空的列表,其表头可能是单元素也可能是列表,而表尾必为列表。

广义表( )和(( ))不同。前者是长度为 0 的空表,对其不能做求表头和表尾的运算;而后者是长度为 1 的非空表(只不过该表中唯一的一个元素是空表),对其可进行分解,得到的表头和表尾均是空表( )。

广义表上可以定义与线性表类似的一些操作,如建立、插入、删除、遍历,也可以进一步进行广义表分拆、连接、复制等。

由于广义表结构的复杂性,顺序存储结构难以胜任,所以存储结构仅为链表结构,而且这种链表也需要进行一些细节上的改进。

广义表的常用操作清单见表 7-1。

表 7-1　广义表常用操作清单

操 作 名 称	建议算法名称	编程细节约定
创建广义表	create(Glist)	根据广义表的字符串形式创建一个广义表
输出广义表	dispglist(Glist)	根据广义表链表存储结构输出字符串结构
求表头	head(Glist)	返回广义表的头部
求表尾	tail(Glist)	返回广义表的尾部
遍历	traverse(Glist)	遍历出所有数据,对字符串而言,等于正好过滤掉所有括号和逗号,但并不是从字符串中产生的,而是从内部的链表存储结构上得到该结果
判断广义表是否为空	isempty(Glist)	如广义表空,返回 True;否则返回 False
判断广义表是否相等	isequal(Glist01,Glist02)	如两个广义表完全一样,返回 True;否则返回 False
求表长	length(Glist)	求广义表的长度,第一层的元素或表的个数
求表的深度	depth(Glist)	求广义表的深度,链表存储结构最深的层次
查找元素	Locate(Glist,data)	在广义表中查找数据元素 data 是否存在
修改元素	modify(Glist,olddata, newdata)	在广义表中以 newdata 代替所有 olddata
合并子表	merge(Glist01,Glist02)	以 Glist01 为头、Glist02 为尾建立广义表
复制广义表	copy(Glist01,Glist02)	复制广义表,按 Glist01 建立另外相同的广义表 Glist02

由于链接存储中的指针较为灵活,便于解决广义表的共享与递归问题,采用链表存储结构来存储广义表是很好的选择。

在链接存储方式下,每个数据元素都用一个结点表示。

广义表通常有两种存储方案,下面分别介绍。

(1) 头尾表示法。

头尾表示法:若广义表不空,则可分解成表头和表尾;反之,一对确定的表头和表尾可唯一地确定一个广义表。头尾表示法就是根据这一性质设计而成的一种存储方法。

由于广义表中的数据元素既可能是列表也可能是单元素,相应地,头尾表示法中结点的结构形式也有两种:一种是表结点,用以表示列表;另一种是原子结点,用以表示单元素。在表结点中应该包括一个指向表头的指针和指向表尾的指针;而在元素结点中存储单元素的元素值。

为了区分这两类结点,在结点中还要设置一个标志域。如果标志为 0,则表示该结点为原子结点;如果标志为 1,则表示该结点为子表结点。

头尾表示法的结点形式和广义表范例如图 7-18 所示。

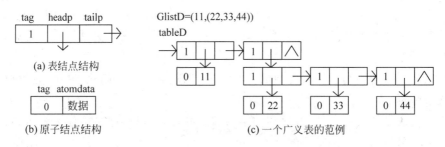

图 7-18　头尾表示法的结点形式和广义表范例

从上述存储结构示例中可以看出,采用头尾表示法容易分清列表中单元素或子表所在的层次。例如,在广义表 GlistD 中,单元素 22、33、44 在同一层次上。另外,最高层的表结点的个数即为广义表的长度。例如,在广义表 GlistD 的最高层有 2 个表结点,其广义表的长度为 2。

由于结点结构使用了联合体,可以做到三个域和两个域的结点共存,代码中如下。

```
class gnode                              //定义广义表的结点结构
{
public:
    int tag;                             //0 代表原子结点,1 代表子表结点
    union
    {
        char atomdata;                   //原子数据
        gnode * headp, * tailp;          //指向表头和表尾
    }value;
};
```

(2) 孩子兄弟表示法。

广义表的另一种存储法称为孩子兄弟表示法,也有两种结点形式:一种是有孩子结点,用以表示列表;另一种是无孩子结点,用以表示单元素。在有孩子结点中包括一个指向第一个孩子(长子)的指针和一个指向兄弟的指针;而在无孩子结点中包括一个指向兄弟的指针和该元素的元素值。

为了能区分这两类结点,在结点中还要设置一个标志域。如果标志为 1,则表示该结点为有孩子结点;如果标志为 0,则表示该结点为无孩子结点。

孩子兄弟表示法的结点形式和广义表范例如图 7-19 所示。

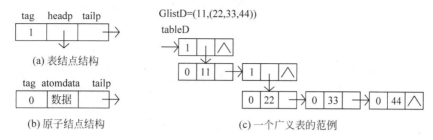

图 7-19 孩子兄弟表示法的结点形式和广义表范例示意图

从图示的存储结构中可以看出，采用孩子兄弟表示法时，表达式中的左括号"（"对应存储表示中的 tag＝1 的结点，且最高层结点的 tailp 域必为 NULL。

定义的结点结构使用了联合体，虽然都是 3 个域，但是中间域的含义是完全不同的，代码如下。

```
class gnode                        //定义广义表的结点结构
{
public:
    int tag;                       //0 代表原子结点,1 代表子表结点
    union
    {
        char atomdata;             //原子数据
        gnode * headp;             //指向表头
    }value;
    gnode * tailp;                 //指向表尾
};
```

在编程处理广义表的过程中，输入广义表直接采用了其逻辑结构的表示方法，即字符串。进入内存后转换成链表结构，对于处理结果，把链表结构输出成字符串结构。

由于广义表既可以表示线性结构，也可以表示非线性结构，而且可有效地利用存储空间，因此在计算机编程中，很多复杂场合都可以使用广义表来表示。

限于篇幅，本节没有给出广义表的程序源码。图 7-20 为广义表基本功能程序运行时的界面。

(a) 使用默认广义表

(b) 求广义表表头

(c) 求广义表表尾

图 7-20 广义表基本功能程序运行界面

7.9　二维码简介

大家使用的二维码只是二维条码中的一种,简称为 QR 码,即 Quick-Respose。这种二维码的全称是"快速响应矩阵码"。1994 年,这种黑白相间的方块图案由日本 DENSO WAVE 公司发明,2000 年经过 ISO 审核成为国际标准。QR 码有明显的特征:3 个"回"方块,这是用于定位的,以任意角度扫描均可读出编码。现在已有了微型 QR 码和可插入图形的 QR 码,开发人员没有申请专利,宣布任何人可以免费使用 QR 码,其编码技术完全公开,或者称 Open Source。二维码一共有 40 个尺寸,版本记为 Version。Version 1 是 21×21 的矩阵,Version 2 是 25×25 的矩阵,Version 3 是 29×29,每增加一个 Version,就会增加边长 4,公式是:(V−1)×4+21(V 是版本号),最高 Version 40,(40−1)×4+21＝177,所以最高是 177×177 的正方形。二维码的数据结构和内部布局如图 7-21 所示。

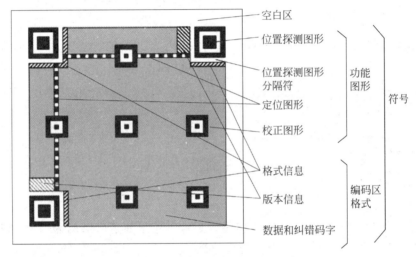

图 7-21　二维码数据结构示意图

7.10　本 章 总 结

本章主要介绍了具有二维关系的数据结构——二维数组的逻辑结构、存储结构和基本操作的算法设计。由于它和矩阵的同一性,故有着广泛的应用。本章还讨论了各种特殊矩阵的压缩存储。通过图示和讨论,展示了二维数组的工作原理和优点,还给出了多种存储方法。最后给出了程序设计案例,包括迷宫问题的求解,多次使用二维数组;推箱子小游戏程序设计则从应用层面给读者一个非常有乐趣的程序设计角度。

习　　题

一、原理讨论题

1. 诸如迷宫、八皇后、棋盘等课题使用什么数据结构是比较好的选择? 为什么?

2. 二维数组和线性表是什么关系?

3. 为什么二维数组中不能进行数据的插删操作？

二、理论基本题

1. 写出以下概念的定义：数组、下标、行优先、列优先。

2. 写出二维数组的主要操作清单。

3. 示意图：画出行优先和列优先存储结构的示意图，并且讨论纵向和横向的关系是如何保持的，给出地址计算公式。

4. 画出几种特殊矩阵存储结构的地址计算示意图。

5. 画一个 6×7 的稀疏矩阵（非零元素只有 4 个），画出对应的三元组表示法。

6. 自己给出一个稀疏矩阵，然后画出该数据结构的十字链表示意图。

三、编程基本题

1. 编程实现几种特殊矩阵的地址计算公式。

2. 编程实现稀疏矩阵和三元组的互换。

3. 编程实现稀疏矩阵的转置。（两种不同的思路分别实现）

四、编程提高题

1. 编程实现稀疏矩阵的三元组的加法。

2. 编程实现十字链表的基本运算。

3. 编程实现迷宫问题的求解。

4. 编程实现推箱子小游戏的程序设计。

5. 编程实现贪吃蛇小游戏的程序设计。

五、思考题

1. 课程表的输入和显示。要求从键盘上输入每周七天中上午两个单元（每个单元两节课）、下午两个单元（每个单元两节课）、晚间一个单元（每个单元两节课或三节课）的课程安排。然后在屏幕上用二维结构显示安排表，要有分隔线、标题等表格信息，注意：有的时间段可以没有课程。课名要求使用中文显示（这并不意味着输入时必须用中文）。如果能同时处理其他信息则更好，如授课教师、地点等。最好能同时提供以下功能：可以打印，可以用.txt 或其他格式存储在硬盘的文件中。

2. 本章所有地址计算公式都是从原型到存储结构的地址计算，需要做反向地址计算公式推导。如在对称矩阵压缩存储实现的一维数组中，任何一个元素应该是原矩阵哪一个位置上的元素？即计算出它原来的行、列下标值。

3. 请分析象棋中特殊棋子的合法走法，如：马、象、士等。可以设某个棋子目前的位置坐标为(row,col)，然后用函数的方法把它可能的所有合法走法的位置表示出来。

4. 五子棋是一款益智游戏。它要求双方不断下子，任何一方如果先排成横向、纵向、斜向 45°或斜向 135°连续的五个子，就算胜利。读者需要做的分析是如何判断胜利。当然，进一步可以考虑设计棋盘、棋子的落子、悔棋等机制的实现，也可以进行实际编程，同时分析其中使用了哪些数据结构。

5. 俄罗斯方块游戏也是一款大家熟知的游戏。这个游戏有个很大的难度，它要求从上方随机出现一些不规则排列在一起的方块体，之后可以使用键盘进行旋转方向、左右移动、快速下移、暂时停移等控制，目的是在自动落到底部之前调整好方位，尽量出现同一排的方块全部填满而消失后整体下降一层。请写一个报告，讨论一下这个问题中可能涉及的数据结构和重要的编程环节。

第8章 二叉树、树和森林的构造与应用

现实生活中有树和森林等非线性数据结构,但在存储时会遇到困难。本章主要介绍二叉树以及它的存储结构,重点介绍二叉树的遍历等主要操作;讨论二叉树的输入和输出;介绍多种二叉树的应用,如线索二叉树和最优二叉树,特别给出表达式计算的程序源码;最后给出二叉树和树、森林之间的相互转换规则。

8.1 引　　言

在处理现实关系模型进行编程时,虽然很多情况下都是一维线性关系,但是还必须处理更复杂的非线性关系,如"树"形结构或"森林"形结构。

现实生活中有很多关系模型是按照层次关系展开的。例如一所大学由多所学院组成,一所学院由多个系组成,一个系由多个专业组成,一个专业由多个班级组成,一个班级由多名学生组成。这样的组织方式使得整个大学的结构非常清晰,它们从上到下都是"一对多"的关系。类似关系还有军队的构成(军、师、旅、团、营、连、排、班、士兵)、公司的构成(分公司、部门、小组、工作人员)等,这些都是树形结构。

树(Tree)是 $n(n \geq 0)$ 个有限数据元素的集合。当 $n=0$ 时,称这棵树为空树。在一棵非空树 T 中:

(1) 有一个特殊的数据元素称为树的根结点,根结点没有直接前趋结点。

(2) 若 $n>1$,除根结点之外的其余数据元素被分成 $m(m>0)$ 个互不相交的集合 T_1, $T_2, \cdots, T_m$,其中每个集合 $T_i(1 \leq i \leq m)$ 又是一棵树。树 $T_1, T_2, \cdots, T_m$ 称为这个根结点的子树。

树的定义是一个递归的概念,即使用了"树"来定义"树"。

树的定义可以形式化地描述为二元组的形式:$T=(D,R)$,其中 D 为树 T 中结点的集合,R 为树中结点之间关系的集合。

通常把这种"一对多"的关系画成如图 8-1 所示的示意图,为了简化,所有学院、系、专业名称等用编号表示。

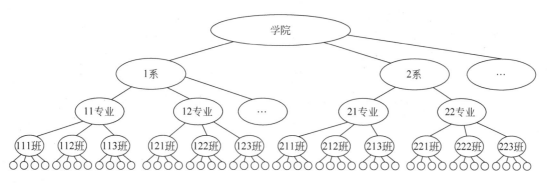

图 8-1 "一对多"关系的示意图

本章的基本概念可以从以下三个不同的角度来展开：

（1）基于人类的家族发展史。中国历史悠久，有一些家庭有传承"族谱"的习惯。按照父系制，一个家庭可能有多个儿子，每个儿子又组成新的家庭，而女儿和没有儿子的人将中止记录。这样的发展过程就是树形结构，可以把其中的一些关系术语直接用于讨论数据结构，如儿子、父亲、兄弟、祖先等。

（2）基于大自然中的树和森林。由于大自然中的树是先有一个根，再有一个主干，再有一些分支，然后是树叶，很吻合要讨论的"一对多"关系，所以也采用一批现实生活中树的术语，如叶子、树根等。

（3）基于数学的抽象。有一些概念利用上面的体系无法表达，那么就给出数学化的抽象术语。

这三种体系在下面混合使用，并不独立使用某一套体系。

（1）结点。要处理的实体。在树中就是一个数据元素的表示。通常用圆圈（或椭圆）和字母表示。

（2）边。一对多关系，现实中树结构中边应该有方向，但是在画出了层次和分支关系后，边的方向通常被省略。

（3）结点的度。结点所拥有的子树的个数称为该结点的度。

（4）叶（子）结点。度为 0 的结点称为叶（子）结点，或者称为终端结点。

（5）分支结点。度不为 0 的结点称为分支结点，或者称为非终端结点。一棵树的结点除叶子结点外，其余都是分支结点。

（6）儿子结点。树中某一个结点的子树的根结点称为这个结点的儿子结点（或称为孩子结点、子女结点）。

（7）父亲结点。如果结点 X 有儿子结点 Y，那么这个 X 结点就称为 Y 的父亲（或称为双亲结点）。互为父子关系的两个结点为父子关系。

（8）兄弟关系。具有同一个父亲的结点间互称为兄弟关系。

（9）堂兄弟结点。若某些结点的父亲为兄弟关系，则它们之间为堂兄弟关系。

（10）路径、路径长度。如果一棵树的一串结点 $n_1, n_2, \cdots, n_k$ 有如下关系：结点 n_i 是 n_{i+1} 的父亲结点（$1 \leqslant i < k$），就把 $n_1, n_2, \cdots, n_k$ 称为一条由 n_1 至 n_k 的路径。这条路径的长度是 $k-1$。

（11）祖先结点、子孙结点。从根结点到该结点的沿路所有分支上的结点都是该结点的祖先结点；反之就是子孙结点。

（12）结点的层数。约定根结点层数为1,其余结点层数等于它的父亲结点层数加1。

（13）树的深度。树中所有结点的最大层数称为树的深度（也称高度）。

（14）树的度。树中各结点度的最大值称为该树的度。

（15）有序树。兄弟关系的结点次序如果是敏感的、不能任意调换的,则称为有序树。

（16）无序树。兄弟关系的结点次序是无所谓的、可以任意调换的,则称为无序树。

（17）森林。若干棵互不相交的树组成的集合称为森林。一棵树就是森林的特例。

图 8-2 是图 8-1 的树抽象后逻辑结构示意图,以下为部分结论：A 是树的根,A 是 B、C、D 的父亲,B 是 A 的儿子,B、C、D 是兄弟关系,G 和 H 是堂兄弟关系,J、K、L 是叶子结点。

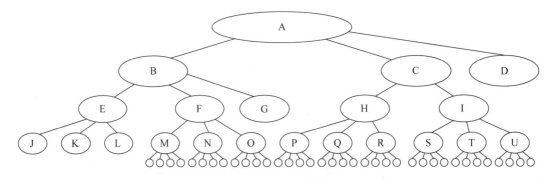

图 8-2　树逻辑结构的示意图

从树的定义和图示可以看出,树具有下面两个特点：

（1）树的根结点没有前趋结点,除根结点之外的所有结点有且只有一个前趋结点。

（2）树中所有结点可以有零个或多个后继结点。

这就是树结构的层次性和分支性。

与现实生活中的树不一样,森林和树是可以互相转化的辩证统一关系。可以把多棵树的根连接在一起,用一个新的结点管理,这样森林又变成了树。一所大学中每个学院都有信息管理系统,但是互不相连,信息无法共享,这就是森林结构。一旦全校把所有信息管理系统整合了,这样大学就成为新的根结点,全部信息的关系又成为树,但是全国的大学又互不相关,从教育部的角度看就是森林,继续整合把全国的大学统一管理起来,就构成了一棵更大的树。

反之,任何一棵树,删去根结点就变成森林,所以树或者森林就是关注一些信息与其相互关系的层面,并不是先天就必然是树或者森林。

树的常用操作见表 8-1。

表 8-1　树的常用操作

操 作 名 称	建议算法名称	编程细节约定
树初始化	inittree(tree)	初始化一棵空树 tree
求根结点	treeroot(data)	求结点 data 所在树的根结点
求父亲结点	parent(tree,data)	求树 tree 中结点 data 的父亲结点
求儿子结点	child(tree,data,i)	求树 tree 中结点 data 的第 i 个儿子结点
求兄弟结点	rightsibling(tree,data)	求树 tree 中结点 data 的第一个右边兄弟结点

续表

操作名称	建议算法名称	编程细节约定
插入树	treeinsert(tree,data,i,sroot)	把以 sroot 为根结点的树插入到树 tree 中作为结点 data 的第 i 棵子树
删除树	treedelete(tree,data,i)	在树 tree 中删除结点 data 的第 i 棵子树
遍历树	treetraverse(tree)	树 tree 的遍历操作,即按某种方式访问树 tree 中的每个结点,且使每个结点至多被访问一次和至少被访问一次。

由于树中儿子结点个数不确定,如何存储树结构就会面临困难。能节省空间的思路主要是依靠反向思维,虽然儿子个数不确定,但是任意一个结点(根除外)的父亲结点却是唯一的。利用这个唯一性,推出了下面的顺序存储方法。

(1)父亲表示法。启用一组连续的存储空间(如一维结构体数组),存储树中的所有结点和它们各自对应的父亲结点所在的下标地址。

图 8-3 为父亲表示法的示意图。图中 parent 域的值为 −1,表示该结点无双亲结点,即该结点是一个根结点。

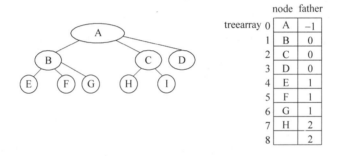

图 8-3　父亲表示法的示意图

父亲表示法的优点是存储量相对固定,比较节省空间,查找父亲很容易,但若求某结点的所有孩子结点,需要遍历整个数组。此外这种存储方式较难反映各兄弟结点之间的关系。由于在实际编程中更多的是从父亲访问儿子,所以这种存储方案有很大的局限性。

上述顺序存储只方便从儿子访问父亲结点,存在编程不方便的缺点,下面讨论利用链接结构解决树的存储问题。高级语言中并不支持链表结点中的链域个数任意改变的结构定义,因此不可能开发出链域数量不统一的结点来处理树结点分支数的不统一。

(2)定长链表法。本方法主要采用所有结点中最大的儿子个数作为结点中的链域个数。其结点的存储表示类似描述为:

```
#define Maxnum <树中结点儿子的最大个数>
class treenode
{
    int data;
    treenode * son[Maxnum];
};
```

图 8-4 是定长为 4 链表法的示意图。

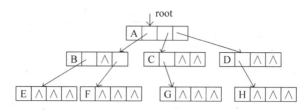

图 8-4　定长链表法的示意图

这种存储方法的缺点是明显的。其一是付出的空间代价太大,特别是叶子结点有大量的链域空置,其次,根据树结构的动态性完全可能再次出现比儿子个数的最大值还大的儿子个数,此时出现溢出,程序无法正常运行下去。

(3) 顺序和链接联合存储法,有时也称为"儿子表示法"。其主要的特点就是把所有儿子结点使用链表管理起来,实际上处理的是兄弟关系,结点的多少可以根据实际情况变化,解决了儿子个数不统一带来的问题,结点信息用数组存储。其优点是查找儿子结点比较容易;缺点是付出了一些空间代价,儿子结点个数过多还会带来处理时的时间效率下降。

图 8-5 是顺序和链接联合存储的示意图。要注意链表结点中的两个域都应该理解为指针,第一个域中虽然是数字,但是这些数字实际上是相应数据在数组中的下标,当然也是一种地址,如 A 存储在 0 号单元中,它的第一个儿子结点信息存储在 1 号单元中,就是 B。第二个域是真正的链表,它的指针指向该结点的下一个儿子,这些结点的地址是临时向操作系统申请的,不需要了解它们的实际地址。

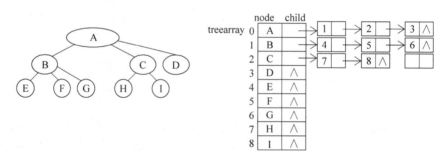

图 8-5　顺序和链接联合存储示意图

在儿子表示法中查找父亲比较困难,查找儿子却十分方便,故适用于一般的应用。

儿子表示法已经有一定的实用价值,一般情况下,如果需要从某个结点找其父亲结点,通常通过栈结构完成,因为从根进入,沿着一系列的结点下移,返回的路径正好依次是父亲结点。如果需要用最直接的方法访问父亲结点,可以把上面的思路联合在一起,组成一个新方案,就是父亲儿子顺序链接联合表示法。还可以启用栈来管理进入的路径,返回时不断出栈即可。

上面给出了多种存储方法,但是从编程角度看大都有缺点。森林结构由多棵树组成,以上问题依旧存在,而且还要另外处理多棵树之间的关系,所以不再深入讨论。

树结构之所以存储结构比较困难,其重要原因是儿子结点的个数不固定,有的可能很大,有的很少甚至没有。如果考虑动态操作,其儿子个数时多时少,这个问题就会更加复杂,所以希望现实生活中的树形结构儿子结点最大个数越少越好,这样就会减少儿子个数不确定带来的麻烦,显然不能是一个,会退化为线性表,所以最小值应该是 2。科学家们为此发明了一种新的数据结构——二叉树,下一节将开始重点讨论。

【应用案例 8-1】 军事演习中双方军事力量的模型。在计算机中管理红方和蓝方的部队力量时,各自的部队格局可以是完全不一样的,如红方可能有海、陆、空 3 种兵种,而蓝方有导弹部队和特种部队,而且双方的兵力也没有直接的关系,各自是一棵树,从演习总指挥部的角度看这就是一个森林。

【应用案例 8-2】 汽车整车的构成与成本分析系统。汽车制造厂对于整车的成本核算并不是基于线性结构,因为很多零件是标准配件,分布在很多不同的部件上,首先要把汽车的总体构成做成一个数据结构,这就是一棵树。

【应用案例 8-3】 计算机对弈树。计算机可以与人进行棋类(如象棋、围棋、国际象棋等)对弈,而且大部分时候一般人还战胜不了计算机。原理很简单,那就是在计算机内部构造了一棵很大的树,把对弈中所有可能的情况都先设计好,计算机总是选择有利于自己一方下棋,一般人很难想到很多步骤,所以人与计算机对弈失败的概率就大一些。计算机实现人机对弈还有很多细节要考虑,但是大的思路就是要构造一棵"胜败对弈树"。

【应用案例 8-4】 目录树。Windows 操作系统和早期的 DOS 磁盘操作系统一样,文件都是通过文件夹管理的(DOS 下叫做子目录),约定文件夹下还可以有文件夹,这样就构成了一棵树形结构,为了在屏幕上显示所有多层目录或文件夹,或者实现 DOS 下的 dir/s 命令(即一次性逐级显示全部根目录和子目录下的文件),必须进行树的遍历。

【应用案例 8-5】 前面章节提到的经典问题"八皇后问题",在求解过程中会涉及计算机状态树的概念,因为处理过程不是根据某种确定的计算法则,而是利用试探和回溯的探索技术求解。为了求得合理布局,在计算机中要存储布局当前状态。从最初的布局状态开始,一步步地进行试探,每试探一步形成一个新的状态,整个试探过程形成了一棵隐含的状态树。如图 8-6 所示(为了简化过程,此处将八皇后问题简化为四皇后问题)。回溯法求解过程实质上就是遍历状态树。

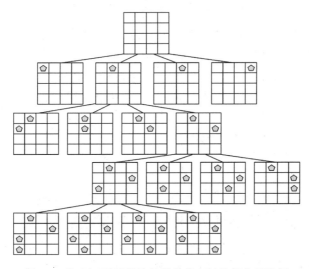

图 8-6 "四皇后问题"的计算机状态树的部分示意图

8.2 二叉树及其逻辑结构

由于树和森林中儿子个数的差异性和动态性给其存储结构带来了复杂性,计算机科学家发明了一种新的数据结构,这就是二叉树。由于二叉树是非线性结构,使得程序设计技巧和数据结构的应用更加深入和复杂。

二叉树(Binary Tree)是有限元素的集合,该集合或者为空,或者由一个称为根(root)的元素及两个不相交的、被分别称为左子树和右子树的二叉树组成。该定义是递归的。

在二叉树中,一个元素也称作一个结点。当集合为空时,称该二叉树为空二叉树。

二叉树是有序的,即若将其左、右子树颠倒,就成为另一棵不同的二叉树,树中某个结点只有一棵子树时要区分它是左子树还是右子树(这是二叉树与树之间的基本区别点),因此二叉树具有5种基本形态:空二叉树、只有根、只有左儿子(Lchild)、只有右儿子(Rchild)、左右两个儿子都存在的二叉树,如图8-7所示。

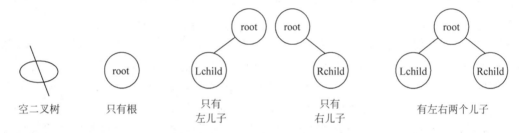

图 8-7　二叉树的 5 种基本形态示意图

树的相关概念在本节继续使用,如结点的度、叶子结点、分枝结点、儿子、父亲、兄弟、路径、路径长度、祖先、子孙、结点的层数、树的深度、树的度等。

以下介绍几个新的术语。

(1) 左儿子、右儿子。一个父亲可以有两个儿子结点,它们互称为兄弟。注意儿子必须有左、右特性,所以分别称为左儿子、右儿子。

(2) 满二叉树。在一棵二叉树中,如果所有分枝结点都存在左子树和右子树,并且所有叶子结点都在同一层上,这样的一棵二叉树称作满二叉树。

下面启用一套编号体系:对满二叉树中的结点按从左到右、从上至下的顺序进行编号,1、2、3、4 直到 n。如图 8-8(a)是一棵满二叉树,图 8-8(b)则不是满二叉树。

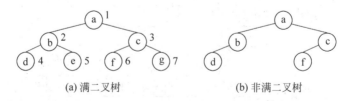

(a) 满二叉树　　　　　　　　　　(b) 非满二叉树

图 8-8　满二叉树和非满二叉树的示意图

(3) 完全二叉树。一棵深度为 k 的有 n 个结点的二叉树,如果其中任何结点的编号 i(1≤i≤n)与满二叉树中编号为 i 的结点位置完全相同,则这棵二叉树称为完全二叉树。

完全二叉树的特点是：叶子结点只能出现在最下层和次下层，且最下层的叶子结点连续出现在树的左部。满二叉树必定是完全二叉树，而完全二叉树未必是满二叉树。

如图 8-9 所示，图(a)就是一棵完全二叉树，图(b)是非完全二叉树。

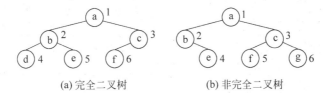

(a)完全二叉树　　　　　　(b)非完全二叉树

图 8-9　完全二叉树和非完全二叉树的示意图

二叉树有以下几个主要性质：

性质 1　一棵非空二叉树的第 i 层上最多有 2^{i-1} 个结点($i \geqslant 1$)。

性质 2　一棵深度为 k 的二叉树中，最多具有 $2^k - 1$ 个结点。

性质 3　对于一棵非空的二叉树，如果叶子结点数为 n_0，度数为 2 的结点数为 n_2，则有 $n_0 = n_2 + 1$。

性质 4　具有 n 个结点的完全二叉树的深度 k 为 $\lfloor \log_2 n \rfloor + 1$。

性质 5　对于具有 n 个结点的完全二叉树，如果按照上面的编号体系对二叉树中的所有结点从 1 开始顺序编号，则对于任意的序号为 i 的结点，有：

(1) 如果 $i > 1$，则序号为 i 的结点的父亲结点的序号为 $\lfloor i/2 \rfloor$；如果 $i = 1$，则序号为 i 的结点是根结点，无父亲结点。

(2) 如果 $2 * i \leqslant n$，则序号为 i 的结点的左儿子结点的序号为 $2 * i$；如果 $2 * i > n$，则序号为 i 的结点无左儿子。

(3) 如果 $2 * i + 1 \leqslant n$，则序号为 i 的结点的右儿子结点的序号为 $2 * i + 1$；如果 $2 * i + 1 > n$，则序号为 i 的结点无右儿子。

(4) 若结点 i 序号为奇数且不等于 1，则它的左兄弟序号为 $i - 1$。

(5) 若结点 i 序号为偶数且不等于 n，它的右兄弟序号为 $i + 1$。

(6) 结点 i 所在层数(层次)为 $\lfloor \log_2 i \rfloor + 1$。

如果对二叉树的根结点从 0 开始编号，则 i 号结点的父亲结点编号为 $\lfloor (i-1)/2 \rfloor$，左儿子的编号为 $2 * i + 1$，右儿子的编号为 $2 * (i+1)$。

表 8-2 为二叉树的常用操作清单。

表 8-2　二叉树的常用操作清单

操 作 名 称	建议算法名称	编程细节约定
二叉树初始化	btreeinit(btree)	初始化一棵空二叉树 btree
求根	btreeroot(data)	求结点 data 所在二叉树的根结点
求父亲	father(btree,data)	求二叉树 btree 中结点 data 的父亲结点
求左儿子	lchild(btree,data)	求二叉树 btree 中结点 data 的左儿子结点
求右儿子	rchild(btree,data)	求二叉树 btree 中结点 data 的右儿子结点
二叉树插入左儿子	btreeinsertl(btree,data,sroot)	把以 sroot 为根结点的二叉树插入到二叉树 btree 中作为结点 data 的左子树

操 作 名 称	建议算法名称	编程细节约定
二叉树插入右儿子	btreeinsertr(btree,data,sroot)	把以 sroot 为根结点的二叉树插入到二叉树 btree 中作为结点 data 的右子树
二叉树删除结点	btreedelete(btree,data)	在二叉树 btree 中删除结点 data。一般情况下被删除结点应没有儿子
二叉树遍历	btreetraverse(btree)	二叉树 tree 的遍历操作,即按某种方式访问二叉树 tree 中的每个结点,且使每个结点只被访问一次(后面会讨论多种遍历方式)

其他的操作,如二叉树的构建、二叉树的空间释放、求二叉树结点个数、查找结点、修改结点、复制二叉树、二叉树的相似性比较、所有左右儿子的切换、结点的详细信息等,可以根据需要情况进行讨论。

8.3　二叉树的顺序存储

二叉树本身是一种非线性结构,但是下面要讨论如何用一种线性结构的顺序存储方式进行存储。所谓二叉树的顺序存储,就是用一组连续的存储单元依次存放二叉树中的结点,约定次序是二叉树结点从上到下、从左到右的编号顺序存储。此时结点在存储位置上的前趋后继关系并不是它们在逻辑上的父子关系,必须找到其编号体系之间隐含的父子关系,这种存储法才有意义。

利用二叉树的性质可以找到这种关系,显然满二叉树或完全二叉树采用顺序存储法比较合适,这样既能够最大限度地节省存储空间,又可以利用数组元素的下标值确定结点在二叉树中的位置以及结点之间的关系。位置为 i 的结点的左儿子和右儿子结点的编号应该为 2i 和 2i+1；i 的父亲结点的位置应该为 $\lfloor i/2 \rfloor$,根结点除外。

图 8-10(a)为完全二叉树的顺序存储示意图,显然对于满二叉树是连续存放数据的。基于上面推出的一套编号系统,当编号和下标吻合后,就相当于已经有了地址计算公式,它们可以表示出父子关系、兄弟关系等。

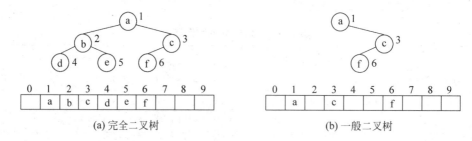

(a) 完全二叉树　　　　　　　　　　(b) 一般二叉树

图 8-10　完全二叉树的顺序存储示意图

但是如果不是满二叉树和完全二叉树,为了保证上面提到的地址计算公式继续有效,也就必须按照完全二叉树的对应位置编号进行存储,这样就必然出现很多所谓"空置"空间(注意这些地址中还是有数据的),特别是一直是单枝的右子树对空间的浪费达到最大,因为一棵深度为 k 的右单枝树,只有 k 个结点,却需分配 2^k-1 个存储单元。因为此种情况下,数据已经没有依次连续存放,这时就不是顺序存储了,当然也不是链接存储,在二叉树不是满二叉树或者完全二叉树时,这种存储方案没有太大的价值。

8.4　二叉树的链接存储

二叉树的链接存储结构是指用链表来表示一棵二叉树,即用指针来管理元素的父子关系。因为二叉树最多只有两个儿子,所以启用两个链域就够用,至于数据域的个数,可以根据实际编程需要决定。

通常每个结点由三个域组成,除了数据域外,有两个指针域,分别用来给出该结点左儿子和右儿子结点的存储地址。约定 data 域存放数据信息;Lchild 与 Rchild 分别存放指向左儿子和右儿子的指针,当左儿子或右儿子不存在时,相应指针域值为空(图示中用符号 ∧,程序中用 NULL 表示)。如果为了返回父亲结点更加容易,可以增加一个链域,指向该结点的父亲结点。这种存储结构既便于查找儿子结点,又便于查找父亲结点;但是它增加了空间的开销。具体设计示意图见图 8-11。

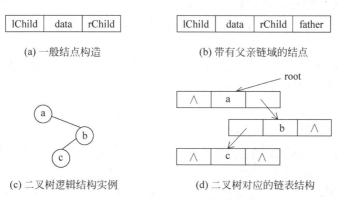

图 8-11　二叉树的二叉链表示意图

由于二叉树的程序通常把根结点作为进入结点,所以若从某个结点回返到该结点的父亲结点,采用栈就可以。从根到某个结点和从该结点退回到根正好是反序,而且就是走过的所有路径,这也正是栈结构保护现场的作用,这样就不必启用父亲链域。

二叉树的二叉链表存储在 C++语言中用对象表示:

```
class node
{
    char data;          //此处的数据类型根据需要修改,此处定义为字符
    node * lchild;
    node * rchild;
    node * father;      //指向父亲结点的链域,一般不需要
};
```

8.5　二叉树的构建和数据显示

二叉树作为树或者森林等数据结构的替代品,应该通过一些转换规则来创建,另外有些数据模型本身是可以通过约定来形成和二叉树的关系,如后面将会介绍到的数学表达式。由于本章重点研究二叉树的主要操作,那么能否直接建立二叉树呢? 问题的关键是如何把非线性关系通过一种线性结构来体现出来。下面讨论几种建立二叉树的思路。

由于二叉树的功能众多,超过了 10 个,为了菜单的健壮性和用户的方便性,采用字符型变量来存储用户选项,除了数字外使用了左手边便于用户输入的常用键位,如 a、s、d。

(1) 第一种输入法:默认广义表。

(2) 第二种输入法:键盘输入广义表。

(3) 第三种输入法:新建树根(逐个输入)。

(4) 增加儿子数据。

(5) 删除叶子结点或根(要求无任何儿子)。

(6) 移动当前工作指针。

(7) 查找结点并修改结点信息。

(8) 用广义表和缩格法同时显示二叉树。

(9) 3 种递归根式遍历。a 为三种非递归根式遍历。s 为层次遍历。d 为查看树结点以及叶子信息。

为了方便用户使用其他功能,可以使用第一种输入法直接选择默认的两个广义表,一个比较简单,另一个则相对复杂。读者也可以用第二种输入法从键盘输入广义表。第三种输入法则提供了更为人性化的二叉树构建方式,可以通过第(3)和第(4)两项功能逐一增加数据来构建二叉树。在第(5)和第(7)项功能分别提供了数据的删除、查找和修改等常用功能。为了达到这样的效果,本程序用当前工作指针的概念,用来标注当前可以修改、插入儿子或删除的结点。

在屏幕上如何输出二叉树也是程序设计的难点。首先本程序可以把用户不论用什么方式构建的二叉树继续用广义表的方式显示,这里虽然没有直接采用文件,但是稍微修改后就可以达到存盘以及重新读入的功能,另外还提供了非常有特点的缩格显示方式,可以从横向角度把二叉树的层次关系很形象地显示出来,这对于非线性结构在平面关系上如何显示提供了一个很好的思路。

程序设计如果仅为实现一部分功能,存储结构就会是比较单一的形式,如果增加了更多的功能后,有些操作会变得较慢,就可以通过增加存储结构的复杂性和牺牲一些空间来换取时间效率。在这个程序中,为了能及时切换当前工作指针的位置,也为了提供二叉树其他相关信息,在链表作为二叉树的基本存储结构外,还增加了父亲结点指针 father 和结点深度信息域 deep。另外启用了一条单链表,同时以进入先后的次序管理所有数据,其下一个结点的链域为 next。这是非常有意义的一种设计,它为数据结构的综合应用和举一反三提供了良好的范例。但除了空间代价外,要维护这些附加的数据结构也要付出管理上的时间成本。如删除结点操作,首先是从二叉树结构中查找到该结点,那么如何确定其在单链表中的位置呢? 可以把此处的单链表改为双向链表,通过增加空间的代价来轻松解决此问题。但如继续使用单链表,则必须在单链表中重新查找一次,确定尾随指针的正确位置,以确保正确的删除该结点。具体设计示意图见图 8-12。

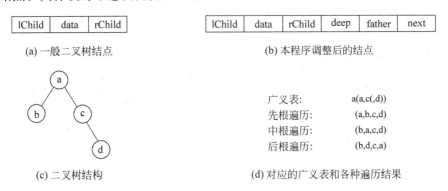

lChild	data	rChild

(a) 一般二叉树结点

lChild	data	rChild	deep	father	next

(b) 本程序调整后的结点

(c) 二叉树结构

广义表: a(a,c(,d))
先根遍历: (a,b,c,d)
中根遍历: (b,a,c,d)
后根遍历: (b,d,c,a)

(d) 对应的广义表和各种遍历结果

图 8-12　范例程序中结点构造示意图

二叉树对应的广义表写法约定:先把根结点写下来,然后用括号,依次书写左儿子和右儿子。如果某个结点下面还有儿子,则以此方式继续书写;如果没有左儿子,则在括号后面先写逗号,然后再写右儿子。

【程序源码 8-1】 二叉树常见操作实现的部分源码。

```cpp
//二叉树常见操作
# include < windows.h >
# include < iostream >
# include < iomanip >
# include < fstream >
using namespace std;
enum returninfo {success, fail, overflow, underflow, nolchild, norchild, nofather, havesonl,
                 havesonr, haveason, havetwosons, range_error, quit
                 };                                  //定义返回信息清单
# define Maxsize 100                                 //定义广义表数组的长度
char defaultbtree1[] = "a(b,c(,d))";                 //默认广义表数据表示的二叉树范例 1
char defaultbtree2[] = "a(b(c(d,e),f(,g)),h(i,j))";  //默认广义表数据表示的二叉树范例 2
class node
{
    friend class btree;                             //二叉树类的友元类
public:
    node(char initdata = '0', int initdeep = 0, node * initl = NULL, node * initr = NULL,
        node * initf = NULL, node * initn = NULL);
    ~node() {};
protected:
    char data;                                      //二叉树结点中的数据,此处定义为字符
    int deep;                                       //设置二叉树结点的深度
    node * lchild;                                  //左儿子
    node * rchild;                                  //右儿子
    node * father;                                  //父亲结点
    node * next;                                    //用单链表处理所有结点时指向下一个结点
};
node::node(char initdata, int initdeep, node * initl, node * initr, node * initf, node * initn)
{
```

```
        data = initdata;
        deep = initdeep;
        lchild = initl;
        rchild = initr;
        father = initf;
        next = initn;
    }
    class stackdata                              //创建一个 stackdata 类,在非递归遍历算
                                                 //法中需要

    {
        friend class btree;
    private:
        node * link;
        int flag;
    public:
        stackdata(){};
        ~stackdata(){};
    };
    class btree                                  //创建一个二叉树类
    {
    private:
        char btreedata[Maxsize];                 //广义表字符数组
        char answer;                             //用于回答菜单选项
        node * root;                             //指向根结点位置的指针
        node * workinp, * linkrear;              //定义一个工作指针,尾部指针
        int btreecount;                          //结点个数计数器
        bool firstbracket;                       //显示广义表时处理第一个括号,为 1 是,
                                                 //变成 0 就不是了
        int countnow;                            //每一次需要使用计数器时临时保存该值
        int leafcount;
        int countall;
        int sondeep;                             //创建儿子结点时保存当前深度
    public:
        btree(node * initrootp);
        btree()
        {
            root = NULL;
            firstbracket = 1;
            countall = 0;                        //递归函数内部统计结点个数
            btreecount = 0;                      //二叉树统计后的结点个数
        };
        ~btree() {};
        void initfirstbracket();                 //把第一个括号标志位恢复成 1
        returninfo createbtree(int choice);
//根据广义表字符串生成二叉树,choice = 1 为默认数据,2 为键盘输入
        returninfo createroot();                 //建立树根函数
        void visit(node * searchp);              //访问当前结点数据域
        void showbtreedata();                    //在主界面中显示当前工作数组
        int rgetcount(node * searchp);           //递归统计二叉树中的结点个数
        int getcount();                          //记录二叉树中的结点个数
```

```
        returninfo changeworkinpp();              //将工作指针指向左儿子、右儿子或者父亲
        returninfo findnode();                     //查找结点
        returninfo addchild();                     //增加左儿子或者右儿子
        returninfo deletenode();                   //删除结点
        returninfo getinformation();               //获取二叉树结点和叶子信息
        returninfo gliststravel(node * searchp);   //以广义表 glists 表示法输出二叉树
        returninfo indenttravel(node * searchp);   //以缩格表示法输出二叉树
        returninfo preorder (node * searchp);      //递归先根遍历
        returninfo inorder (node * searchp);       //递归中根遍历
        returninfo postorder (node * searchp);     //递归后根遍历
        returninfo nrpreorder (node * searchp);    //非递归先根遍历
        returninfo nrinorder (node * searchp);     //非递归中根遍历
        returninfo nrpostorder (node * searchp);   //非递归后根遍历
        returninfo levelorder (node * searchp);    //层次遍历
};
returninfo btree::createbtree(int choice)
//广义表字符串生成链接存储二叉树
{
        bool startbuild;                           //判断是否可以开始建立二叉树
        char charnow;
        node * newnode;
        startbuild = 0;                            //开始默认为不能建立二叉树
        if(root == NULL)
            startbuild = 1;
        else
        {
            cout <<"安全提示: 原二叉树已经建立,操作将会将其中数据全部破坏!"<< endl;
            cout <<"您确认继续进行此操作 (Y|y):";
            cin >> answer;
            if(answer == 'Y'||answer == 'y')
            {
            //此处应该把原二叉树的所有结点空间用后根遍历法或链表遍历法释放空间,暂时没有提供
                startbuild = 1;
            }
            else
            {
                return fail;
            }
        }
        if(startbuild == 1)
        {
            if(choice == 1)
            {
                cout << endl <<"1.范例 1(简单广义表) 2.范例 2(复杂广义表)"<< endl;
                cin >> choice;
                if(choice == 1)
                    strcpy(btreedata,defaultbtree1);
                else if(choice == 2)
                    strcpy(btreedata,defaultbtree2);
                else
```

```
                        return fail;
            }
            else
            {
                cout <<"广义表表示法输入二叉树（注意用英文输入法）: "<< endl;
                cout <<"注意: 首位必须是一个字母!"<< endl;
                cout <<"【范例: a(b(c,d),d(,g)) 】"<< endl;
                cin >> btreedata;                       //字符数组
            }
            root = new node(btreedata[0],1);            //把第一个数据给树根
            workinp = root;                             //建立当前工作指针
            linkrear = root;                            //记录链表尾部,为在后面添加新结点做
                                                        //准备
            for(int i = 1; btreedata[i]!= '\0'; i++)    //从第二个数据起到最后的数据为止,循环
                                                        //处理
            {
                charnow = btreedata[i];
                switch(charnow)
                {
                case '(':
                    if(btreedata[i + 1] == ',')
                    {
                        i = i + 2;                      //连续往后走两步,跳过括号和逗号
                        sondeep = workinp -> deep + 1;  //产生目前结点的深度
                        newnode = new node(btreedata[i], sondeep);
                        newnode -> lchild = NULL;
                        newnode -> rchild = NULL;
                        workinp -> rchild = newnode;    //右儿子
                        newnode -> father = workinp;
                        linkrear -> next = newnode;     //从后面添加
                        linkrear = newnode;             //尾指针后移
                        i++;                            //再走一步,到下一个字符
                    }
                    else
                    {
                        i++;                            //往后走一步,到字符处
                        sondeep = workinp -> deep + 1;  //产生目前结点的深度
                        newnode = new node(btreedata[i], sondeep);
                        newnode -> lchild = NULL;
                        newnode -> rchild = NULL;
                        workinp -> lchild = newnode;    //左儿子
                        newnode -> father = workinp;
                        linkrear -> next = newnode;     //从后面添加
                        linkrear = newnode;             //尾指针后移
                        workinp = workinp -> lchild;    //指针移位
                    }
                    break;
                case ',':
                    i++;                                //往后走一步,到字符处
                    workinp = workinp -> father;        //指针移位
```

```
                sondeep = workinp -> deep + 1;           //产生目前结点的深度
                newnode = new node(btreedata[i], sondeep);
                newnode -> lchild = NULL;
                newnode -> rchild = NULL;
                workinp -> rchild = newnode;             //右儿子
                newnode -> father = workinp;
                linkrear -> next = newnode;              //从后面添加
                linkrear = newnode;                      //尾指针后移
                workinp = workinp -> rchild;             //指针移位
                break;
            case ')':
                workinp = workinp -> father;
                break;
            default:
                return fail;
                break;
            }
            linkrear -> next = NULL;                     //确保单链表最后一个结点的链域为空
        }
    }
    return success;
}
returninfo btree::gliststravel(node * searchp)
//以广义表表示法输出二叉树,递归,类似先根遍历
{
    if(firstbracket == 1)
    {
        searchp = root;
        cout <<"以广义表表示法输出二叉树结果: ";
    }
    if(searchp!= NULL)
    {
        firstbracket = 0;
        cout << searchp -> data;
        if(searchp -> lchild!= NULL || searchp -> rchild!= NULL)
        {
            cout <<"(";
            gliststravel(searchp -> lchild);        //递归处理左子树
            if(searchp -> rchild!= NULL)
                cout <<",";
            gliststravel(searchp -> rchild);        //递归处理右子树
            cout <<")";
        }
    }
    return success;
}
returninfo btree::indenttravel(node * searchp)
//以缩格式形式输出二叉树,递归算法
{
    if(firstbracket == 1)
```

```
    {
        searchp = root;
        cout << endl << endl <<"以缩格式形式输出二叉树结果: "<< endl << endl;


    }
    if(searchp!= NULL)
    {
        {
            firstbracket = 0;
            cout << setw(searchp -> deep * 3)<<" "<< searchp -> deep <<"⊙—>";
                                    //如何能显示左右呢
            visit(searchp);
            if(searchp == workinp)
                cout <<" <== ⊙此结点为当前工作指针位置!";
            cout << endl;
            indenttravel(searchp -> lchild);
            if(searchp -> lchild == NULL)
                cout << setw(searchp -> deep * 3 + 3)<<" "<< searchp -> deep + 1 <<"⊙—>左儿
子空 "<< endl;
            indenttravel(searchp -> rchild);
            if(searchp -> rchild == NULL)
                cout << setw(searchp -> deep * 3 + 3)<<" "<< searchp -> deep + 1 <<"⊙—>右儿
子空 "<< endl;
        }
    }
    return success;
}
```

图 8-13 为二叉树常用功能构建二叉树和显示结点信息图。

图 8-13　二叉树常用功能构建二叉树和显示结点信息图

8.6 二叉树的根序遍历

8.6.1 根序遍历的定义和递归算法实现

在二叉树的众多操作中,遍历是最基础和最重要的操作,因为它是其他操作的基本前提。本节主要讨论遍历的方法和实现。

二叉树的遍历是指按照某种规律访问二叉树中的所有结点,每个结点被访问一次且仅被访问一次。

遍历是二叉树中经常要用到的一种操作,因为在实际应用问题中,常常需要按一定逻辑顺序对二叉树中的每个结点逐个进行访问,查找具有某一特点的结点,然后对这些满足条件的结点进行处理。某个应用的要求就是需要把全部数据处理一遍。通过遍历操作可使二叉树中结点的非线性关系变为线性序列,也就是说遍历操作使非线性结构线性化。

把一棵二叉树理解为一个梯形,由 3 部分构成:圆为二叉树的根,其余左子树和右子树还是一个梯形,它们依然是二叉树,所以整体梯形的遍历方法可以继续用在两个小的梯形上,当然每一个梯形还是递归地遍历下去,直到全部数据都被访问到。因此,只要设法遍历完这 3 部分,就可以遍历整个二叉树。

若以 Data、L、R 分别表示访问根结点、遍历根结点的左子树、遍历根结点的右子树,则二叉树的遍历方式有六种:Data L R、L Data R、L R Data、Data R L、R Data L 和 R L Data。因为左右关系的相对位置对于遍历的原理没有影响,所以通常只讨论前 3 种方式,根据根在其中的访问次序,定义为:Data L R(先根遍历)、L Data R(中根遍历)和 L R Data(后根遍历)(有时分别称为"先序遍历""中序遍历""后序遍历"等)。以下为 3 种递归遍历算法的描述。

① DLR(先根遍历)。若二叉树为空,遍历结束;否则,先访问根结点;然后先根遍历根结点的左子树;再先根遍历根结点的右子树。

② LDR(中根遍历)。若二叉树为空,遍历结束;否则,先进行中根遍历根结点的左子树;再访问根结点;再中根遍历根结点的右子树。

③ LRD(后根遍历)。若二叉树为空,遍历结束;否则,先进行后根遍历根结点的左子树;再后根遍历根结点的右子树;再访问根结点。

在进行遍历时,要注意每一次数据被访问的时候都是因为这个数据是根,如果仅仅是因为左儿子或右儿子就开始访问则遍历的思路已经出错。结点没有某个儿子的情况下将视为该儿子被访问完毕,这也是程序中每一次递归开始回溯的条件。

图 8-14 为二叉树的 3 种根序遍历示意图。

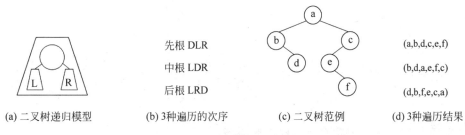

| (a) 二叉树递归模型 | (b) 3种遍历的次序 | (c) 二叉树范例 | (d) 3种遍历结果 |

图 8-14 根序遍历示意图

为了编写更通用的遍历程序,把对结点的访问用 visit 函数单独表示。

下面是二叉树显示结点数据以及先根递归遍历的源码。

先根的函数名约定为:preorder;中根的函数名约定为 inorder;后根的函数名约定为 postorder。其中的语句次序按照上述的原则稍作调整即可。

```cpp
returninfo btree::preorder(node * searchp)              //先根递归遍历
{

    if(firstbracket == 1)                               //处理显示第一个括号
    {
        searchp = root;
        if(searchp == NULL)
            return underflow;
        firstbracket = 0;                               //此后都不是第一个括号了
        countnow = getcount();                          //本函数中使用结点个数
        cout <<"递归先根遍历结果: (";
    }
    if(searchp!= NULL)
    {
        visit(searchp);
        countnow -- ;
        if(countnow!= 0)
            cout <<",";
        else
            cout <<")"<< endl;
        preorder(searchp -> lchild);
        preorder(searchp -> rchild);
    }
    return success;
}
```

由于线性表输出的设计中需要把括号和逗号考虑进去,那么上面的源码略显繁杂,如果不需要考虑括号和逗号的设计细节问题,则可以抽象成下面的版本。

```cpp
returnInfo preorder(node * searchp)                     //先根递归遍历
{
        if(searchp!= NULL)
        {
        visit(searchp);
        preorder(searchp -> lChild);
        preorder(searchp -> rChild);
        }
        return success;
}
```

图 8-15 为二叉树常用功能递归根序遍历图。

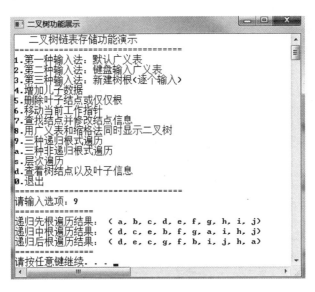

图 8-15 二叉树常用功能递归根序遍历图

8.6.2 根序遍历的非递归算法实现

8.6.1 节中的根序遍历是递归的,故采用递归算法书写也很简洁,但是并非所有程序设计语言都允许递归。递归程序虽然简洁,但执行中需要启用栈管理返回点,需要付出时间代价。下面讨论如何用非递归算法实现根序遍历。

对于二叉树,对其进行先根、中根和后根遍历都是从根结点开始的,且在遍历过程中经过结点的路线是一样的,只是访问结点的时机不同而已。先根遍历是在深入时遇到结点就访问,中根遍历是在从左子树返回时遇到结点访问,后根遍历是在从右子树返回时遇到结点访问。在这一过程中,返回结点的顺序与深入结点的顺序相反,即后深入先返回,这正好符合栈后进先出的特点。因此可用栈来实现这一遍历路线。其过程如下:在沿左子树深入时,深入一个结点入栈一个结点,若为先根遍历,则在入栈之前访问;当沿左分枝深入不下去时,则返回,即从堆栈中弹出前面压入的结点。若为中根遍历,则此时访问该结点,然后从该结点的右子树继续深入。若为后根遍历,则将此结点再次入栈,然后从该结点的右子树继续深入,与前面类同,仍为深入一个结点入栈一个结点,深入不下去再返回,直到第二次从栈里弹出该结点,才访问。

先根遍历的非递归实现。在下面算法中,二叉树以二叉链表存放,一维数组 stack[Maxsize]用以实现栈,变量 top 用来表示当前栈顶的位置。为了把二叉树遍历的结果以线性表的形式表示出来,其中使用了统计二叉树个数的功能,用以实现在最前面和最后面显示左右括号,而在中间的数据之间用逗号分隔。

在遍历输出的过程中,如果需要以线性表的逻辑结构形式显示,即把括号和逗号也显示出来,将会启用一个计数器 btreecount 来管理。

```
returninfo btree::nrpreorder(node * searchp)        //非递归先根遍历
{
    node * stack[Maxsize], * pnow;                   //启用栈,pnow指向二叉树某个结点的地址
```

```
        int top;
        searchp = root;
        if(searchp == NULL)
            return underflow;
        top = 0;                                        //0 号地址启用存入第一个数据
        pnow = searchp;
        cout <<"非递归先根遍历结果: (";
countnow = getcount();
        while(!(pnow == NULL&&top == 0))
        {
            while(pnow!= NULL)
            {
                visit(pnow);
            countnow -- ;
                if(countnow!= 0)
                    cout <<",";
                else
                    cout <<")";
                if(top < Maxsize - 1)                   //简单处理了一下栈的溢出问题
                {
                    stack[top] = pnow;
                    top++;
                }
                else
                {
                    return overflow;
                }
                pnow = pnow -> lchild;
            }
            if(top <= 0) return success;
            else
            {
                top -- ;
                pnow = stack[top];
                pnow = pnow -> rchild;
            }
        }
        cout << endl;
        return success;
    }
```

中根遍历的非递归实现。只需将先根遍历的非递归算法中的 visit(pnow)移到 pnow=stack[top]和 pnow=pnow-> rchild 之间即可。函数名部分相应改为 void btree∷nrinorder(node * searchp)。

后根遍历的非递归实现。必须先把两个儿子都访问完毕,才可以访问"根",为了保留返回地址,所以必然进栈两次。并不是任何结点总有两个儿子,所以无法准确判断当前栈顶是左儿子还是右儿子,解决的方法有两种:①启用两个栈,分别处理。②约定结点要入两次栈,出两次栈,而访问结点是在第二次出栈时访问。因此,为了区别同一个结点指针的两次出栈,设置一标志 flag,令,flag=1 代表第一次出栈,结点不能访问,flag=2 代表第二次出栈,结点可以访问,当结点指针进出栈时,其标志 flag 也同时进出栈。因此,可将栈中元素的数据类型定义为指针 link 和标志 flag 合并。定义如下:

```
class stackdata                    //创建一个 stackdata 类,在非递归遍历算法中需要
{
    friend class btree;
private:
    node * link;
    int flag;
};
```

后根遍历二叉树的非递归算法如下。在算法中,一维数组 stack[MAXNUM]用于实现栈的结构,指针变量 pnow 指向当前要处理的结点,整型变量 top 用来表示当前栈顶的位置,整型变量 sign 为结点 pnow 的标志量。

```
returninfo btree::nrpostorder(node * searchp)  //非递归后根遍历
{
    stackdata stack[Maxsize];                    //此处的栈不是仅仅存指针一个信息,而是多个信息
    node * pnow;
    int top, sign;
    searchp = root;
    if(searchp == NULL)
        return underflow;
    top = -1;
    pnow = searchp;
    cout <<"非递归后根遍历结果:(";
    countnow = getcount();
    while(!(pnow == NULL&&top == -1))
    {
        if(pnow!= NULL)
        {
            if(top < Maxsize-1)
            {
                top++;
                stack[top].link = pnow;
                stack[top].flag = 1;
                pnow = pnow -> lchild;
            }
            else
                return overflow;
        }
        else
        {
            pnow = stack[top].link;
            sign = stack[top].flag;
            top--;
            if(sign == 1)
            {
                top++;
                stack[top].link = pnow;
```

```
            stack[top].flag = 2;
            pnow = pnow -> rchild;
        }
        else
        {
            countnow -- ;
            visit(pnow);
            if(countnow!= 0)
                cout <<",";
            else
                cout <<")";
            pnow = NULL;
        }
    }
}
cout << endl;
return success;
}
```

图 8-16 为二叉树常用功能非递归根序遍历图。

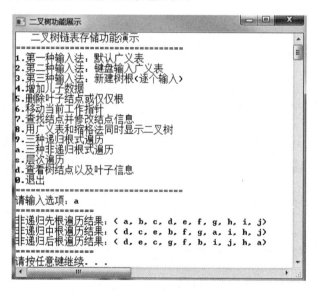

图 8-16　二叉树常用功能非递归根序遍历图

8.7　二叉树的层次遍历

二叉树的层次遍历是指从二叉树的第一层(根结点)开始,从上至下逐层遍历,在同一层中,则按从左到右的顺序对结点逐个访问。

图 8-17 为层次遍历的示意图,可以看到遍历过程不是递归的。理解这个算法比根序简单,但是在算法设计上有一定的难度,如从结点 c 到结点 d 之间如何到达,随着层次的增加,这种问题是无法用一般程序设计技巧解决的。

直觉上很难发现其运行的逻辑关系或运行规律,但是计算机科学家们通过启用数据结

构队列给出了一个简洁解决方案。算法为从根开始,不直接访问,而是首先进入队列,之后
循环判断。当队列不为空时,把队头出队,同时访问,另
外把它存在的左儿子和右儿子依次进队,直到最后队列
为空。

在下面的层次遍历算法中,二叉树以二叉链表存放,
一维数组 queue[Maxsize]用以实现队列,变量 front 和
rear 分别表示当前队首元素和队尾元素在数组中的
位置。

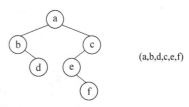

(a,b,d,c,e,f)

图 8-17　层次遍历示意图

```
returninfo btree::levelorder(node * searchp)          //层次遍历
{
node * queue[Maxsize];                                 //本队列操作没有考虑假溢出问题
int front,rear;                                        //队头和队尾
    searchp = root;                                    //处理空二叉树
    if(searchp == NULL)
        return underflow;
countnow = getcount();                                 //本函数中使用结点个数
front = - 1;                                            //队列指针初始化
    rear = 0;
    queue[rear] = searchp;                             //把根结点入队
cout <<"层次遍历结果: (";
    while(front!= rear)
    {
        front++;
        visit(queue[front]);                           //访问队首元素的数据
        countnow -- ;                                  //本次处理减少一个已经被访问的数据
        if(countnow!= 0)                               //数据没有完输出逗号
            cout <<",";
        else
            cout <<")";                                //数据结束时输出右括号
        if(queue[front] - > lchild!= NULL)             //将队头数据的左儿子入队
        {
            rear++;
            queue[rear] = queue[front] - > lchild;
        }
        if(queue[front] - > rchild!= NULL)             //将队头数据的右儿子入队
        {
            rear++;
            queue[rear] = queue[front] - > rchild;
        }
    }
    cout << endl;
    return success;
}
```

图 8-18 为二叉树常用功能层次遍历图。

图 8-18　二叉树常用功能层次遍历图

8.8　线索二叉树

8.8.1　线索二叉树的定义、逻辑结构及存储结构

一个具有 n 个结点的二叉树若采用二叉链表存储结构，在 $2×n$ 个指针域中只有 $n-1$ 个指针域是用来存储结点儿子的地址，而另外 $n+1$ 个指针域存放的都是空指针。一般情况下二叉树的所有叶子结点的两个儿子链域都是空指针，其他的结点如果只有一个儿子的也会有一个儿子链域是空指针，那么能不能利用这些空指针增加一些其他信息呢？答案是肯定的。本节讨论利用空的链域记录该二叉树的某种遍历次序下的部分信息。

通过某种遍历可以把二叉树中所有非线性关系的结点排列为一个线性表。对于这个线性表，希望能在原来的二叉树中利用空指针记录一些信息，下次遍历时就可以更快地达到某个结点。对于这些空指针的利用，称为"线索"（thread），它们用来保留结点在某种遍历序列中直接前趋和直接后继的位置信息，而加了线索的二叉树称为线索二叉树。

建立二叉树时并不能同时建立线索，只能在对二叉树遍历的动态过程中得到这些信息。由于序列可由不同的遍历方法得到，因此线索树有先根线索二叉树、中根线索二叉树和后根线索二叉树 3 种。把二叉树改造成线索二叉树的过程称为线索化。

线性关系中分别用左右关系代表直接前趋和直接后继，所以用空的左儿子链域来记录直接前趋，用空的右儿子链域来记录直接后继。如果原来的儿子指针不为空，则不能使用，图 8-19 中使用虚线来表示线索，那么在编程时如何区分哪个地址是儿子结点地址，哪个地址是线索信息呢？为了区分两个标志位，通过 0 和 1 的区别就知道是儿子还是线索，这样结点就演变为五个域（另外一个思路是不改变结点结构，仅在作为线索的地址前加负号，即负地址表示线索，正地址表示儿子指针）。这样的数据结构改造也是通过增加空间的代价来换取提高速度的范例。

线索二叉树的二叉链表的结点对象表示可描述为：

```
class threadnode
{
        char data;
        int ltag,rtag;
        threadnode * lchild, * rchild;
};
```

图 8-19 为中序遍历线索二叉树的示意图。左边给出了结点构造,共有 5 个域,分别为左链域、左标志位、数据域、右标志位、右链域,并且给出了右边图中字符 c 的实际存储效果。实际儿子采用实线标志,线索采用虚线标注。其中:

ltag＝0 代表指针指向左儿子结点,ltag＝1 代表指针指向其前趋结点;

rtag＝0 代表指针指向右儿子结点,rtag＝1 代表指针指向其后继结点。

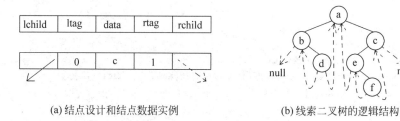

(a) 结点设计和结点数据实例   (b) 线索二叉树的逻辑结构

图 8-19　中序遍历线索二叉树的示意图

8.8.2　线索二叉树的算法设计

下面以中根线索二叉树为例,讨论线索二叉树的建立、线索二叉树的遍历。

由于 8.8.1 节中二叉树的构建使用了广义表和逐个符号输入法,本节采用二叉树先序遍历后的一种字符串格式,约定儿子为空的情况用♯表示,则图 8-14 涉及的结点按照先根遍历的思路提供的字符串如下:

```
char defaultbtree[] = "ab♯d♯♯ce♯f♯♯♯"
```

首先把字符串依然按照先根遍历的递归算法构建二叉树,然后开始线索化。

对二叉树线索化实质上就是遍历一棵二叉树的同时增加线索信息。在遍历过程中,访问结点的操作是检查当前结点的左、右指针域是否为空,如果为空,则将它们改为指向前趋结点或后继结点的线索。

此处为中根线索化,故对先根遍历建立的二叉树进行中根遍历同时增加线索即可。

为了体现线索二叉树的优点,同时提高了根序的 3 种遍历。可以通过对比上面讨论过的 3 种递归遍历和 3 种非递归遍历看到,这里的 3 种遍历都没有用到递归或数据结构栈。尤其是中根遍历,演变成一段相当简洁的程序代码。

为了提高程序的健壮性,建议增设一个头结点,数据域不存放信息,其左指针域指向二叉树的根结点,右指针域指向自己。原二叉树在某种次序遍历下的第一个结点的直接前趋线索和最后一个结点的直接后继线索都指向该头结点。读者可以自行增加。

【程序源码 8-2】 中根线索二叉树的建立和遍历源程序。

```cpp
//线索二叉树的功能展示
#include<windows.h>
#include<iostream>
#include<iomanip>
#include<sstream>                                   //提供 stringstream 的功能
using namespace std;
enum returninfo {success,fail,overflow,underflow,nolchild,norchild,nofather,havesonl,
                havesonr,haveason,havetwosons,range_error,quit
                };                                  //定义返回信息清单
#define Maxsize 100                                 //定义的长度
char defaultbtree[] = "ab#d##ce#f###";              //默认先根遍历的输入数据
bool startbuild;                                    //标记是否是新建二叉树,为 0 时是
                                                    //新建,为 1 则已经建立

class threadnode
{
public:
    char data;
    int ltag,rtag;
    threadnode * lchild, * rchild;
    threadnode(const char item):data(item),lchild(NULL),rchild(NULL),
        ltag(0),rtag(0) {}
};
class threadtree
{
private:
    char btreedata[Maxsize];
    //存储先根遍历下约定的字符串形式用于构建二叉树
    char answer;
    stringstream buff;                              //用于输入字符串
protected:
    threadnode * root;
    void creatbtree(threadnode * &nodenow);         //递归建立二叉树
    void buildinorderthread(threadnode * current,threadnode * &pre);
                                                    //建立中根线索
    threadnode * parent(threadnode * nodenow);      //查找父亲结点
public:
    threadtree() {};
    ~threadtree() {};
    returninfo inputbtree(int choice);              //输入数据:两种;1:默认 2:键盘
                                                    //输入
    void showbtreedata();                           //在主界面中显示当前工作数组
    threadnode * first(threadnode * current);       //找中根序列下的第一个
    threadnode * last(threadnode * current);        //找中根序列下的最后一个
    threadnode * prior(threadnode * current);       //找中根序列下的上一个
    threadnode * next(threadnode * current);        //找中根序列下的下一个
    returninfo buildinorderthread();                //构建中根线索二叉树的入口
    void preorder(void ( * visit)(threadnode * searchp)); //线索二叉树下的先根遍历
    void inorder (void ( * visit)(threadnode * searchp)); //线索二叉树下的中根遍历
    void postorder(void ( * visit)(threadnode * searchp)); //线索二叉树下的后根遍历
```

```
};
//通过中根递归遍历,对二叉树进行线索化
void threadtree::buildinorderthread(threadnode * current,threadnode * &pre)
{
    if(current == NULL) return;
    buildinorderthread(current -> lchild,pre);            //递归访问左子树
    if(current -> lchild == NULL)                         //没有左儿子则开始做左线索
    {
        current -> lchild = pre;
        current -> ltag = 1;
    }
    if(pre!= NULL && pre -> rchild == NULL)               //没有右儿子则开始做右线索
    {
        pre -> rchild = current;
        pre -> rtag = 1;
    }
    pre = current;
    buildinorderthread(current -> rchild,pre);            //递归访问右子树
}
//在中根线索二叉树上实现先根遍历
void threadtree::preorder(void( * visit)(threadnode * searchp))
{
    threadnode * searchp = root;
    while(searchp!= NULL)
    {
        visit(searchp);                                   //访问根结点
        if(searchp -> ltag == 0)                          //有左子女,即为后继
            searchp = searchp -> lchild;
        else if(searchp -> rtag == 0)                     //有右子女,即为后继
            searchp = searchp -> rchild;
        else
        {
            while (searchp!= NULL && searchp -> rtag == 1) //沿后继线索检测
                searchp = searchp -> rchild;               //直到有右子女的结点
            if (searchp!= NULL)                            //此时必有 rtag = 0
                searchp = searchp -> rchild;               //右子女即为后继
        }
    }
}
//在中根线索二叉树上实现中根遍历
void threadtree::inorder(void( * visit)(threadnode * searchp))
{
    threadnode * searchp;
    for(searchp = first(root); searchp != NULL; searchp = next(searchp))
        visit(searchp);                                   //由于线索树为中根,所以中根遍
                                                          //历就很简单
}
//在中根线索二叉树上实现后根遍历法
void threadtree::postorder(void( * visit)(threadnode * searchp))
{
    threadnode * workingp, * searchp;
```

```
    workingp = root;                                    //使用工作指针workingp,从根结点
                                                        //开始
    while(workingp -> ltag == 0 || workingp -> rtag == 0)  //有左右儿子时,往儿子结点上移动
    {
        if(workingp -> ltag == 0)
            workingp = workingp -> lchild;
        else
        if(workingp -> rtag == 0)
            workingp = workingp -> rchild;
    }
    visit(workingp);                                    //访问当前工作指针所指结点
    while((searchp = parent(workingp)) != NULL)         //使用搜索指针searchp,每次从工
                                                        //作指针父结点开始
    {
        if(searchp -> rchild == workingp || searchp -> rtag == 1)
            workingp = searchp;
        else
        {
            workingp = searchp -> rchild;
            while(workingp -> ltag == 0 || workingp -> rtag == 0)
            {
                if(workingp -> ltag == 0) workingp = workingp -> lchild;
                else if(workingp -> rtag == 0) workingp = workingp -> rchild;
            }
        }
        visit(workingp);                                //访问当前工作指针所指结点
    }
}
```

关于线索树的其他程序设计,可以参照以上的讨论进行。

图 8-20 为线索二叉树常用功能图。

图 8-20　线索二叉树常用功能图

8.9　最优二叉树

本节把二叉树作为解决实际问题的工具,通过案例进一步了解二叉树的作用。

最优二叉树(哈夫曼树)给定一组权值,把它们作为一个二叉树的叶子结点,可以构造出

无数个不同的带权二叉树。在前面介绍过路径和结点的路径长度的概念,而二叉树的路径长度则是指由根结点到所有叶结点的路径长度之和。如果二叉树中的叶结点都具有一定的权值,则可将这一概念加以推广。

设二叉树具有 n 个带权值的叶结点,那么从根结点到各个叶结点的路径长度与相应结点权值的乘积之和叫做二叉树的带权路径长度,记为:

$$WPL = \sum_{k=1}^{n} W_k * L_k$$

其中,W_k 为第 k 个叶结点的权值;L_k 为第 k 个叶结点的路径长度。

例如,给出 4 个叶结点,设其权值分别为 1,3,5,7,下面可以给出形状不同的多个二叉树。这些形状不同的二叉树的带权路径长度显然各不相同,而哪一棵是最小带权路径长度的二叉树呢?

图 8-21 为多种带权二叉树的范例。通过第 4 棵二叉树能想到,可以画出无数个以 1、3、5、7 为叶子结点的二叉树,以下为分别计算出的带权路径长度值。

(1) WPL＝1×2＋3×2＋5×2＋7×2＝32

(2) WPL＝1×3＋3×3＋5×2＋7×1＝29

(3) WPL＝1×2＋3×3＋5×3＋7×1＝33

(4) WPL＝1×3＋3×1＋5×3＋7×3＝42

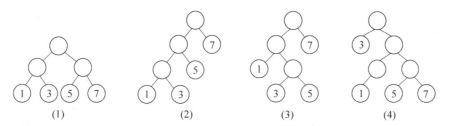

图 8-21 以 1、3、5、7 为叶子结点的二叉树 4 种范例

最优二叉树,又称哈夫曼(Haffman)树,是指一组带有确定权值的叶结点,构造出具有最小带权路径长度的二叉树。

程序设计中通常使用穷举法来搜索正确结果,此处就是把所有符合条件的二叉树全部求出来,然后求出所有的带权路径长度,再求出其最小值,其对应的二叉树就是那棵二叉树。但是这样显然不可行,除了要付出巨大的时间、空间代价,这种二叉树的个数也无限多,而其权位置的排列不同又会产生大量不同的带权路径长度。

此处只能使用构造法,就是设法构造一棵二叉树,使得它的带权路径长度达到最小,这样也就达到了求最小带权路径长度的目标。

根据哈夫曼树的定义,一棵二叉树要使其 WPL 值最小,必须使权值越大的叶结点越靠近根结点,而权值越小的叶结点越远离根结点。

哈夫曼(Haffman)依据这一特点提出了一种算法,这种方法的基本思想是:

(1) 由给定的 n 个权值 $\{W_1, W_2, \cdots, W_n\}$ 构造 n 棵只有一个叶结点的二叉树,从而得到一个二叉树的集合 $F = \{T_1, T_2, \cdots, T_n\}$。

(2) 对 F 进行排序,从小到大排列。

（3）选取 F 中当前第一棵和第二棵二叉树（即最小值和次小值），并且从 F 中删除，分别作为左、右子树构造一棵新的二叉树，根结点的权值是它们的权值之和，然后把这个新值作为新的二叉树插入到 F 的正确位置上，即保持从小到大排列。

（4）重复（3），当 F 中只剩下一棵二叉树时，这棵二叉树便是所要建立的哈夫曼树。

图 8-22 给出了前面提到的叶结点权值集合为 W＝{1,3,5,7} 的哈夫曼树的构造过程。可以计算出其带权路径长度为 29。通过对比，上述二叉树中也有一个带权路径长度为 29 的，但是那个是偶然产生的，这是通过规律产生的。

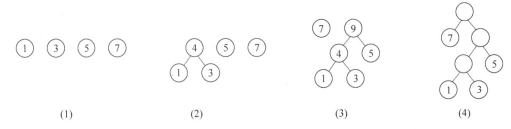

图 8-22　哈夫曼树的建立过程示意图

对于同一组给定叶结点所构造的哈夫曼树，由于左右儿子的位置可能不同，最后二叉树的形状可能不同，但带权路径长度值是相同的，一定是最小的。

$$WPL = 7 \times 1 + 1 \times 3 + 3 \times 3 + 5 \times 2 = 29$$

在构造哈夫曼树时，可以设置一个数组 HuffNode 保存哈夫曼树中各结点的信息，根据二叉树的性质可知，具有 n 个叶子结点的哈夫曼树共有 $2 \times n - 1$ 个结点，所以数组 HuffNode 的大小设置为 $2 \times n - 1$，其中，weight 域保存结点的权值，Lchild 和 Rchild 域分别保存该结点的左、右儿子结点在数组 HuffNode 中的序号，从而建立起结点之间的关系。为了判定一个结点是否已加入到要建立的哈夫曼树中，可通过 father 域的值来确定。初始时 father 的值为 -1，当结点加入到树中时，该结点 father 的值为其父亲结点在数组 HuffNode 中的序号，不再是 -1。

构造哈夫曼树时，首先将由 n 个字符形成的 n 个叶结点存放到数组 HuffNode 的前 n 个分量中，然后根据前面介绍的哈夫曼方法，不断将两个小子树合并为一个较大的子树，每次构成的新子树的根结点顺序放到 HuffNode 数组中的前 n 个分量的后面。

下面讨论最优二叉树在判定问题中的应用。在多分支程序设计中，通常使用扫描法，比如要把一批学生的百分制考试分数转换成五级分制。一般情况下此程序的设计从 0 分到 60，再到 70、80、90，最后到 100，以下的条件语句就是主要思路。如：

```
if (mark < 60) grade = "不及格";
   else if (mark < 70) grade = "及格"
      else if (mark < 80) grade = "中"
          else if (mark < 90) grade = "良"
              else grade = "优";
```

这个判定过程没有考虑考试分数的概率分布，实际上正常情况应该是以 75～85 为中轴的（近似）正态分布，所以大量的数据"堆积"在 76～85，为了提高程序的时间效率，就应该考虑这个因素。比如某批分数的分布规律如表所示。

分数	0~59	60~69	70~79	80~89	90~100
概率	0.05	0.15	0.40	0.30	0.10

则80%以上的数据需进行3次或3次以上的比较才能得出结果。下面把它们的概率为权构造一棵有5个叶子结点的哈夫曼树,则可得到新的的判定过程,它可使大部分的数据经过较少的比较次数得出结果。在数据量较大时,这种优化后的模型就是最优模型。

图8-23为两种模型的对比,可以看出经过理论优化后的流程从形式上看有些难以理解,但是时间效率却可以大大提高。这就是理论知识和数学抽象有时比人类直觉思维更好的情况。

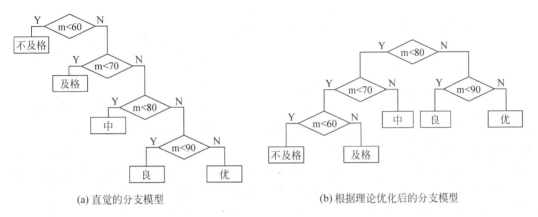

(a) 直觉的分支模型　　　　　　　　　　　　　(b) 根据理论优化后的分支模型

图 8-23　哈夫曼树在判定问题中的应用示意图

下面讨论最优二叉树在编码问题中的应用。在早期的电报传输中,有一种电报码,按照4个数字对应一个汉字的关系进行转换。由于是"等长编码"的定长结构,所以可以连续拍发,对方接到后也是按照每四位进行译码,就可以正常使用,但是这种编码方式没有考虑文字使用频率。如果把文字使用频率作为一个因素,把常用汉字进行更短的编码,而不大常用的即使使用更长的码也容许,只要能保证提高了传输中的整体时间效率即可,这就是所谓的"不等长编码"。但是码长不相等带来了新的问题,那就是如何正确切分。如果每个字符之间增加一个特别的符号以示区别,看起来好像解决了这个问题,但实际还是付出了很大的传输时间成本,如10 000个字符就要增加约10 000个切分符。

问题的关键是能否找到一种方案,使得码长不相等的情况下并不需要切分符,这是一件并不容易做到的事情。如果由人来设计,首先是如何解决冲突的问题:如A为001,B为0,C为1,D为01。在译码0001的时候,就可能是BA、BBBC、BBD等多种结果,这显然是不可行的,即使凭着直觉设计了一套没有歧义的方案,但面对几千个汉字的编码设计,如何设计以确保不会出现歧义编码体系呢?可以想象其工作量之大,以及其结果并不一定更优化,所以必须推出一种算法,由计算机自动生成所有编码,的确是不等长和不需要附加切分符的。这种优化的编码方式可以由最优二叉树来解决,通过这个案例可以体会到数据结构的作用。

在数据通信中,需要将传送的文字转换成由二进制字符0、1组成的二进制串,称为编码。下面是用最优二叉树来构造使电文的编码总长最短的编码方案。

具体做法如下:设需要编码的字符集合为$\{d_1,d_2,\cdots,d_n\}$,它们在电文中出现的次数或频率集合为$\{w_1,w_2,\cdots,w_n\}$,以$d_1,d_2,\cdots,d_n$作为叶结点,$w_1,w_2,\cdots,w_n$作为它们的权值,构造一棵哈夫曼树,规定哈夫曼树中的左分枝代表0,右分枝代表1,则从根结点到每个叶结点所经过的路径分枝组成的0和1的序列便为该结点对应字符的编码,称为哈夫曼编码。

在哈夫曼编码树中,树的带权路径长度的含义是,各个字符的码长与其出现次数的乘积之和,也就是电文的代码总长,故采用哈夫曼树构造的编码是一种能使电文编码总长达到最短的不等长编码体系。

在建立不等长编码时,必须使任何一个字符的编码都不是另一个字符编码的前缀,这样才能保证译码的唯一性。在这种方案中,每一个编码都是一条从根到某个叶子结点的路径,绝对不会出现前缀的相同,从而保证了译码的非歧义性。

下面讨论实现哈夫曼编码的算法。实现哈夫曼编码的算法可分为两大部分:

(1) 构造哈夫曼树;

(2) 在哈夫曼树上求叶结点的编码。

求哈夫曼编码,实质上就是在已建立的哈夫曼树中,从叶结点开始,沿结点的父亲链域回退到根结点,每回退一步,就走过了哈夫曼树的一个分枝,从而得到一个哈夫曼码值,由于一个字符的哈夫曼编码是从根结点到相应叶结点所经过的路径上各分枝所组成的0,1序列,因此先得到的分枝代码为所求编码的低位码,后得到的分枝代码为所求编码的高位码。

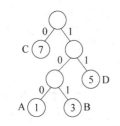

图8-24 生成哈夫曼编码的二叉树示意图

可以设置一结构数组HuffCode用来存放各字符的哈夫曼编码信息,数组元素的结构如下:

bit	start

约定分量bit为一维数组,用来保存字符的哈夫曼编码,start表示该编码在数组bit中的开始位置。所以,第i个字符的哈夫曼编码存放在HuffCode[i].bit中的从HuffCode[i].start到n的分量上。

图8-24为一套哈夫曼编码的效果示意图,假设上面的4个数字为4个字母的权值,代表它们的使用频率,在其最优二叉树的所有边旁写出相应的0和1,按照规则写出的编码为:A:100 B:101 C:0 D:11。

下面是一个译码的范例:10000111011100001010000011,翻译后唯一结果是:ACCDBDCCCCBCCCCCD。

【程序源码8-3】 最优二叉树求哈夫曼编码的源码如下:

```cpp
# include "iostream.h"
# include "stdlib.h"
# include "windows.h"
# include "time.h"
const int MaxValue = 10000;
const int MaxBit = 26;
const int MaxN = 26;
class HaffNode
{
public:
```

```
        int weight;
        int flag;
        int parent;
        int leftChild;
        int rightChild;
};
class Code
{
public:
        int bit[MaxN];
        int start;
        int weight;
};
class Haffmanuse
{
public:
        void Haffman(int weight[], int n, HaffNode haffTree[]);
        void HaffmanCode(HaffNode haffTree[], int n, Code haffCode[]);
        void Showface();
        void Datadeal();
private:
        int size;
        int * data;
};
void Haffmanuse::Haffman(int weight[], int n, HaffNode haffTree[])
{
        int j, mapos1, mapos2, pos1, pos2;
        //j 为内部循环变量, pos1 和 pos2 控制下标
        for(int i = 0; i < 2 * n; i++)
        {
                if(i < n)
                        haffTree[i].weight = weight[i];
                else
                        haffTree[i].weight = 0;
                haffTree[i].parent = 0;
                haffTree[i].flag = 0;
                haffTree[i].leftChild = - 1;
                haffTree[i].rightChild = - 1;
        }
        for(i = 0; i < n; i++)
        {
                mapos1 = mapos2 = MaxValue;
                pos1 = pos2 = 0;
                for(j = 0; j < n + i; j++)
                {
                        if(haffTree[j].weight < mapos1 && haffTree[j].flag == 0)
                        {
                                mapos2 = mapos1;
```

```
                pos2 = pos1;
                mapos1 = haffTree[j].weight;
                pos1 = j;
            }
            else if(haffTree[j].weight < mapos2 && haffTree[j].flag == 0)
            {
                mapos2 = haffTree[j].weight;
                pos2 = j;
            }
        }
        if(n + i == 2 * n - 1) break;
        haffTree[pos1].parent = n + i;
        haffTree[pos2].parent = n + i;
        haffTree[pos1].flag = 1;
        haffTree[pos2].flag = 1;
        haffTree[n + i].weight = haffTree[pos1].weight + haffTree[pos2].weight;
        haffTree[n + i].leftChild = pos1;
        haffTree[n + i].rightChild = pos2;
    }
}
void Haffmanuse::HaffmanCode(HaffNode haffTree[], int n, Code haffCode[])
{
    Code * mycode = new Code;
    int child, parent;
    for(int i = 0; i < n; i++)
    {
        mycode -> start = n - 1;
        mycode -> weight = haffTree[i].weight;
        child = i;
        parent = haffTree[child].parent;
        while(parent != 0)
        {
            if(haffTree[parent].leftChild == child)
                mycode -> bit[mycode -> start] = 0;
            else
                mycode -> bit[mycode -> start] = 1;
            mycode -> start -- ;
            child = parent;
            parent = haffTree[child].parent;
        }
        for(int j = mycode -> start + 1; j < n; j++)
            haffCode[i].bit[j] = mycode -> bit[j];
        haffCode[i].start = mycode -> start;
        haffCode[i].weight = mycode -> weight;
    }
    delete [] mycode;
}
```

图 8-25 为最优二叉树求哈夫曼编码图。

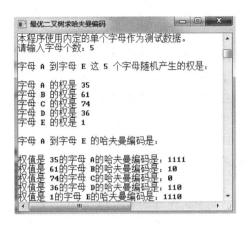

图 8-25 最优二叉树求哈夫曼编码图

8.10 树、森林和二叉树的关系

现实中的数据模型多为树或森林结构,讨论了二叉树后,下面讨论相互转换的规则。

先采用图示法讨论树如何转换成二叉树,然后再讨论在计算机存储中如何实现。

图示中转换规则如下:

(1)改链。把所有的兄弟关系之间进行连线,同时把除了第一个儿子外的其他所有父子线都删除。

(2)拉直。以根为基准不动,拉动最右边的某个结点使得所有的斜线都变成垂直。

(3)旋转。以根为基准不动,拉动最右边的某个结点使得所有的结点一起向顺时针方向旋转 45°。此时所有的儿子关系都有左右关系了,并且最大的儿子个数只有 2 了。

图 8-26 展示了一棵树变换成二叉树的过程。

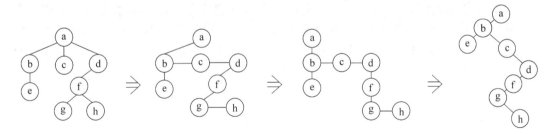

图 8-26 树转换成二叉树的示意图

在构造过程中需要注意以下几点:

(1)不论原来只有一个儿子的情况画的时候有没有偏离直线,转换后只能是左儿子。

(2)如果原来的树中有一个结点有两个儿子,并且画的也是有左右之分,但是必须按照这里的转换规则进行,因为树就是树,其中的局部也不是二叉树。

下面讨论在计算机存储中如何实现这种转换。

实际存储中将采用链表结构做成的儿子兄弟挂链法,即作为父亲的左链域挂第一个儿子,而所有右链域挂上依次兄弟关系的结点。

从树转换成的二叉树根结点是不会有右儿子的。如果一棵二叉树的根结点本身有右儿子，又代表什么情况呢？

实际上这就是森林结构，因为森林由多棵树组成，下面给出其转换规则。

第一种思路是先把其中的每一棵二叉树按照上面的规则进行转换，之后按照下面的规则连接在一起，利用每一棵二叉树根没有右儿子的特点，把每一棵新的树转换后的二叉树依次挂在上一棵二叉树的右儿子位置上。

第二种思路是启用树和森林的辩证关系，增加一个虚拟结点作为所有树的根的父亲结点，此时就变成了一棵二叉树，再根据上述规则转换，转换后由于虚拟结点并不存在，所以再把它删除即可。

这两种思路结果是一样的，根据这样的转换规则，在二叉树中很容易求出原来对应的森林中树的个数，那就是从根一直往右儿子走下去，同时启用计数器，就可以统计出原来树的个数。

把二叉树转换成树或者森林的方法就是上面讨论的逆过程，如：先逆时针方向旋转45°，再向左边推压，把边的形状变成相对某个结点左右对称的位置，再改链，把所有的横边全部删除，同时回挂在上面的一个结点上，作为它的儿子。如果原来二叉树的根有右儿子，则依次把每一个都分开，则可以变成森林。

根据以上讨论可知，树、森林和二叉树之间存在唯一的互相转换规则，利用删除根结点和增加一个根结点，可以把森林和树进行转换。推出二叉树则是为了解决树或森林的存储困难，但是在实际编程中，如果二叉树的层数过深而严重影响时间效率的话，还会采用更多儿子的树形结构。

8.11　本 章 总 结

本章介绍了数据结构树、森林和二叉树，而二叉树主要是为了解决树和森林在存储中遇到的困难。它的特点是一个结点最多只有两个儿子，而且有左右之分，这样的数据结构在存储和算法实现中有很多的方便性。在讨论了它的存储结构和基本算法之后，给出了多个程序源码，讨论了树、森林和二叉树互相转换的方法。最后的表达式计算程序设计充分利用了二叉树的知识。

习　　题

一、原理讨论题

1. 为什么会有二叉树这种逻辑结构？

2. 二叉树和树有什么区别？

3. 二叉树存储时主要有哪几种方法？

4. 如果 5 个结点全部依次为右儿子（即单枝二叉树），使用顺序存储的思路需要多少个数组空间？

5. 树、森林和二叉树之间有唯一的转换规则吗？如何转换？

6. 如果已知根序遍历中的两种，是否可以恢复原来的二叉树？给出一批数据进行研究。

二、理论基本题

1. 画出 5 种基本的二叉树形态。

2. 写出以下概念的定义：二叉树、满二叉树、完全二叉树。

3. 写出二叉树中的数学性质。

4. 写出二叉树主要的操作清单。

5. 给出几个数据，画出二叉树顺序存储结构的示意图。

6. 给出几个数据，画出二叉树链接存储结构的示意图。

7. 自己画出一个二叉树（至少有四层），给出先根、中根、后根遍历的结果。

8. 自己画出一个二叉树（至少有四层），给出层次遍历的结果，并写出程序设计中使用的主要数据结构。

9. 把表达式 $8×(5-3)+6/3-7$ 画成二叉树，再写出 3 种根序遍历的结果。

10. 把上题的结果画出 3 种根序遍历的线索树。

11. 给出 $3,5,6,8$ 作为权值，画出最优二叉树，计算出 WPL 值。

12. 读者自己给出 7 个字母，写出这些字符的使用频率，并构造其哈夫曼编码。

13. 画出一棵树，把它转换成二叉树。

14. 画出森林，把它转换成二叉树。

15. 画出一棵二叉树，把它转换成树或森林。

三、编程基本题

1. 实现输入二叉树结点信息，在屏幕上输出二叉树的所有结点信息。

2. 实现统计二叉树的结点个数。

3. 实现求二叉树的深度的程序。

4. 实现求二叉树中各结点所在层次的程序。

5. 实现先根、中根、后根遍历的递归算法。

6. 实现先根、中根、后根遍历的非递归算法。

7. 实现层次遍历的算法。

8. 完全二叉树用顺序存储法，实现后根遍历。

9. 实现哈夫曼树的构成。

10. 使用计算机自动产生一万个数据，按照哈夫曼算法对分数分类转换的思路进行编程，并和传统的编程思想实现的程序进行时间效率对比。

11. 实现哈夫曼编码的构成。

四、编程提高题

1. 编程实现把二叉树中所有左右儿子交换的程序。

2. 在二叉树中查找到某个结点，把其所有祖先都显示出来。

3. 给出中根遍历的结果和后根遍历的结果，编程恢复原来的二叉树。

4. 实现复制一个二叉树的程序。

5. 实现比较两个二叉树是否完全一致。

五、思考题

1. 二叉树的存储可以把链表的思想转换成结构体数组来实现。三列的含义分别为

lchild,data,rchild。lchild 和 rchild 存储 data 的左右儿子在数组中的下标地址,之后可以写出相应的主要程序设计。

2. 不用栈的二叉树遍历的非递归方法。上面介绍了二叉树的遍历算法,主要分为两类:一类是利用二叉树结构的递归性,采用递归算法;另一类则是通过堆栈或队列来辅助实现。采用这两类方法对二叉树进行遍历时,递归调用和栈的使用都会带来额外的空间增加。递归调用的深度和栈的大小是动态变化的,与二叉树的高度有关。因此,在最坏的情况下,即二叉树退化为单枝树的情况下,递归的深度或栈所需的空间等于二叉树中的结点数。下面推出一种新的思路,不用栈也不用递归来实现。常用的不用栈的二叉树遍历的非递归方法有以下 3 种:

(1) 对二叉树采用三叉链表存放,即在二叉树的每个结点中增加一个父亲域 father,在遍历深入到底时,可沿着走过的路径回退到任何一棵子树的根结点,并再向另一方向走。这一方法的实现是在每个结点原来的存储结构上又增加一个父亲域,故其存储开销继续增加。

(2) 采用逆转链的方法,即在遍历深入时,每深入一层,就将其再深入的儿子结点的地址取出,并将其父亲结点的地址存入,当深入不下去需返回时,可逐级取出父亲结点的地址,沿原路返回。虽然此种方法是在二叉链表上实现的,没有增加过多的存储空间,但在执行遍历过程中改变子女指针的值,这即是以时间换取空间,同时当有几个用户同时使用这个算法时将会发生问题。

(3) 在线索二叉树上的遍历,即利用具有 n 个结点的二叉树中的叶子结点和 1 度结点的 n+1 个空指针域,来存放线索,然后在具有线索的二叉树上遍历时,就可不需要栈,也不需要递归了。

第9章　图的构造与应用

本章介绍非线性数据结构——图，以及它的存储结构实现。图可以表示现实生活中任何复杂的关系模型，本章介绍了图的遍历操作以及其他主要操作的程序实现，并给出了图的多个应用案例。最小代价生成树和最短路径问题是无向图的主要应用，而拓扑排序的生成是有向图的主要应用。

9.1　引　　言

本章将介绍数据结构"图"。它是最复杂的非线性结构，其特点是任何结点之间都可以有关系，它的关系表达能力涵盖现实生活中任何复杂的关系结构，如从《中国交通图》一书中可以看到中国的铁路、公路和航空线路图，这些图都是"图"关系最好的范例。

计算机界有一句名言：千言万语不如一张图。图结构是比树形结构更复杂的非线性结构。由于图结构被用于描述各种复杂的数据对象，在自然科学、社会科学和人文科学等领域也有着非常广泛的应用，所以有必要深入了解图的性质、存储结构和基本操作的编程实现。

用计算机处理图形有两个层次。第一个层次仅仅是图片，就是为了看上去更接近真实情况，如照片、图画等，从数据结构的角度观察就是二维数组的具体应用；第二个层次是保持形象化的同时进行更深入的数据处理，如一张地图上要求查询某两个城市之间的所有通路或火车票价格等信息，一个城市地图中查询某两处直接距离和公路距离，查询某地附近最近的加油站等，此时必然涉及更复杂的数据结构。也就是说，从屏幕上可以看到各种非常人性化的图片或图形显示，但是在底层实际上是多种数据结构的体现。

在图结构中，任意两个结点之间都可能有关系，这使得在存储和编程时会遇到很多新的困难。任何复杂的关系都可以通过计算机表示出来。

9.2　图的逻辑结构

图（Graph）是由非空的顶点集合和用于描述顶点之间关系的边（或弧）的集合组成，其形式化定义为：

$$G=(V,E)$$

其中 $V=\{v_i\mid v_i\in DataObject\}$，$E=\{(v_i,v_j)\mid v_i,v_j\in V\wedge P(v_i,v_j)\}$。

G 表示一个图，V 是图 G 中顶点的集合，E 是图 G 中边的集合，集合 E 中 $P(v_i,v_j)$ 表示顶点 v_i 和顶点 v_j 之间有一条直接连线，即偶对(v_i,v_j)表示一条边。

（1）无向图。在一个图中，如果任意两个顶点构成的偶对$(v_i,v_j)\in E$ 是无序的，即顶点之间的连线是没有方向的，则称该图为无向图。

（2）有向图。在一个图中，如果任意两个顶点构成的偶对$(v_i,v_j)\in E$ 是有序的，即顶点之间的连线是有方向的，则称该图为有向图。

（3）顶点、边、弧、弧头、弧尾。在图中，数据元素 v_i 称为顶点，$P(v_i,v_j)$ 表示在顶点 v_i 和顶点 v_j 之间有一条直接连线。如果是在无向图中，则称这条连线为边；如果是在有向图中，一般称这条连线为弧。边用顶点的无序偶对(v_i,v_j)来表示，称顶点 v_i 和顶点 v_j 互为邻接点，边(v_i,v_j)依附于顶点 v_i 与顶点 v_j；弧用顶点的有序偶对$<v_i,v_j>$来表示，有序偶对的第一个结点 v_i 被称为始点（或弧尾），在图中就是不带箭头的一端；有序偶对的第二个结点 v_j 被称为终点（或弧头），在图中就是带箭头的一端。

图 9-1 给出了现实模型图、无向图和有向图示意图。

图 9-1 中的无向图表示为：

集合 V = { a,b, c, d, e, f};
集合 E = {(a,b), (a, c), (a,f), (b,e), (c,f), (d,e)}

图 9-1 中的有向图表示为：

集合 V = { a,b, c, d, e, f };
集合 E = {<b,a>, <b,c>, <c,b>, <c,e>, <d,b>, <d,e>, <d,f>, <e,c>, <f,d>}

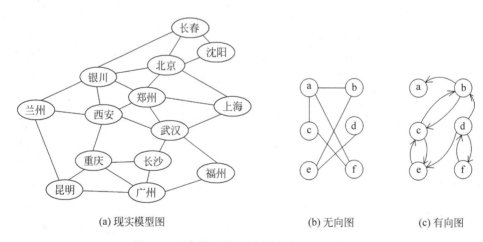

(a) 现实模型图　　　　(b) 无向图　　(c) 有向图

图 9-1　现实模型图、无向图和有向图示意图

（4）无向完全图。在一个无向图中，如果任意两顶点间都有一条直接边相连接，则称该图为无向完全图。如果只有两个结点，最多的边数为 1。3 个结点对应的最多边数为 3，而 4 个结点对应的最多边数为 6。可以证明，在一个含有 n 个顶点的无向完全图中，有 n(n−1)/2 条边。

（5）有向完全图。在一个有向图中，如果任意两顶点之间都有方向互为相反的两条弧相连接,则称该图为有向完全图。在一个含有 n 个顶点的有向完全图中,有 n(n−1) 条边。

(6) 稠密图、稀疏图。若一个图接近完全图,称为稠密图,其边数相当多,表示关系复杂;边数很少的图称为稀疏图,表示结点之间的关系不密切。

(7) 顶点的度、入度、出度。顶点的度(degree)是指依附于某顶点 v 的边数,通常记为 TD(v)。在有向图中,要区别顶点的入度与出度的概念。顶点 v 的入度是指以顶点为终点的弧的数目,记为 ID(v);顶点 v 的出度是指以顶点 v 为始点的弧的数目,记为 OD(v)。TD(v)=ID(v)+OD(v)。

$$e = \frac{1}{2}\sum_{i=1}^{n} TD(v_1)$$

可以证明,对于具有 n 个顶点、e 条边的图,顶点 v_i 的度 $TD(v_i)$ 与顶点的个数以及边的数目满足关系。

(8) 边的权、网图。与边有关的数据信息称为权(weight)。在实际应用中,权值通常代表一种代价或其他信息。如,在一个反映城市交通线路的图中,边上的权值可以表示该条线路的长度;对于一个电子线路图,边上的权值可以表示两个端点之间的电阻、电流或电压值;对于反映工程进度的图而言,边上的权值可以表示从前一个工程到后一个工程所需要的时间等。边上带权的图称为网图或网络(network)。

图 9-2 给出了无向网图和有向网图的示意图。每一条边的旁边的数字就是"权值"。

在图的讨论中有几个重要成分:结点(名)、边、边的方向、权。它们代表了使用计算机处理现实问题中最关心的层面或要素。如交通网络只考虑是否能抵达,就是无向图;但是如果考虑成本,就应该是有向网;从水路来理解,顺江而下和逆流而上的船只无论是时间、耗油、人工成本等都不一样。

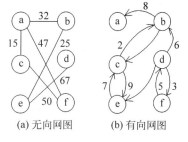

(a) 无向网图　(b) 有向网图

图 9-2　无向网图和有向网图的示意图

(9) 路径、路径长度。顶点 v_p 到顶点 v_q 之间的路径(path)是指顶点序列 $v_p, v_{i1}, v_{i2}, \cdots, v_{im}, v_q$。其中,$(v_p, v_{i1}), (v_{i1}, v_{i2}), \cdots, (v_{im}, v_q)$ 分别为图中的边。路径上边的数目称为路径长度。图 9-2 所示的无向图中,顶点 a 到顶点 d 的路径,路径长度为 3。

(10) 回路、简单路径、简单回路。如果顶点从 v_i 出发又回到 v_i,则该路径称为回路或者环(cycle)。序列中顶点不重复出现的路径称为简单路径。在图 9-2 中,a→b→e→d 就是简单路径。除第一个顶点与最后一个顶点之外,其他顶点不重复出现的回路称为简单回路,或者简单环,比如 a→c→f→a。

(11) 子图。对于图 G=(V,E),G′=(V′,E′),若存在 V′ 是 V 的子集,E′ 是 E 的子集,则称图 G′ 是 G 的一个子图。

图 9-3 为无向图和有向图的子图示意图。子图本身的合法性是子图存在的前提,不能有不依赖结点的边的存在。

(12) 连通的、连通图、连通分量。在无向图中,如果从一个顶点 v_i 到另一个顶点 v_j(i≠j) 有路径,则称顶点 v_i 和 v_j 是连通的。如果无向图中任意两顶点都是连通的,则称该图是连通图。无向图的极大连通子图称为连通分量,即该连通分量不能再增加任何一个新结点,

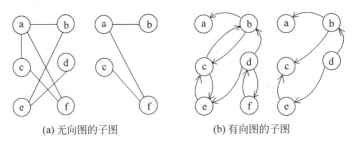

（a）无向图的子图　　　　　　　（b）有向图的子图

图 9-3　无向图和有向图的子图示意图

否则就会出现不连通的情况。

（13）强连通图、强连通分量。对于有向图来说，若图中任意一对顶点 v_i 和 $v_j(i\neq j)$ 均有从一个顶点 v_i 到另一个顶点 v_j 的路径，也有从 v_j 到 v_i 的路径，则称该有向图是强连通图。有向图的极大强连通子图称为强连通分量。图 9-4 为连通分量的示意图。

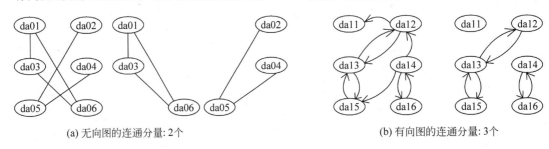

（a）无向图的连通分量：2个　　　　　　　　　　　　（b）有向图的连通分量：3个

图 9-4　连通分量的示意图

（14）生成树。所谓连通图 G 的生成树，是 G 的包含其全部 n 个顶点的一个极小连通子图。它必定包含且仅包含 G 的 n−1 条边。这个生成树首先要保证图的连通性，其次边的个数为唯一的值，再多一条必然出现回路，再少一条边必然出现不连通的图。

图 9-5 为生成树的示意图。它的应用背景是以较小的代价达到同样的目的。如构造城市间的电话网，按照图 9-5(a)要多搭建很多线路，图 9-5(b)则既保持了连通，又没有回路，可以保证任何两个城市之间的通话。这种结构仅考虑了成本因素，在实际运用中缺乏安全性。有一些结点被称为"瓶颈"结点，如下面生成树中的郑州，一旦出现故障，则两边很多城市之间都不再能保持通信功能。

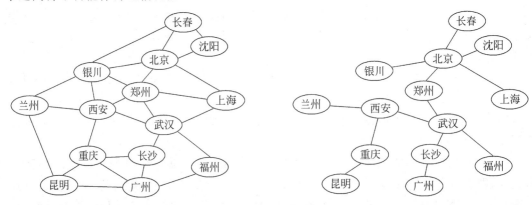

图 9-5　生成树的示意图

(15)生成森林。在非连通图中,由每个连通分量都可得到一个极小连通子图,即一棵生成树。这些连通分量的生成树就组成了一个非连通图的生成森林。

表 9-1 为图的常用操作清单。在一个图中,顶点的关系是平等的,没有所谓的父子关系,但当采用某一种确定的存储方式存储后,存储结构中顶点存储的先后次序构成了顶点之间的相对次序。

表 9-1 图的常用操作清单

操 作 名 称	建议算法名称	编程细节约定
图的初始化	creatgraph(G)	输入图 G 的顶点和边,建立图 G 的存储
图的销毁	destroygraph(G)	释放图 G 占用的存储空间
查找结点	getvex(G,v)	在图 G 中找到顶点 v,并返回顶点 v 的相关信息
给结点赋值	putvex(G,v,value)	在图 G 中找到顶点 v,并将 value 值赋给顶点 v
增加新结点	insertvex(G,v)	在图 G 中增加新顶点 v
删除结点和相关边(弧)	deletevex(G,v)	在图 G 中,删除顶点 v 以及所有和顶点 v 相关联的边或弧
增加新边	insertarc(G,v,w)	在图 G 中增添一条从顶点 v 到顶点 w 的边或弧
删除边	deletearc(G,v,w)	在图 G 中删除一条从顶点 v 到顶点 w 的边或弧
深度优先遍历	DFStraverse(G,v)	在图 G 中,从顶点 v 出发深度优先遍历图 G
广度优先遍历	BFSttaverse(G,v)	在图 G 中,从顶点 v 出发广度优先遍历图 G
查找结点的位置	locatevex(G,u)	在图 G 中找到顶点 u,返回该顶点在图中的位置
求第一个邻接点	firstadjvex(G,v)	在图 G 中,返回 v 的第一个邻接点。若顶点在 G 中没有邻接顶点,则返回"空"
求下一个邻接点	nextadjvex(G,v,w)	在图 G 中,返回 v 的(相对于 w 的)下一个邻接顶点。若 w 是 v 的最后一个邻接点,则返回"空"

9.3 图的顺序存储

图的结构很复杂,主要包括两部分,即图中顶点的信息以及描述顶点之间的关系——边或者弧的信息。无论采用什么存储结构,都要完整、准确地反映这两方面的信息。结点个数是动态的,可以增加或减少,这需要线性表部分的相关理论知识的支撑;由于在删除结点时必须把相关的边全部删除,所以还涉及边的存储结构,因为边个数的不确定性和动态性,图的存储困难和树结构有类似之处。在本章通过"矩阵"的知识很简单地就解决了图的存储问题,而对于边的个数的不确定性,链表也会是很好的选择。

下面首先介绍常用的邻接矩阵存储结构。

邻接矩阵(Adjacency Matrix)用一维数组存储图中顶点的信息,用二维数组表示图中各顶点之间的邻接关系,通过行和列的交叉点坐标来表示关系。假设图 G=(V,E)有 n 个确定的顶点,即 V={v_0,v_1,\cdots,v_{n-1}},则表示 G 中各顶点相邻关系为一个 n×n 的矩阵,矩阵的元素为:

$$A[i][j] = \begin{cases} 1 & \text{若}(v_i, v_j)\text{或} < v_i, v_j > \text{是 E(G)中的边} \\ 0 & \text{若}(v_i, v_j)\text{或} < v_i, v_j > \text{不是 E(G)中的边} \end{cases}$$

若 G 是网图，则邻接矩阵可定义为：

$$A[i][j] = \begin{cases} w_{ij} & \text{若}(v_i, v_j)\text{或} < v_i, v_j > \text{是 E(G)中的边} \\ 0 \text{ 或} \infty & \text{若}(v_i, v_j)\text{或} < v_i, v_j > \text{不是 E(G)中的边} \end{cases}$$

其中，w_{ij} 表示边 (v_i, v_j) 或 $< v_i, v_j >$ 上的权值；∞ 表示没有关系的边，实现时使用计算机允许的、大于所有边上权值的数即可，也可以使用权值中不存在的负值表示。注意在网图中，结点到自身的代价为 0，其他结点之间没有关系的情况下，才取值 ∞。在程序设计中，为了统一起见，没有权值的情况下也可以使用带权图的做法，只不过把权值约定都是 1 即可。

图 9-6 为无向图和有向图的邻接矩阵示意图。

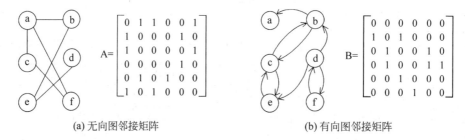

(a) 无向图邻接矩阵　　　　　　　　　　(b) 有向图邻接矩阵

图 9-6　邻接矩阵示意图

图的邻接矩阵存储方法有以下优点：

① 无向图的邻接矩阵一定是对称矩阵。因此在具体存储邻接矩阵时只需存放上（或下）三角矩阵的元素。

② 无向图邻接矩阵的第 i 行（或第 i 列）非零元素（或非 ∞ 元素）的个数正好是第 i 个顶点的度 $TD(v_i)$。

③ 有向图邻接矩阵的第 i 行（或第 i 列）非零元素（或非 ∞ 元素）的个数正好是第 i 个顶点的出度 $OD(v_i)$（或入度 $ID(v_i)$）。

④ 用邻接矩阵方法存储图很容易确定图中任意两个顶点之间是否有边相连；但是，要确定图中有多少条边，则必须对矩阵进行遍历，时间效率较低。

下面讨论用邻接矩阵存储表示法来实现图的基本操作。要确定图的顶点数和边数，然后采用一维数组来存储顶点信息，下面使用的是字符型数组，最后要用二维数组存储结点之间的相邻关系。

由于图的基本数据较多，用键盘输入的方式很不方便，一旦出错也不能当时修改。在下面的有关图的程序设计中，所有数据都从文本文件中读入。

在实现图的数据结构和编程实现相关操作时，需要启用线性表、栈和队列等其他基础数据结构，下面的程序就采用了顺序表和环队。

下面讨论邻接矩阵存储图的源码。本程序可以进行图的基本功能实现展示。存储结构使用邻接矩阵，约定如下：

（1）手工输入数据时可以兼容无向图和有向图。每个边都只需要输入一次。

（2）默认数据是一个无向图，每个边都自动输入了两次。默认数据边的值全部约定为1，代表此图不带权值。

（3）文件读入数据只承认无向图，每个边只需要输入一次。

数据文件的内容如下：

```
//无向图,不处理权值,为了统一,权值的位置均赋值1
//以下为结点名
a b c d e f g
//以下为边的信息,只需要输入1次,计算机内部自动存2次
0 1 1
0 2 1
1 3 1
1 5 1
2 6 1
3 5 1
4 5 1
```

【程序源码 9-1】　用邻接矩阵存储图的部分程序源码。

```
//图类
const int maxvertices = 26;                              //定义结点个数最大值为 26
const int maxweight = 10000;                             //当两个结点之间不存在边时距离
                                                         //无穷大用 10000 来模拟
class graph
{
private:
    int i, j;                                            //循环变量
    int flag;                                            //标志位
    int inputnodenum, inputedgenum;                      //输入的结点个数、边数
    int numofedges;                                      //记录边的条数
    char * nodearray;                                    //输入结点时使用的一维数组
    SeqList Vertices;                                    //图的结点信息,启用了线性表
    int Edge[maxvertices][maxvertices];                  //图的边信息,使用了二维数组,是
                                                         //一个方阵
public:
    graph(const int size = maxvertices);                 //图的构造函数
    ~graph(){};                                          //图的析构函数
    void initializationofEdge(int size);                 //边的邻接矩阵初始化
    void inputdata();                                    //手工输入数据
    void defaultdata();                                  //启用默认数据
    returninfo readfile(char * filename);                //使用文件读入
    void showgraph();                                    //显示图的邻接矩阵
    void showVertex();                                   //显示图的结点
    int graphempty()const{return Vertices.ListEmpty();}  //判断图是否为空
    int numofVertices(){return Vertices.ListSize();}     //求图的结点个数
    int numofEdges(void){return numofedges;}             //求图的边数
    char getvalue(const int i);                          //求取图中某个结点的值
    int getweight(const int nodestart, const int nodeend); //求两个结点之间的边的权值
    void insertVertices(const char& vertices);           //向图中添加一个结点
    int deleteVertex(const int v);                       //删除一个结点
```

```cpp
        int insertEdge(const int nodestart,const int nodeend,int weight);
                                                                        //添加一条边
        int deleteEdge(const int nodestart,const int nodeend);   //删除一条边
        int getfirstneighbor(const int v);                       //为实现图的遍历而必须定义的求
                                                                 //取其第一个相邻结点的函数
        int getnextneighbor(const int nodestart,const int nodeend);
                                                                 //求取其下一个相邻结点的函数
        void depthfirstsearch(const int v,int visited[],void visit(char item));
                                                                 //深度优先遍历
        void breadthfirstsearch(const int v,int visited[],void visit(char item));
                                                                 //广度优先遍历
};
void graph::insertVertices(const char& vertices)              //添加一个结点
{
    Vertices.Insert(vertices,Vertices.ListSize());           //简单起见,把添加结点放在顺序表
                                                             //的最后位置
}
int graph::deleteVertex(const int v)                         //删除一个结点
{
    int i,j;
    for( i = 0;i < Vertices.ListSize();i++)                  //此轮考虑删除边,无向图,确保每
                                                             //条边只删除一次
            for( j = 0;j < Vertices.ListSize();j++)          //这里仅处理上半边的数据
            {
                    if((i == v||j == v) && Edge[i][j]> 0 && Edge[i][j]< maxweight && i < j)
                            numofedges -- ;                  //有向图边数自然减少
            }
    for( i = v;i < Vertices.ListSize();i++)                  //删除结点必须把与这个结点相关
                                                             //联的全部的边首先删除
            for( j = 0;j < Vertices.ListSize();j++)
                Edge[i][j] = Edge[i + 1][j];                 //移动行的数据
    for( j = v;j < Vertices.ListSize();j++)                  //删除结点必须把与这个结点相关
                                                             //联的全部的边首先删除
            for( i = 0;i < Vertices.ListSize();i++)
                Edge[i][j] = Edge[i][j + 1];                 //移动列的数据
    int flag = Vertices.Delete(v);
    if(flag == 1)                                            //提供一个标志位为后面的调用方便
            return 1;
    else
            return 0;
}
int graph::insertEdge(const int nodestart,const int nodeend,int weight)
                                                             //添加一条边
{
    if(nodestart < 0 || nodestart > Vertices.ListSize() || nodeend < 0 || nodeend > Vertices.
ListSize())
    {
        cout <<"对不起参数越界出错!"<< endl;
        return 0;
    }
```

```
        else
        {
            Edge[nodestart][nodeend] = weight;
            Edge[nodeend][nodestart] = weight;
            numofedges++;                          //边数增加一次
            return 1;
        }
    }
int graph::deleteEdge(const int nodestart, const int nodeend)    //删除一条边
    {
        if(nodestart < 0 || nodestart > Vertices. ListSize() || nodeend < 0 || nodeend > Vertices.
ListSize())
        {
            cout <<"对不起参数越界出错!"<< endl;
            return 0;
        }
        else
        {
            Edge[nodestart][nodeend] = maxweight;
            Edge[nodeend][nodestart] = maxweight;
            numofedges -- ;
            return 1;
        }
    }
```

上面4个基本功能中,增加结点最为简单,因为约定一律放在最后面,没有涉及数据移动问题。但是删除结点就相对困难,要把该结点涉及的边都删除,还涉及边数的减少,为了保证正确性,只处理上三角上边边数的减少。由于某个结点被删除了,后面的结点都必须前移,而这个前移涉及行和列两次。由于是无向图,增加边和删除边的时候都必须同时处理两条边。

图 9-7 为上面程序中默认数据对应的无向图。

图 9-8 为程序运行后的部分界面。

图 9-7　默认数据对应的无向图

(a) 程序运行后的菜单

(b) 显示图的基础数据

(c) 显示结点个数和边的个数

图 9-8　部分运行界面

9.4 图的链接存储

由于图中任意结点之间都可以有关系，n个结点组成的图中每一个结点的度都可以从0到n～1，差别会很大，所以存储关系时会遇到类似树结构的问题，或者是链域数量设计的不够而引起溢出，或者是浪费了巨大的空间来存储全部关系。由于结点个数本身也是可以变化的，所以在增加新的结点时，即使浪费了极大的空间还是会遇到溢出问题。使用链表来表示关系就可以根据实际情况增加或减少结点，不会浪费过多的存储空间。

邻接表(Adjacency List)是图的一种顺序存储与链接存储相结合的存储方法。首先定义一维结构体数组，两个域分别是顶点域(vertex)和指向第一条邻接边的指针域(firstedge)，顶点域存储图G中的每个顶点v_i，将邻接于v_i的所有顶点v_j依照某种次序链成一个单链表，而表头结点的地址就放在结构体数组中的链域中，单链表就称为顶点V_i的邻接表，再将所有点的邻接表表头地址放在数组的指针域中。

图9-9为有向图的邻接表示意图，除了上面提到的顶点表的结点结构外，另一种是边表(即邻接表)结点，它由邻接点域(adjvex)和指向下一条邻接边的指针域(next)构成。由于存储关系不希望直接通过存储结点的名称来解决，所以边表中的数据域存储的是逻辑上相邻的某个结点在数组中的地址，虽然是以下标的形式出现的，但是从原理上看的确是一个指针。从编程角度看，形式上和链表的指针写法有所不同。另外需要注意顶点表中的结点中数据域存储的可能是结点名，此处是字符，而边表中数据域存储的是下标，也就是整数，所以需要通过联合体的方式定义结点的构成。下面图示里的顶点表的起始下标是从1开始的，实际编程中约定从0开始。

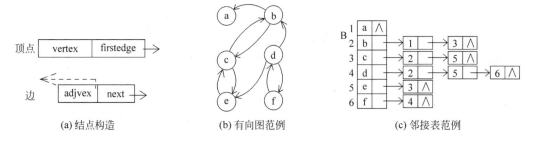

(a) 结点构造　　　　　　　(b) 有向图范例　　　　　　(c) 邻接表范例

图9-9　有向图的邻接表示意图

如果是网图的边表，再增加一个权值信息的域(weight)即可。

【程序源码9-2】　下面为邻接表存储图构建部分源码。

```
//图用邻接表实现基本功能
# include < windows.h >
# include < iostream >
# include < iomanip >
# include < fstream >
using namespace std;
enum returninfo {success, fail, overflow, underflow, nolchild, norchild, nofather,
                havesonl, havesonr, haveason, havetwosons, range_error, quit};
//定义返回信息清单
```

```
# define size 21                              //结点个数约定为 20 个,从 1 号地址开始使用
int build;                                    //标志位,提醒目前为空表
//结点对象设计
class Node
{
public:
    int data;
    Node * next;
    Node()
    {
        this -> next = NULL;
    }
    Node(int data, Node * next = NULL)        //构造结点,指定元素和后继结点
    {
        this -> data = data;
        this -> next = next;
    }
};
//链表对象设计
class linklist
{
private:
Node * head;                                  //单链表的头指针
public:
int length;                                   //数据个数
linklist();                                   //构造函数
~linklist();                                  //析构函数
int clearlink();                              //清空链表中的数据
int setheadNULL();                            //把头结点的链域置空
void printlinklist();                         //遍历链表
Node * inserthead(int data);                  //把结点插入在第一个位置作为头结点
Node * insert(int x, int i);                  //把 x 值插入到第 i 个位置
int getheaddata();                            //取回头结点中的值
bool del(int data);                           //删除值为 data 的结点
Node * find(int value, Node * start);         //从 start 结点开始找值为 value 的结点
Node * find(int value);                       //查找值为 value 的结点
int * nodetoarraydata();                      //把链表数据转换为数组数据
int findsmallernum(int data);                 //找到比 data 小的数据个数
int getnextnode(int i);                       //返回邻接的下一个结点
};
//图的邻接表对象
class ALGraph
{
private:
linklist * Graph;                             //构造一个链表的实例,起名为 Graph
linkqueue queue;
//构造一个链队的实例,起名为 queue,为广度优先遍历准备
int nodenumber;
//用于产生存放结点的下标位置,同时记录结点个数
int edgenumber;                               //实际边数记录
int row;                                      //控制结点数组的行数
```

```
    int i;                                    //循环变量
    int nodenum,edgenum;                      //临时存储结点数和边数
    int node[size];                           //临时存储图的结点
    int * sortednodes;                        //存储排序后的结点
    int startpoint,endpoint;                  //起始结点和终止结点
public:
    ALGraph(int nodenumber = 1,int edgenumber = 0);
    //结点数组空置 0 下标,故 nodenumber 从 1 开始,边数起始为 0
    ~ALGraph();
    void inigraph();                          //图目前的数据清空以备重新输入数据
    void inputdata(void);                     //手工输入数据
    void autocreatgraph();                    //启用默认数据
    void showgraph();                         //显示邻接表
    void showtotalnodenumber();               //显示结点总个数
    void showtotaledgenumber();               //显示边的总个数
    int findnode(int nodedata);               //查找结点在数组中的行数
    void insertmanynodes(int data);
    //一次插入一批结点使用的插入结点函数
    void insertonenode(int data);
    //一次仅插入一个结点使用的插入结点函数
    int deletenode(int data);                 //删除结点
    void insertedge(int startpoint,int endpoint);    //插入图的边
    int deleteedge(int startpoint,int endpoint);     //删除图的边
    Node * findedge(int startpoint,int endpoint);    //查找两点之间的边
    void searchnext(int data);                //查找下一个邻接点
    void DFSTraverse();
    //深度优先遍历入口
    void TDFSTraverse(int row,int flag[],int stackarray[]);
    //深度优先遍历函数
    void BFSTraverse();
    //广度优先遍历入口
    void TBFSTraverse(int row,int flag[]);
    //广度优先遍历递归函数
};
void ALGraph::autocreatgraph()               //启用有向图默认数据
{
int defaultnodenum = 8,
    defaultnode[] = {11,33,22,44,55,88,77,66},
    defaultedgenum = 12,
    defaultedge[12][2] =
        {{11,22},{11,44},{11,77},
         {22,33},{22,44},
         {33,88},
         {44,55},
         {55,88},
         {66,77},{77,66},
         {77,44},
         {88,66}};
inigraph();
for (i = 0; i < defaultnodenum; i++)
    sortednodes = doquickSort(defaultnode,defaultnodenum);
for (i = 0; i < defaultnodenum; i++)
    insertmanynodes(sortednodes[i]);
for(i = 0;i < defaultedgenum;i++)
```

```
        insertedge(findnode(defaultedge[i][0]),findnode(defaultedge[i][1]));
}
void ALGraph::showgraph()                              //显示图的邻接表形式
{
if(nodenumber == 1)
      cout <<"目前图没有数据!!!"<< endl;
else
{
      cout <<"坐标"<<" 结点名"<<" 边关系链表"<< endl;
      for(int i = 1;i < nodenumber;i++)
      //此处实际上从坐标 1 只循环到达 nodeposition-1 的坐标
      //这正好是数据量
      {
            cout <<" "<< i <<" ";
            Graph[i].printlinklist();                  //显示了链表中的所有数据
            cout << endl;
      }
}
}
```

图 9-10 为默认数据对应的有向图以及邻接表基本功能和数据显示运行图。

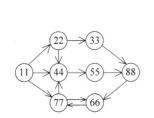

(a) 有向图默认数据对应原图　　　(b) 邻接表程序运行主菜单　　　(c) 显示邻接表所有数据的效果

图 9-10　邻接表基本功能和数据显示运行图

上面的程序中,起始下标用了 0,结点集是按照字母序从小到大的,边集的存储结构中下标也是从小到大排列的。如果读者的数据输入次序和这个一样,则很多操作的结果将是完全一样的。

若无向图中有 n 个顶点和 e 条边,则它的邻接表需要 n 个头结点和 2e 个表结点。显然在边稀疏($e \ll n(n-1)/2$)的情况下,用邻接表表示图比邻接矩阵更节省存储空间,当和边相关的信息较多时更是如此。

在无向图的邻接表中,顶点 v_i 的度恰为第 i 个链表中的结点数;而在有向图中,第 i 个链表中的结点个数只是顶点 v_i 的出度,为求入度,必须遍历整个邻接表。在所有链表中其邻接点域的值为 i 的结点的个数是顶点 v_i 的入度。

为了便于确定顶点的入度或以顶点 v_i 为头的弧,可以建立一个有向图的逆邻接表,即对每个顶点 v_i 建立一个链接以 v_i 为头的弧的链表。开发软件中有时为了某些功能的高速性,会同时启用邻接表和逆邻接表,需要付出大量的空间代价和维护成本,一旦修改,会涉及多轮遍历,所以开发中有时需要考虑时空代价的协调。下面给出一个实例。

图 9-11 为一个有向图的逆邻接表示意图。

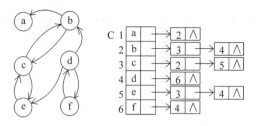

图 9-11　有向图的逆邻接表示意图

在建立邻接表或逆邻接表时,若输入的顶点信息为顶点的编号,则建立邻接表的复杂度为 $O(n+e)$;否则,需要通过查找才能得到顶点在图中的位置,则时间复杂度为 $O(n*e)$。如果同时建立邻接表和逆邻接表,对于编程中实现各种功能会提供便利,但是付出了较多的空间代价和管理上的时间成本。

在邻接表上容易找到任一顶点的第一个邻接点和下一个邻接点,但要判定任意两个顶点(v_i 和 v_j)之间是否有边或弧相连,则需搜索第 i 个或第 j 个链表,因此不如邻接矩阵方便。

在邻接表存储结构中,有部分操作相比邻接矩阵会变得比较复杂,如结点的删除。比如有向图,首先要把其作为始点的相关边删除掉,这涉及单链表的结点删除和释放空间,下一步还要把它作为终点的相关边删除掉,这涉及其他所有顶点的边的链表的查找和删除结点并释放空间,最后一步还要通过数据的移动来完成结点线性表中对该结点的删除。如果引起部分下标的变化,还需要修改其他受到影响的所有结点信息,显然比邻接矩阵付出了更大的时间代价。

下面介绍其他几种图的存储方案。

十字链表(Orthogonal List)是有向图的另外一种链表存储方法,它实际上是邻接表与逆邻接表的结合,即把每一条边的边结点分别组织到以弧尾顶点为头结点的链表和以弧头顶点为头顶点的链表中。

图 9-12 为在十字链表表示中顶点表和边表的结点结构示意图。在弧结点中有 5 个域:其中尾域(tailvex)和头域(headvex)分别指示弧尾和弧头这两个顶点在图中的位置,链域 hlink 指向弧头相同的下一条弧,链域 tlink 指向弧尾相同的下一条弧,weight 域指向该弧的相关信息。弧头相同的弧在同一链表上,弧尾相同的弧也在同一链表上。它们的头结点即为顶点结点,它由 3 个域组成:其中 vertex 域存储和顶点相关的信息,如顶点的名称等;firstin 和 firstout 为两个链域,分别指向以该顶点为弧头或弧尾的第一个弧结点。

vertex	firstin	firstout
顶点值域	指针域	指针域

(a) 十字链表顶点表的结点结构

tailvex	headvex	weight	hlink	tlink
弧尾结点	弧头结点	权值	指针域	指针域

(b) 十字链表边表的弧结点结构

图 9-12　十字链表表示中顶点表和边表的结点结构示意图

图 9-13 为十字链表的示意图。若将有向图的邻接矩阵看成是稀疏矩阵,则十字链表也可以看成是邻接矩阵的链表存储结构。在图的十字链表中,弧结点所在的链表非循环链表,结点之间的相对位置自然形成,不一定按顶点序号有序,表头结点即顶点结点,它们之间不

是顺序存储。从弧头依次找边比较容易,从弧尾依次找边也比较容易,也容易求出顶点的出度和入度,本质上和稀疏矩阵的十字链表类似。

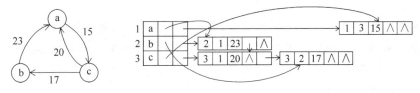

图 9-13 十字链表的示意图

在十字链表中既容易找到以 v_i 为尾的弧,也容易找到以 v_i 为头的弧,因而容易求得顶点的出度和入度。同时,由算法可知,建立十字链表的时间复杂度和建立邻接表是相同的。在某些有向图的应用中,十字链表是很有用的工具。

邻接多重表(Adjacency Multilist)作为存储结构主要用于存储无向图。因为如果用邻接表存储无向图,每条边的两个边结点分别在以该边所依附的两个顶点为头结点的链表中,这给图的某些操作带来不便。例如,对已访问过的边做标记,或者要删除图中某一条边等,都需要找到表示同一条边的两个结点。

邻接多重表的存储结构和十字链表类似,也是由顶点表和边表组成,每一条边用一个结点表示,其顶点表结点结构和边表结点结构如图 9-14 所示。其中,顶点表由两个域组成:vertex 域存储和该顶点相关的信息,firstedge 域指示第一条依附于该顶点的边。边表结点由 6 个域组成:mark 为标记域,可用于标记该条边是否被搜索过;ivex 和 jvex 为该边依附的两个顶点在图中的位置;ilink 指向下一条依附于顶点 ivex 的边;jlink 指向下一条依附于顶点 jvex 的边,weight 为权值域。

vertex	firstedge
顶点值域	指针域

(a) 邻接多重表中顶点结构

mark	ivex	ilink	jvex	jlink	weight
标记域	顶点位置	指针域	顶点位置	指针域	权值

(b) 邻接多重表中边结构

图 9-14 邻接多重表表示中顶点表和边表的结点结构示意图

图 9-15 为邻接多重表的示意图。在邻接多重表中,所有依附于同一顶点的边串联在同一链表中,由于每条边依附于两个顶点,故每个边结点同时链接在两个链表中。由此可见,对无向图而言,其邻接多重表和邻接表的差别,仅仅在于同一条边在邻接表中用两个结点表示,而在邻接多重表中只有一个结点。因此,除了在边结点中增加一个标志域外,邻接多重表所需的存储量与邻接表相同。在邻接多重表上,各种基本操作的实现亦与邻接表相似。对每条边的处理更容易了,访问标记对一些操作也更方便了,对无向图更合适一些,结点个数也正好是边的个数。

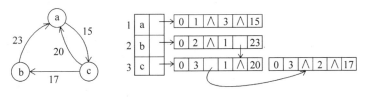

图 9-15 邻接多重表的示意图

9.5 遍历操作的程序设计

在任何数据结构中,遍历都是基本操作,许多操作都建立在遍历的基础之上,图也不例外。图的遍历是指从图中任一顶点出发,对图中的所有顶点访问一次且只访问一次。

图是一种非线性结构,任意结点间可以有联系,而且还可能有很多回路。下面通过四个方面讨论其困难性:

(1) 图结构不像树结构,没有一个"固定"的进入结点,图中任意一个顶点都可作为第一个被访问的结点,即其遍历算法强调更强的通用性。从程序设计的角度,其函数应该把进入结点名作为参数。

(2) 在非连通图中,从某一个顶点出发只能访问它所在的连通分量上的所有顶点,还需考虑如何访问图中其余的连通分量。从程序设计的角度,通过遍历所有结点作为进入结点解决这个问题。

(3) 在图结构中,如果有回路存在,需考虑一个顶点被访问之后,如何避免沿某一条路又回到该顶点重新访问。从程序设计的角度,增加标志位来区分结点是否被访问。

(4) 在图结构中,一个顶点可以和其他多个顶点相连,当某个顶点访问过后,面临着许多路径,如何选取下一个要访问的顶点,还有如何确保访问剩下的所有没有访问过的结点。这个问题需要结合存储结构和回溯的算法设计才能讨论清楚。

图的遍历主要有深度优先搜索遍历和广度优先搜索遍历两种方式,下面分别介绍。

1. 深度优先搜索遍历

深度优先搜索遍历(Depth_Fisrst Search Trverse,DFS)类似树的先根遍历,是树的先根遍历的推广。

假设初始状态是图中所有顶点未曾被访问,则深度优先搜索可从图中某个顶点 v 出发,访问此顶点,然后依次从 v 的未被访问的邻接点出发深度优先遍历图,直至图中所有和 v 有路径相通的顶点都被访问到;若此时图中尚有顶点未被访问,则另选图中一个未曾被访问的顶点作为起始点,重复上述过程,直至图中所有顶点都被访问到为止。

由于上述讨论使用了递归的定义,过于抽象,下面相对通俗地解释深度优先搜索遍历算法。

(1) 从某个结点出发,访问,并且把它的访问标志从 0 变成 1,表示已经访问过此结点。

(2) 从该点选择第一个对面结点没有被访问的路径,到达该结点,访问,把它的访问标志从 0 变成 1,并且重复(2),直到该结点通路涉及的所有结点访问标志已经翻转为 1,就进入步骤(3)。

(3) 从刚才的结点开始回溯,退回到进入该结点经过的上一个结点,继续步骤(2)。

(4) 回溯的过程一直要到进入结点,此时如果通路对面涉及的所有结点标志位都已经被翻转为 1 时,算法结束。

图 9-16 为无向图的深度优先遍历示意图。左边的为一般原理讨论。由于入口的选择是任意的,故选择 a 作为入口,虚线为每一轮扫描时的路线,有两个虚线的地方为第一次前进失败开始回溯的结点。逻辑示意图上的一次遍历结果为(a,c,e,i,f,g,d,h,b)。如果是在存储结构下则根据存储的次序选择下一条边,结果不一定是这个结果;如果结点名是按

照字母序排列的,则结果将是唯一的,结果为(a,b,c,e,i,f,g,d,h)。右边程序运行中默认数据对应的无向图,在结点名按字典序的情况下,从 a 开始后,必然先访问结点 b,遍历结果仅为(a,b,d,f,e,c,g)。

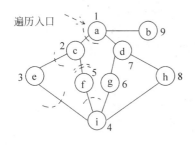

(a)原理讨论深度优先遍历

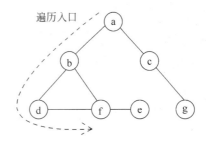

(b)程序默认数据深度遍历

图 9-16　无向图的深度优先遍历示意图

对于回溯的处理,由于需要保存路径明显需要启用栈,即使使用递归编程思路,本质上底层还是要靠栈来管理,所以从这个细节可以观察到栈在程序设计中的重要性。为了在遍历过程中便于区分顶点是否已被访问,增加一个访问标志数组 visited[0:n−1],其初值为0,一旦某个顶点被访问,则其相应的值置为 1。

算法可以重新描述为:

(1) 选择出发结点。

(2) 从该结点出发,访问,把它的访问标志从 0 变成 1,并将该结点进栈。

(3) 从该点选择第一个对面结点没有被访问的路径,到达该结点,返回(2),直到该结点涉及的通路对面的所有结点的访问标志都已经翻转为 1,就进入步骤(4)。

(4) 出栈,从该结点重新继续找一个对面结点没有被访问的路径,进入步骤(2)。这个过程即为回溯。

(5) 回溯的过程一直要回到进入结点,此时如果通路对面涉及的所有结点标志位都已经被翻转为 1 时,算法结束。

下面是以邻接矩阵为存储结构的递归深度优先遍历函数。

```
void graph::depthfirstsearch(const int startpoint,int visited[],void visit(char item))
                                                //深度优先遍历
{
    int neighborpoint;
    visit(getvalue(startpoint));                //访问结点 startpoint
    visited[startpoint] = 1;                    //标记结点 startpoint 已经被访问
    neighborpoint = getfirstneighbor(startpoint); //求结点 startpoint 的第一个邻接结点
    while(neighborpoint!= −1)                    //当邻接结点存在时循环
    {
        if(!visited[neighborpoint])
            depthfirstsearch(neighborpoint,visited,visit);
                                                //对结点 startpoint 递归
        neighborpoint = getnextneighbor(startpoint,neighborpoint);
        //结点 neighborpoint 为< startpoint,neighborpoint > 邻接边的下一个邻接结点
    }
}
```

程序运行部分相关界面如图 9-17 所示。

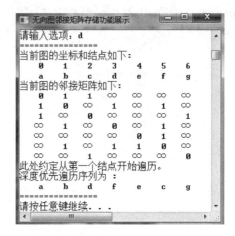

图 9-17　邻接矩阵深度优先遍历效果图

由于图有可能是非连通的,如果要确保所有结点都被访问到,就要注意必须以每个点作为进入点进行遍历一次,为了避免进入连通子图遍历后对每个结点进行判断,就需要利用访问标志先进行判别从而决定是否开始某个子图的遍历。

下面是以邻接表为存储结构的深度优先遍历函数。

```cpp
//深度优先遍历入口
void ALGraph::DFSTraverse()
{
    int i;
    int * flag = new int [nodenumber];
    //结点被访问标志,0 表示未被访问,1 表示已访问
    for(i = 1;i < nodenumber;i++)
    //标志位数组初始化,全部赋值为 0
        flag[i] = 0;
    int * stackarray = new int [nodenumber + 1];
    //保存路径的数组,起到栈的作用
    for(i = 0;i < nodenumber;i++)                    //初始状态全部赋值为 - 1
    {
        stackarray[i] = - 1;
    }
    for(i = 1;i < nodenumber;i++)
    //每一个结点都作为起始结点一次,确保非联通图也可以完成遍历
        if(flag[i] == 0)
            TDFSTraverse(i,flag,stackarray);
}
//深度优先遍历函数
void ALGraph::TDFSTraverse(int row,int flag[], int stackarray[])
{
    int * adjvexdataarray1;                          //邻接边信息链表转换成的数组
    int nextnum;                                     //下一个邻接点的编号
    int visitednum = 1;                              //已访问结点的个数
                                                     //if(row == - 1) return;
```

```
stackarray[0] = 1;
//0 号坐标中存放访问过的结点数量
//此处预设为 1,则最后访问结点数量需要减 1
while(row!= -1 && stackarray[0]< nodenumber)
//如果进入点存在并且已访问的结点数量没有到达总结点量则循环
{
    if(flag[row] == 0)                                    //如果没访问,就访问
    {
        cout << Graph[row].getheaddata()<<" ";           //把该编号对应的结点名输出
        stackarray[stackarray[0]] = row;                 //保存路径信息
        stackarray[0]++;                                 //stackarray[0]-1 为存放已访问结
                                                         //点个数
        flag[row] = 1;
    }
    adjvexdataarray1 = Graph[row].nodetoarraydata();
    //把链表中所有邻接结点信息转换成数组,地址从 1 开始
    nextnum = 1;                                          //开始处理第一个相邻结点
    row = Graph[row].getnextnode(nextnum);
    //获取相邻结点对应在结点数组中的行号
    while(flag[row] == 1 && row!= -1 && stackarray[0]< nodenumber)
    //如果该结点被访问过则查找下一个邻接点
        row = adjvexdataarray1[nextnum++];               //直到找到一个没有被访问过的结点
                                                         //编号
    visitednum = stackarray[0] - 1;                      //记录已访问数据个数
    if(stackarray[0]< nodenumber && row == -1)
    //结点没访问完,同时相邻结点都访问完毕
    {    visitednum -- ;                                 //开始回溯过程
            row = stackarray[visitednum];                //从保存的路径中回退到上一个已访
                                                         //问结点
    }
}
}
```

图 9-18 为邻接表深度优先遍历效果图。

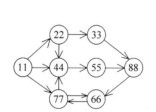

图 9-18　邻接表深度优先遍历效果图

在遍历时对图中每个顶点至多调用一次 DFS 函数,因为一旦某个顶点被标志成已被访问,就不再从它出发进行搜索。因此遍历图的过程实质上是对每个顶点查找其邻接点的过程。其耗费的时间取决于所采用的存储结构。当用二维数组表示图的存储结构邻接矩阵

时,查找每个顶点的邻接点所需时间为 $O(n^2)$,其中 n 为图中顶点数。当以邻接表作为图的存储结构时,查找邻接点所需时间为 $O(e)$,其中 e 为无向图中边的数或有向图中弧的数。由此可知当以邻接表作为存储结构时,深度优先搜索遍历图的时间复杂度为 $O(n+e)$。

2. 广度优先搜索遍历

广度优先搜索遍历(Breadth_First Search Trverse,BFS)的编程思想类似于树的层次遍历的过程。

假设从图中某顶点 v 出发,在访问了 v 之后依次访问 v 的各个未曾访问过的邻接点,然后分别从这些邻接点出发依次访问它们的邻接点,并使先被访问的顶点的邻接点先于后被访问的顶点的邻接点被访问,直至图中所有已被访问的顶点的邻接点都被访问到。若此时图中尚有顶点未被访问,则另选图中一个未曾被访问的顶点作为起始点,重复上述过程,直至图中所有顶点都被访问到为止。换句话说,广度优先搜索遍历图的过程中以 v 为起始点,由近至远,依次访问和 v 有路径相通的顶点。

下面更通俗地解释广度优先搜索遍历算法。

(1) 从某个结点出发,访问,并且把它的访问标志从 0 变成 1,表示已经访问过此结点。

(2) 选择所有能从该结点出发的通路,依次访问这些相邻结点,把它们的访问标志从 0 变成 1。

(3) 把第(2)步骤处理过的每一个结点,视同起始结点,重新开始步骤(2)。

(4) 直到全部结点相当于第一步骤的进入结点一样,都被处理过之后算法结束。

图 9-19 为无向图的广度优先遍历示意图。从 a 进入,虚线代表每次扫描各个边的情况。最后的遍历结果为(a,c,d,b,e,f,g,h,i)。在真实的存储结构下,根据当时的存储次序决定哪条边先被访问,结果也将变为唯一。如默认数据的图广度遍历结果仅仅为(a,d,c,d,f,g,e)。

这个算法的思路在实现时依然会遇到困难,主要体现在很多时候在没有关系的结点之间跳转。如在图 9-19 中,b 之后如何才能到达 e 呢?

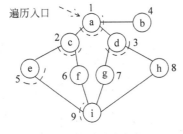

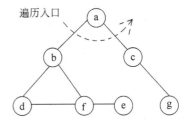

(a) 原理讨论广度优先遍历   (b) 程序默认数据广度遍历

图 9-19   无向图的广度优先遍历示意图

由于结点之间的处理次序是符合"先进先出"性质的,答案就是启用数据结构"队列",从这个细节可以看到队列在程序设计中的作用。

算法可以重新描述为:

(1) 从某个结点出发,把该结点入队。

(2) 当队列非空时,出队,访问,把它的访问标志从 0 变成 1,表示已经访问过此结点,并且把该结点相连接的没有被访问过的结点依次进队。

第9章 图的构造与应用

（3）反复进行步骤（2）。直到队列为空。

下面是以邻接矩阵为存储结构的非递归广度优先遍历函数。

```
void graph::breadthfirstsearch(const int startpoint,int visited[ ],void visit(char item))
                                                          //广度优先遍历
{
    char getqueuehead,neighborpoint;
    SeqQueue queue;
    visit(getvalue(startpoint));                    //访问初始结点 startpoint
    visited[startpoint] = 1;                        //标记 startpoint 已经访问
    queue.enqueue(startpoint);                      //结点 startpoint 入队
    while(!queue.isempty())                         //步骤 1：当队列非空时继续执行
    {
        getqueuehead = queue.dequeue();             //出队取队头结点 getqueuehead
        neighborpoint = getfirstneighbor(getqueuehead);   //查队头结点的第一个邻接结点
                                                    //neighborpoint
        while(neighborpoint!= - 1)                  //步骤 2：若结点 neighborpoint 存
                                                    //在则继续执行 否则返回步骤 1
        {
            if(!visited[neighborpoint])             //若结点 neighborpoint 尚未被访问
            {
                visit(getvalue(neighborpoint));     //访问结点 neighborpoint
                visited[neighborpoint] = 1;         //标记 neighborpoint 已经访问
                queue.enqueue(neighborpoint);       //结点 neighborpoint 入队
            }
            neighborpoint = getnextneighbor(getqueuehead,neighborpoint);
            //查结点 startpoint,neighborpoint 的下一个邻接结点为 neighborpoint 返回步骤 2
        }
    }
}
```

程序运行部分相关界面如图 9-20 所示。

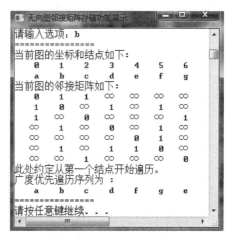

图 9-20　邻接矩阵广度遍历效果图

199

分析上述算法,每个顶点至多进一次队列。遍历图的过程实质是通过边或弧找邻接点的过程,因此广度优先搜索遍历图的时间复杂度和深度优先搜索遍历相同,两者不同之处仅在于对顶点访问的顺序不同。如果程序内部仅考虑到从某一个结点进入遍历,那么遇到了非连通图时,将不会显示出全部结点。关于这一点可以通过把每一个标志位没有翻转过的结点都作为进入结点循环处理一遍即可。

下面是以邻接表为存储结构的非递归广度优先遍历函数。

```cpp
//广度优先遍历入口
void ALGraph::BFSTraverse()
{
    int * flag = new int [nodenumber];
    //结点被访问标志,0 表示未被访问,1 表示已访问
    for(int i = 1;i < nodenumber;i++)
    //标志位数组初始化,全部赋值为 0
        flag[i] = 0;
    for(i = 1;i < nodenumber;i++)
    //每一个结点都作为起始结点一次,确保非连通图也可以完成遍历
        if(flag[i] == 0)
            TBFSTraverse(i,flag);
}
void ALGraph::TBFSTraverse(int row,int flag[])
//广度优先遍历递归函数
{
    int * adjvexdataarray;
    if(flag[row] == 0)
    //从 row 行进入,代表着第 row 个数据目前是新的起点,标志位为 0 表示数据没有被访问
    {
        cout << Graph[row].getheaddata()<<" ";
        //取出并显示第一个结点中的结点名
        flag[row] = 1;                                    //翻转标志位
    }
    adjvexdataarray = Graph[row].nodetoarraydata();
    //把 row 行结点的所有相关结点信息存入一个临时数组
    for(int i = 1;i < adjvexdataarray[0];i++)
    //0 号地址中为相关边的条数,逐一结点访问并且进队
    {
        if(flag[adjvexdataarray[i]] == 0)
        //数据没有被访问,输出显示
        {
            cout << Graph[adjvexdataarray[i]].getheaddata()<<" ";
            flag[adjvexdataarray[i]] = 1;
            queue.enqueue(adjvexdataarray[i]);
        }
    }
    if( (row = queue.dequeue())!= - 1)
    //队列不为空,出队产生出下一个进入的行坐标
    {
        TBFSTraverse(row,flag);
        //从新的一行进入,递归完成遍历工作
    }
}
```

图 9-21 为邻接表广度优先遍历效果图。

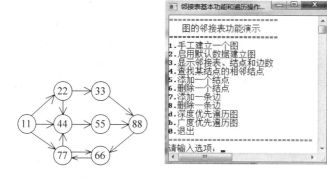

图 9-21 邻接表广度优先遍历效果图

9.6 公路网最短路径的研究

计算机编程中经典问题之一是求最短路径问题。例如在中国的公路网中,给定了国内的 n 个城市以及这些城市之间相通公路的距离,能否找到城市 A 到城市 B 之间一条距离最近的通路? 如果将城市用结点表示,城市间的公路用边表示,公路的长度作为边的权值,那么这个问题就归结为在网图中求点 A 到点 B 的所有路径中边的权值之和最短的一条路径。这条路径就是两点之间的最短路径,并称路径上的第一个顶点为源点(Sourse),最后一个顶点为终点(Destination)。

如果是非网图,求最短路径可以理解为求出两点之间经历边数最少的某条路径。

下面简要讨论两种常见的最短路径算法。

(1) 从一个源点到其他各点的最短路径问题。给定带权有向图 G＝(VSET,E)和源点 v∈VSET,求从 v 到 G 中其余各顶点的最短路径。在下面的讨论中假设源点为 v_0。

(2) 迪杰斯特拉(Dijkstra)方法。这是一个按路径长度递增的次序产生最短路径的算法。该算法的基本思想是:设置两个顶点的集合 S 和 T＝VSET－S,集合 S 中存放已找到最短路径的顶点,集合 T 存放当前还未找到最短路径的顶点。

初始状态时,集合 S 中只包含源点 v_0,然后不断从集合 T 中选取到顶点 v_0 路径长度最短的顶点 u,加入集合 S 中,集合 S 中每加入一个新的顶点 u,都要修改顶点 v_0 到集合 T 中剩余顶点的最短路径长度值,集合 T 中各顶点新的最短路径长度值为原来的最短路径长度值与顶点 u 的最短路径长度值加上 u 到该顶点的路径长度值中的较小值。

此过程不断重复,直到集合 T 的顶点全部加入 S 中为止。Dijkstra 算法的正确性可以用反证法加以证明。假设下一条最短路径的终点为 x,那么,该路径必然或者是弧(v_0,x),或者是中间只经过集合 S 中的顶点而到达顶点 x 的路径。因为假若此路径上除 x 之外有一个或一个以上的顶点不在集合 S 中,那么必然存在另外的终点不在 S 中而路径长度比此路径还短的路径,这与按路径长度递增的顺序产生最短路径的前提相矛盾,所以此假设不成立。

下面介绍 Dijkstra 算法的实现。首先,引进一个辅助数组 DISTANCE,它的分量 DISTANCE[i]表示当前所找到的从始点 v 到每个终点 v_i 的最短路径的长度。它的初态为：若从 v 到 v_i 有弧，则 DISTANCE[i] 为弧上的权值；否则置 DISTANCE[i] 为∞。显然，长度为：

$$DISTANCE[j] = Min\{DISTANCE[i] \mid v_i \in VSET\}$$

的路径就是从 v 出发的长度最短的一条最短路径。此路径为 (v, v_j)。那么，下一条长度次短的最短是哪一条呢？假设该次短路径的终点是 v_k，这条路径或者是 (v, v_k)，或者是 (v, v_j, v_k)。它的长度或者是从 v 到 v_k 的弧上的权值，或者是 DISTANCE[j] 和从 v_j 到 v_k 的弧上的权值之和。依据前面介绍的算法思想，在一般情况下，下一条长度次短的最短路径的长度必是：

$$DISTANCE[j] = Min\{DISTANCE[i] \mid v_i \in VSET-S\}$$

其中，DISTANCE[i] 或者是弧 (v, v_i) 上的权值，或者是 DISTANCE[k]（$v_k \in S$）和弧 (v_k, v_i) 上的权值之和。

根据以上分析，可以得到如下描述的算法：

(1) 假设用带权的邻接矩阵 edges 来表示带权有向图，edges[i][j] 表示弧 (v_i, v_j) 上的权值。若 (v_i, v_j) 不存在，则置 edges[i][j] 为∞（在计算机上可用允许的最大值代替或负数）。S 为已找到从 v 出发的最短路径的终点的集合，它的初始状态为空集。那么，从 v 出发到图上其余各顶点（终点）v_i 可能达到最短路径长度的初值为：

$$DISTANCE[i] = edges[LocateVex(G, v)][i] \quad v_i \in VSET$$

(2) 选择 v_j，使得

$$DISTANCE[j] = Min\{DISTANCE[i] \mid v_i \in VSET-S\}$$

v_j 就是当前求得的一条从 v 出发的最短路径的终点。令

$$S = S \cup \{j\}$$

(3) 修改从 v 出发到集合 VSET-S 上任一顶点 v_k 可达的最短路径长度。如果

$$DISTANCE[j] + edges[j][k] < DISTANCE[k]$$

则修改 DISTANCE[k] 为

$$DISTANCE[k] = DISTANCE[j] + edges[j][k]$$

重复操作(2)、(3)共 n−1 次。由此求得从 v 到图上其余各顶点的最短路径是依路径长度递增的序列。

图 9-22 为一个无向网图的范例、对应的带权邻接矩阵以及最短路径示意图。

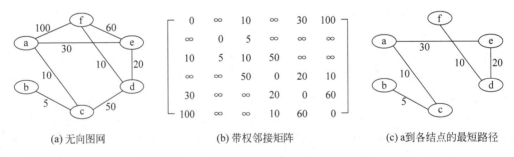

(a) 无向图网　　　　　　　　(b) 带权邻接矩阵　　　　　　(c) a到各结点的最短路径

图 9-22　一个无向网图及其邻接矩阵示意图

若对图 9-22 中的无向网图施行 Dijkstra 算法，则可得到 a 到其余各顶点的最短路径，图 9-22(c) 显示了最终结果相关的一些边。可以看出，开始时结点 a 是不能到达 b 的，但是

在第二轮增加结点 b 后,结点 a 可以通过结点 c 抵达结点 b 了,最短路径从∞变成了 15。同理,结点 a 到结点 f 原来可以抵达,权值为 100,在逐次加入其他结点后,最短路径最终变为 60。

【程序源码 9-3】 求最短路径问题部分源码。

```
void graph::dodijkstra()                              //启动最短路径函数的入口
{
    int * distance;
    inputnodenum = numofVertices();                   //取回结点个数
    distance = new int[inputnodenum];                 //距离数组
    path = new int[inputnodenum];                     //路径数组
    cout << "下面开始求某个结点到其他结点的最短距离..." << endl;
    cout << "请输入结点编号: " << 0 << "～" << inputnodenum - 1 << endl;
                                                      //提示给定入口
    cin >> v0;                                        //给定入口
    if (v0 >= 0 && v0 <= inputnodenum)                //结点编号参数正确
    {
        dijkstra(v0, distance, path);                 //调用实际最短路径函数
        cout << "从结点" << getvalue(v0) << "到其他各结点的最短距离为:" << endl;
        for (i = 0; i < inputnodenum; i++)
            if (distance[i] == 10000)
                cout << "到结点" << getvalue(i) << "的最短距离为: ∞" << endl;
            else
                cout << "到结点" << getvalue(i) << "的最短距离为:" << distance[i] << endl;
        cout << endl;
        cout << "寻找路径如下:" << endl;
        cout << "从结点" << getvalue(v0) << "到其他各结点最短路径的上一个结点为:" << endl;
        for (i = 0; i < inputnodenum; i++)
        {
            if (path[i] != -1)
                cout << "到结点" << getvalue(i) << "的上一个结点为:" << getvalue(path[i]) <<
endl;
        }
    }
    else
    {
        cout << "对不起!结点参数出错!按任意键继续……" << endl;
    }
}
void graph::dijkstra(int v0, int distance[], int path[])
//求最短路径函数,参数: 起点、距离数组、路径数组
{
    int inputnodenum;
    inputnodenum = numofVertices();                   //取回结点个数
    int * mark = new int[inputnodenum];               //标志位数组
    int mindis, nextnode;                             //最短路径,下一个结点
    int i, j;                                         //循环变量
    for (i = 0; i < inputnodenum; i++)                //初始化
    {
        distance[i] = getweight(v0, i);               //第一轮距离数组记录从起始点到
                                                      //其他所有点的边权值
        mark[i] = 0;                                  //所有标志位清零
        if (i != v0 && distance[i] < maxweight)       //如果起始结点可以抵达某个结点
            path[i] = v0;                             //则把该结点首先放入路径数组
```

```
        else
            path[i] = -1;                            //-1代表该路径不通
    }
    mark[v0] = 1;                                    //把起点的标志位翻转为1
    for (i = 1; i < inputnodenum; i++)
    //在还没有找到最短路径的结点集合中选取最短距离结点 nextnode
    {
        mindis = maxweight;                          //首先约定最小距离为无穷大
        for (j = 0; j <= inputnodenum; j++)          //扫描其他所有点
        {
            if (mark[j] == 0 && distance[j] < mindis) //如果没有进入最短路径且距离小
                                                      //于最小距离
            {
                nextnode = j;                        //记录本次边对面的点
                mindis = distance[j];                //记录本次最短路径
            }
        }
        if (mindis == maxweight)                     //当不存在路径时算法结束
        {
            return;
        }
        mark[nextnode] = 1;                          //标记结点 nextnode 已经放到了找
                                                     //到最短路径的集合中
        for (j = 0; j < inputnodenum; j++)          //修改结点 v0 到其他的结点最短的
                                                     //距离
        {
            if (mark[j] == 0 && getweight(nextnode, j) < maxweight
                && distance[nextnode] + getweight(nextnode, j) < distance[j])
                                                     //发现新的最短路径
            {
                distance[j] = distance[nextnode] + getweight(nextnode, j);
                                                     //刷新最短路径
                path[j] = nextnode;                 //把该点加入路径
            }
        }
    }
}
```

图 9-23 为图的最短路径功能演示程序运行图。

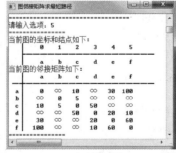

图 9-23　图的最短路径功能演示程序运行图

由于算法内部核心为双重循环,所以这个算法的时间复杂度是 $O(n^2)$。

如果仅需要求出特定两个结点之间的最短路径,那么只需要简单修改上面的程序即可。如果要一次性求出每一对顶点之间的最短路径,则可以用下面的思路。每次以一个顶点为源点,重复执行迪杰斯特拉算法 n 次,这样便可求得每一对顶点的最短路径。总的执行时间为 $O(n^3)$。

下面介绍由弗洛伊德(Floyd)提出的另一个算法。这个算法的时间复杂度也是 $O(n^3)$,但计算过程比较简单。弗洛伊德方法仍从图的带权邻接矩阵 weight 出发,其基本思想如下:

假设求从顶点 v_i 到 v_j 的最短路径。如果从 v_i 到 v_j 有弧,则从 v_i 到 v_j 存在一条长度为 edges[i][j] 的路径,该路径不一定是最短路径,尚需进行 n 次试探。首先考虑路径(v_i, v_0, v_j)是否存在(即判别弧(v_i, v_0)和(v_0, v_j)是否存在)。如果存在,则比较(v_i, v_j)和(v_i, v_0, v_j)的路径长度,取长度较短者为从 v_i 到 v_j 的中间顶点的序号不大于 0 的最短路径。

假如在路径上再增加一个顶点 v_1,也就是说,如果 (v_i, …, v_1) 和 (v_1, …, v_j) 分别是当前找到的中间顶点的序号不大于 0 的最短路径,那么(v_i, …, v_1, …, v_j)就有可能是从 v_i 到 v_j 的中间顶点的序号不大于 1 的最短路径。将它和已经得到的从 v_i 到 v_j 中间顶点序号不大于 0 的最短路径相比较,从中选出中间顶点的序号不大于 1 的最短路径之后,再增加一个顶点 v_2,继续进行试探。依此类推。在一般情况下,若(v_i, …, v_k)和(v_k, …, v_j)分别是从 v_i 到 v_k 和从 v_k 到 v_j 的中间顶点的序号不大于 $k-1$ 的最短路径,则将(v_i, …, v_k, …, v_j)和已经得到的从 v_i 到 v_j 且中间顶点序号不大于 $k-1$ 的最短路径相比较,其长度较短者便是从 v_i 到 v_j 的中间顶点的序号不大于 k 的最短路径。这样,在经过 n 次比较后,最后求得的必是从 v_i 到 v_j 的最短路径。

按此方法,可以同时求得各对顶点间的最短路径。现定义一个 n 阶方阵序列。

$$D^{(-1)}, D^{(0)}, D^{(1)}, \cdots, D^{(k)}, D^{(n-1)}$$

其中

$$D^{(-1)}[i][j] = edges[i][j]$$
$$D^{(k)}[i][j] = Min\{D^{(k-1)}[i][j], \ D^{(k-1)}[i][k] + D^{(k-1)}[k][j]\} \quad 0 \leqslant k \leqslant n-1$$

从上述计算公式可见,$D^{(1)}[i][j]$ 是从 v_i 到 v_j 的中间顶点的序号不大于 1 的最短路径的长度;$D^{(k)}[i][j]$ 是从 v_i 到 v_j 的中间顶点的个数不大于 k 的最短路径的长度;$D^{(n-1)}[i][j]$ 就是从 v_i 到 v_j 的最短路径的长度。

9.7　AOV 网与拓扑排序

在管理工作中经常会处理一些大型项目,其中涉及很多子项目,可以称为活动,这些活动之间总有一些先后次序必须处理好,否则就会带来不必要的资源浪费或麻烦。

AOV 网(activity on vertex network)所有的工程或者某种流程都可以分为若干小的工程或阶段(称为活动)。若以图的顶点来表示活动,有向边表示活动之间的先后次序,则活动在顶点上的有向图称为 AOV 网。

在 AOV 网中,若从顶点 i 到顶点 j 之间存在一条有向路径,称顶点 i 是顶点 j 的前趋,或者称顶点 j 是顶点 i 的后继。若<i, j>是图中的弧,则称顶点 i 是顶点 j 的直接前趋,顶点 j 是顶点 i 的直接后继。由于活动之间有先后关系,所有的边都是有向边,所以启用有向图来处理 AOV 网。

下面通过一个实例来说明 AOV 网的工作原理。如计算机相关专业的学生在大学里必须完成一系列规定的基础课和专业课才能毕业，这些课程是否可以按照随意的次序进行学习呢？显然不行，因为很多课程的内容是另外一门课程的基础。如果不先学习先导课程，就会导致后继某门课程很难学懂。整个学习过程可以看成是一个大工程，其活动就是学习每一门课程。下面选择了一部分课程作为范例，把先后关系用有向图表达出来。

图 9-24 是 AOV 网在课程次序安排中的范例的示意图，C 语言和离散数学是独立于其他课程的基础课，而其他课程却需要有先导课程，如，学完 C++和数据结构后才能学操作系统。用顶点表示课程，有向边表示前提条件。箭头方向表示了课程之间的逻辑先后次序。若课程 i 为课程 j 的先导课，则必然存在有向边<i,j>。在安排课程次序时，必须保证在学习某门课程之前，已经学习了其先导课程。

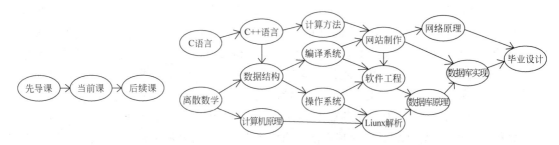

图 9-24　AOV 网在课程次序安排中的范例

AOV 网的例子还有很多，如计算机程序，任何一个可执行程序可以划分为若干程序段（或若干语句），由程序段组成的流程图也是一个 AOV 网。

为了保证该项工程得以顺利完成，必须保证 AOV 网中不出现回路；否则，意味着某项活动会以自身作为能否进行的前提，这是不可能的。在程序设计或运行中这就是"死锁"的范例。在操作系统课程中会有深入的讨论。

测试 AOV 网是否具有回路的方法，就是在 AOV 网的偏序集合下构造一个线性序列，该线性序列具有以下性质：

① 在 AOV 网中，若顶点 i 优先于顶点 j，则在线性序列中顶点 i 仍然优先于顶点 j。

② 对于网中原来没有优先关系的顶点 i 与顶点 j，在线性序列中也建立一个先后关系，或者顶点 i 优先于顶点 j，或者顶点 j 优先于 i。

满足以上性质的线性序列称为拓扑有序序列。构造拓扑序列的过程称为拓扑排序。也可以说拓扑排序就是由某个集合上的一个偏序得到该集合上的一个全序的操作。

拓扑排序就是把非线性结构转换为一种线性结构，其中任何结点之间的关系依然符合原有向图之间的先后约束关系。

若某个 AOV 网中所有顶点都在它的拓扑序列中，则说明该 AOV 网不存在回路，这时的拓扑序列集合是 AOV 网中所有活动的一个全序集合。

以图 9-24 为例，一个拓扑序列如下：C 语言、离散数学、C++语言、数据结构、计算机原理、计算方法、操作系统、编译系统、网站制作、Linux 解析、软件工程、网络原理、数据库原理、数据库实现、毕业设计。

拓扑排序算法的步骤如下：

① 从 AOV 网中选择一个没有前趋的顶点（该顶点的入度为 0）并且输出它。

② 从网中删除该顶点,并且删除从该顶点发出的全部有向边(程序设计中可以通过其他机制如标志位等来处理,不一定是真正的删除操作)。

③ 重复上述两步,直到剩余的网中不再存在没有前趋的顶点为止。

操作的结果有两种:一种是网中全部顶点都被输出,这说明网中不存在有向回路;另一种就是网中顶点未被全部输出,这说明网中存在有向回路。

在算法设计中可设置一个标志位数组,凡是网中入度为 0 的顶点都翻转为 1,并且通过记录最后输出的结点个数来确定是否有环路。

对一个具有 n 个顶点和 e 条边的网来说,整个算法的时间复杂度为 O(e+n)。

程序默认数据代表的无环有向图以及相关数据如图 9-25 所示。

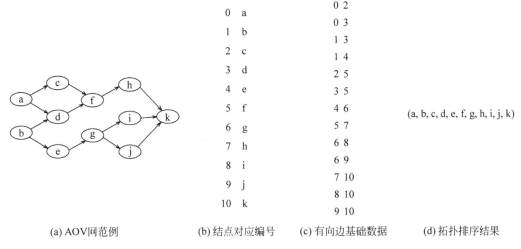

0 a	0 2		
1 b	0 3		
2 c	1 3		
3 d	1 4		
4 e	2 5		
5 f	3 5		
6 g	4 6	(a, b, c, d, e, f, g, h, i, j, k)	
7 h	5 7		
8 i	6 8		
9 j	6 9		
10 k	7 10		
	8 10		
	9 10		

(a) AOV网范例　　　(b) 结点对应编号　　　(c) 有向边基础数据　　　(d) 拓扑排序结果

图 9-25　AOV 网范例以及基础数据和运行结果

【程序源码 9-4】　拓扑排序部分源码,存储结构采用邻接矩阵。为了兼容带权图,文本文件中的权值数据全部赋值为 1 即可。

```
//拓扑排序函数
void graph::topological()
{
    int tempcount;                        //临时计数器
    for(j = 0;j < inputnodenum;j++)       //求所有结点的入度,从每一列开始扫描,然
                                          //后看哪一行进入
    {
        tempcount = 0;                    //本次临时计数器记录每一列中 1 的个数
        for(i = 0;i < inputnodenum;i++)   //列优先扫描
            if(getweight(i,j) == 1)
                tempcount++;              //两点通达则入度加 1
        Indegree[j] = tempcount;          //每一列统计完毕后存入入度数组的下标
                                          //位置
    }
    cout << endl <<"所有结点入度如下:"<< endl;   //显示入度信息
    for(j = 0;j < inputnodenum;j++)
        cout << nodesarray[j]<<" =>"<< Indegree[j]<<" ";
    cout << endl;
```

```
        tempcount = 0;
        //本次临时计数器记录逻辑删除点的个数,同时正好等于进入拓扑排序结果数组的下标控制变量
        for(i = 0;i < inputnodenum;i++)                    //从每一个结点开始检测
            if((Indegree[i] == 0) && (deleflag[i] == 0)) //入度为0和删除标记为0的顶点
            {
                topologicalSort[tempcount] = i;        //输出到结果数组中
                tempcount++;                           //计数器加1,同时为下标
                for(j = 0;j < inputnodenum;j++)        //逻辑上删除该点后,每一列扫描一次
                    if(getweight(i,j) == 1)            //如果发现该列的该行原来为1
                        Indegree[j]--;                 //在入度数组中将该结点的入度减1
                deleflag[i] = 1;                       //在删除标记数组中将该结点删除标记翻
                                                       //转为1
            }
        if(tempcount == inputnodenum)                      //如果全部结点都进入了拓扑序列,说明该
                                                       //有向图没有环路
        {
            cout << endl <<"有向图的拓扑序列为: "<< endl;      //输出拓扑序列
            for(i = 0;i < inputnodenum;i++)
                if(i == inputnodenum - 1)
                    cout <<"["<< nodesarray[topologicalSort[i]]<<"]";
                                                       //最后一个结点
                else
                    cout <<"["<< nodesarray[topologicalSort[i]]<<"]"<<"→";
                                                       //中间结点
            cout << endl;
        }
        else
            cout <<"本有向图不存在拓扑序列,有环路存在!"<< endl;

    }
```

程序运行后的部分相关界面如图 9-26 所示。

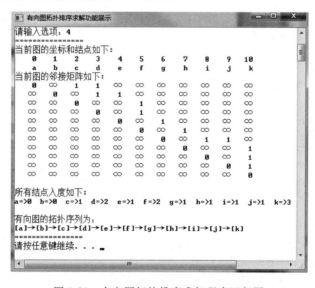

图 9-26　有向图拓扑排序求解程序运行图

9.8　最小代价生成树的研究

9.8.1　最小生成树的定义

电话通信网可以把多个城市联系在一起,但是如何以尽可能低的总造价建造这个网呢?假设这些城市中任意两个城市之间都可以建造通信线路,通信线路的造价依据城市间的距离不同而不同,那么就可以构造一个通信线路造价网图,每个顶点表示城市,顶点之间的边表示城市之间可构造通信线路,每条边的权值表示该条通信线路的造价,要使总造价最低,实际上就是寻找该网图的最小代价生成树。

最小代价生成树(MiniSpanTree,又称为 MST)的定义:如果无向连通图是一个网图,那么它所有生成树中必有一棵生成树;其边的权值总和最小,那么称这棵生成树为最小代价生成树,简称为最小生成树。

由生成树的定义可知,无向连通图的生成树并不唯一。例如可以通过连通图的遍历法把所经过边的集合及图中所有顶点的集合构成该图的一棵生成树,那么对连通图进行不同的遍历方法,就可以得到不同的生成树。可以证明,对于有 n 个顶点的无向连通图,无论其生成树的形态如何,所有生成树中都有且仅有 n−1 条边。

通常程序设计中最容易采用的编程方式为"穷尽法",就是利用计算机的高速性遍历所有可能,然后根据要求求出符合条件的结果即可,但是本数据模型使用这个方法是失败的,因为一个图的所有连通子图数量是非常多甚至无穷个,全部求出来过于耗时。这时可以采用另外一种编程方法,就是"构造法"。它的思路就是通过某种算法直接求出一个结果,而这个结果可以证明是符合条件的那一个。

下面分别介绍两种构造最小生成树的方法:Prim 算法(普里姆算法)、Kruskal 算法(克鲁斯卡尔算法)。

图 9-27 为无向连通图的生成树范例示意图,前两棵树为对图 9-14 中左边的图进行深度遍历和广度遍历后产生的生成树,然后是一个随意画出的一个生成树,最右边为一个带权连通无向图的范例,也对应着下面程序运行时读入的默认数据。

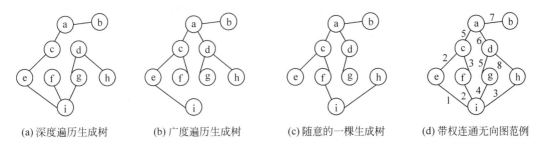

(a) 深度遍历生成树　　(b) 广度遍历生成树　　(c) 随意的一棵生成树　　(d) 带权连通无向图范例

图 9-27　无向连通图的生成树范例示意图

本程序存储结构采用邻接矩阵,可以随时显示该矩阵的所有值。

Prim 算法和 Kruskal 算法是两种寻找网图最小生成树的算法。为了把结果保存下来,启用了指针数组:linklist list[4];分别用 0、1 下标指向 Prim 算法初始链表和最终结果链表,2、3 下标指向 Kruskal 算法的初始链表和最终结果链表。主要的 Prim 算法和 Kruskal

算法的源码实现放在下面讨论原理时分别给出,这里给出的主要是数据读入和显示邻接矩阵等函数,其他的如结点或边的增加、删除、权值的修改等均没有提供。

在这节的程序设计中,将对文件读入功能做改进。首先提供点的个数和边的个数,然后约定结点名称为 26 个大写字母从头开始自然读取,边的信息改为结点名之间直接体现,请看下面带权连通无向图约定的文件数据:

```
9
11
< AB > = 7
< AC > = 5
< AD > = 6
< CE > = 2
< CF > = 3
< DG > = 5
< DH > = 8
< EI > = 1
< FI > = 2
< GI > = 4
< HI > = 3
```

【程序源码 9-5】 最小生成树的部分程序源码。

```cpp
//功能: 最小生成树的两种算法
# include < iostream >
# include < conio. h >
# include < windows. h >
# include < cstring >
# include < fstream >
# include < iomanip >
using namespace std;
enum returninfo{success,wrong,fail,error};          //定义错误类型
const int Maxsize = 26;                             //设置邻接矩阵的最大限,此处用字母
                                                    //个数
float MGraph[Maxsize][Maxsize] = {0};               //邻接矩阵初始化为 0
int flag[Maxsize] = {0};                            //初始化标志位全部为 0
int delflag[Maxsize] = {0};                         //初始化已经删除结点的标志位为 0
int nodenumber = 10,deletenumber = 0;  //nodenumber 结点个数,deletenumber 被删除结点的个数
int datamark = 0;                                   //标志目前是否已经有图的数据,0 为
                                                    //没有建立结点类
class node                                          //创建一个 node 类来表示边的信息
{
public:
    node(char initpointstart,char initpointend,float initweight,node * initnext = NULL);
    node(node * initnext = NULL);                   //构造函数重载,为头结点节省空间
    ~node();
    void display(void);                             //显示边的结点以及权值信息
    char pointstart;                                //边的起点【约定 ASCII 码小】
    char pointend;                                  //边的终点【约定 ASCII 码大】
    float weight;                                   //边的权值
    node * next;                                    //后继结点指针
```

```cpp
};

//最小生成树类
class minispantree
{
public:
    minispantree();
    ~minispantree();
    bool readfile();                            //读文件操作
    void traveral(void);                        //显示当前邻接矩阵
    returninfo nodeinsdel(void);                //结点的增删操作
    returninfo edgeinsdel(void);                //边的增删操作
    returninfo edgemodify(void);                //修改边的权值
    void failflag(void);                        //显示标志位信息
    char letterchange(char nodenameofedge);     //小写字母换成大写字母
    returninfo kruskal();                       //Kruskal算法
    returninfo prim();                          //Prim算法
protected:
    linklist list[4];
    //0、1下标表示Prim算法初始和最终数据,2、3下标表示Kruskal算法的初始和最终数据
};
void minispantree::traveral(void)
{
    int i,j;
    char inode = 'A';
    cout <<" ┃ ";
    for(i = 0;i < nodenumber;i++)
        cout << setw(6)<< setiosflags(ios::right)<< inode++;
    inode = 'A';                                //重新赋值
    cout << endl <<"——╋";
    for(i = 0;i < nodenumber;i++)
        cout <<"———";
    for(i = 0;i < nodenumber;i++)
    {
        cout << endl <<" "<< setw(2)<< inode++<<"┃ ";
            for(j = 0;j < nodenumber;j++)
            {
                if(delflag[i] == 1 || delflag[j] == 1)   //删除点
                    cout << setw(6)<< setiosflags(ios::right)<<"■";
                else if(i!= j && MGraph[i][j] == 0)       //无边
                    cout << setw(6)<< setiosflags(ios::right)<<" ∞ ";
                else
                    cout << setw(6)<< setiosflags(ios::right)<< MGraph[i][j];
            }
            cout << endl <<" ┃ ";
    }
    cout << endl << endl <<"【温馨提示】数据显示为 ■ 的表示该点被删除,无数据显示."<< endl <<
endl;
}
```

图9-28为最小生成树进入界面和显示数据功能的运行图。

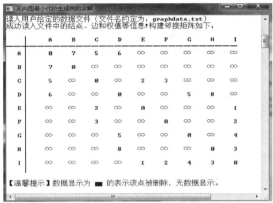

图 9-28　求最小生成树进入界面和显示数据功能运行图

9.8.2　构造最小生成树的 Prim 算法

假设 G＝(V,E)为一网图,其中 V 为网图中所有顶点的集合,E 为网图中所有带权边的集合。

设置两个新的集合 U 和 T,其中集合 U 用于存放 G 的最小生成树中的顶点,集合 T 存放 G 的最小生成树中的边。

假设构造最小生成树时,从顶点 u_1 出发,则令点集合 U 的初值为 U＝{u_1},边集合 T 的初值为 T＝{}。

Prim 算法的思想是,从所有 u∈U,v∈V－U 的边中,选取具有最小权值的边(u,v),将顶点 v 加入集合 U 中,将边(u,v)加入集合 T 中,如此不断重复,直到 U＝V 时,最小生成树构造完毕,这时集合 T 中包含了最小生成树的所有边,也就是说在保证连通性的同时不断选取最小的边,直到构造完毕。

Prim 算法可用下述过程描述,其中用 w_{uv} 表示顶点 u 与顶点 v 边上的权值。这种算法没有考虑回路问题,但是在选边的过程中必须保持连通性。

(1) U＝{u1},T＝{};

(2) while(U≠V)do

　　　　(u,v)＝min{w_{uv}; u∈U,v∈V－U }

　　　　T＝T＋{(u,v)}

　　　　U＝U＋{v}

(3) 结束。

图 9-29 为 Prim 算法构造最小生成树的过程示意图。按照 Prim 方法,起点可以为任意一个结点,如从顶点 a 出发,在 5、6、7 这 3 条边中选择最小的边 5,选择了顶点 c 之后,涉及的边为 2、3、6、7,再选择最小的边 2,选择结点 e 后,涉及的边为 1、2、3、6、7。此时选择 1,图中的虚线涉及的边为 2、3、4、3、6、7,其最小的边为 2,再往后的过程由读者自行完成。最后选出的边值集合为(5,2,1,2,3,4,5,7),其中虽然有些边的权值更小,但是因为会形成环路,所以不能选入,最终的最小代价总权值为 29。

下面为 Prim 算法部分源码,本函数可以对非连通图进行判断提示,在不能产生最小生

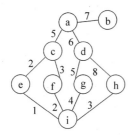 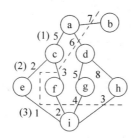 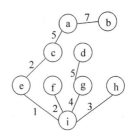

图 9-29 Prim 算法构造最小生成树的过程示意图

成树时正常运行。

```
returninfo minispantree::prim()                    //Prim 算法
{
    //list[4]: 其中 0、1 坐标表示 Prim 算法的初始链表和最终结果链表
    list[0].clearlist();                           //每次调用算法前将初始和最终数据清空
    list[1].clearlist();
    char beginnode;                                //进入结点名称
    node * newnode, * searchp, * followp, * listrear; //新结点、搜索指针、尾随指针、尾部指针
    int i,j;                                        //循环遍历
    int nodeflag = 0;                              //结点标志位
    for(i = 0;i < nodenumber;i++)                  //标志位归零
        flag[i] = 0;
    cout <<"请在下面范围中输入起始结点名称【A - "<< char('A' + nodenumber - 1)<<"】: ";
    cin >> beginnode;
    beginnode = letterchange(beginnode);           //小写转换成大写
    if(beginnode == 0)                             //输入数据有误
        return error;
    i = int(beginnode - 'A');                      //计算出进入结点的序号
    flag[i] = 1;                                   //把该序号代表的起始点的标志位翻转为 1
    while(list[1].number!= nodenumber - 1 - deletenumber)
    {
        for(j = 0;j < nodenumber;j++)
            if(MGraph[i][j]!= 0)                   //i 固定不变,把所在行的列全部过一遍
            //如果邻接矩阵中权值不为 0,则把该边加到链表中
            {
                newnode = new node(i + 'A',j + 'A',MGraph[i][j]);
                                                   //结点中存入相应的结点名和权值
                if(list[0].empty())                //如果此时链表为空
                {
                    newnode -> next = NULL;
                    list[0].headp -> next = newnode;
                    list[0].number++;
                }
                else
                {
                    //如果这条边已经存在的话,则无须加入
                    searchp = list[0].headp -> next;    //启动搜索指针
                    followp = list[0].headp;            //启动尾随指针
                    while(searchp!= NULL && searchp -> weight < MGraph[i][j])
```

```
                                                          //升序,找正确位置
            {
                followp = searchp;
                searchp = searchp -> next;
            }
            while(searchp!= NULL && searchp -> weight == MGraph[i][j])
                                                          //当发现权值相等时
            {
                if(searchp -> pointstart == i + 'A' && searchp -> pointend == j + 'A')
                                                          //起点终点相同
                {
                    nodeflag = 1;
                    delete newnode;                       //释放新结点
                    break;
                }
                searchp = searchp -> next;                //往后移动指针
            }
            if(followp!= NULL && nodeflag == 0)
            {
                newnode -> next = followp -> next;         //插入新结点到链表中
                followp -> next = newnode;
                list[0].number++;                          //计数器加 1
                nodeflag = 0;                              //重新归零
            }
        }
    }
if(list[0].number == 0 )
{   if(delflag[i] == 1)
    {
        cout << endl <<"你输入的结点 "<< char(i + 'A')<<" 已被删除!"<< endl;
        cout << endl <<"【温馨提示】"<< endl
            <<"1.标志值为 0 表示为暂未选入的结点群; "<< endl
            <<"2.标志值为 1 表示已被选入的结点群; "<< endl
            <<"3.标志值为 ■ 表示已删除结点群."<< endl << endl;
        failflag();                                        //显示标志位信息
        return error;
    }
    cout << endl <<"【温馨提示】"<< endl
        <<"1.标志值为 0 表示为暂未选入的结点群; "<< endl
        <<"2.标志值为 1 表示已被选入的结点群; "<< endl
        <<"3.标志值为 ■ 表示已删除结点群."<< endl << endl;
    failflag();                                            //显示标志位信息
    return fail;
}
searchp = list[0].headp -> next;                           //取当前 list[0]链表中权
                                                          //值最小的边
while(searchp -> next!= NULL &&
    flag[int(searchp -> pointstart - 'A')] + flag[int(searchp -> pointend - 'A')] == 2)
//此时 searchp 涉及边的起点和终点均在已选行列,舍弃,否则构成回路
{
    list[0].headp -> next = searchp -> next;
```

```
            delete searchp;                                    //释放空间
            searchp = list[0].headp -> next;                   //重新启动搜索指针
        }
        //此时 searchp 指向一个有效边,将其加入到 list[1]中,并且将结点加入已选行列
        i = flag[int(searchp -> pointstart - 'A')]< flag[int(searchp -> pointend - 'A')]?
            (searchp -> pointstart - 'A'):(searchp -> pointend - 'A');
                                                               //选取小者标志位
        flag[i] = 1;
        newnode = new node(searchp -> pointstart, searchp -> pointend, searchp -> weight);
        //三数据存入结点
        newnode -> next = NULL;
        if(list[1].empty())                                    //如果此时为空
        {
            list[1].headp -> next = newnode;
            listrear = newnode;                                //启用一个链表的尾部指针用于每次插
                                                               //入在最后的位置上
        }
        else
        {
            listrear -> next = newnode;                        //挂链到最后一个结点
            listrear = newnode;                                //移动尾部指针,为下一次挂链做准备
        }
        list[1].number++;
    }
    for(i = 0; i < nodenumber; i++)
    //扫描判断是否为最小生成树,全部标志位为 1 则可构成最小生成树,否则不连通
        if(flag[i]!= 1 && delflag[i] == 0)                     //最终状态是全部标志位为 1,否则不能
                                                               //构成最小生成树
        {
            cout << endl <<"【温馨提示】"<< endl
                <<"1.标志值为 0 表示为暂未选入的结点群; "<< endl
                <<"2.标志值为 1 表示已被选入的结点群; "<< endl
                <<"3.标志值为 ■ 表示已删除结点群."<< endl << endl;
            failflag();                                        //显示标志位信息
            return fail;
        }
    float total = 0;                                           //总权值清零
    searchp = list[1].headp -> next;                           //对结果链表进行扫描
    while(searchp!= NULL)                                      //显示最小生成树信息
    {
        searchp -> display();                                  //显示当前边的信息
        total += searchp -> weight;                            //累加最小生成树的权值
        searchp = searchp -> next;
    }
    cout << endl <<"最小生成树的总权为: "<< total << endl;
                                                               //显示总权值
    return success;
}
```

段 C++实现数据结构程序设计

Prim 算法求最小生成树过程运行图如图 9-30 所示。

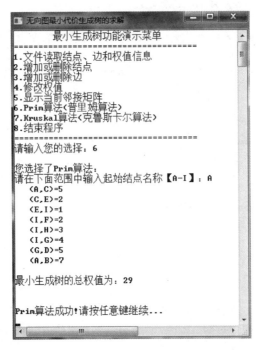

图 9-30　Prim 算法求最小生成树过程运行图

在 Prim 算法中,while 循环中套着一个 for 循环,时间复杂度为 $O(nodenumber^2)$,该循环中又包括了三个 while 并列循环分别处理数据排序、处理权值和行列值相等、排除构成回路的边,执行次数都是 $O(edgenumber)$,另外两个循环判断是否为最小生成树和显示结果链表均为 $O(nodenumber)$,忽略不计,所以 Prim 算法的时间复杂度为 $O(nodenumber^2 * edgenumber)$。

9.8.3　构造最小生成树的 Kruskal 算法

Kruskal 算法和 Prim 算法的区别是首先不考虑连通性,而是按照网中边的权值递增的顺序来构造最小生成树的方法,因为要想达到生成树总权值最小,总体来说必须在保证没有环路的情况下选择更小权值代表的边。

其基本思想是:设无向连通网为 $G=(V,E)$,令 G 的最小生成树为 T,其初态为 $T=(V,\{\})$,即开始时,最小生成树 T 由图 G 中的 n 个顶点构成,顶点之间没有一条边,这样 T 中各顶点各自构成一个连通分量,然后按照边的权值由小到大排序,逐一考察 G 的边集 E 中的各条边。

若被考察的边的两个顶点属于 T 的两个不同的连通分量,说明没有构成环路,将此边作为最小生成树的边加入到 T 中,同时把两个连通分量连接为一个连通分量;若被考察边的两个顶点属于同一个连通分量,说明这将构成环路,则舍去此边,重复此过程,当最后 T 中的连通分量个数为 1 时,此连通分量便为 G 的一棵最小生成树。

为了保存最小生成树的边,构造了两条链表:初始链表和结果链表。第一条用于存储所有非零权值的边,之后启用第二条链表用来存储能进入最小生成树的边。

Kruskal算法构造最小生成树具体的过程如下：

（1）把邻接矩阵的上三角非零权值按照行优先的次序逐一处理，按照升序存储在初始链表中。

（2）从初始链表中逐一考察每一个结点，分为以下几种情形：

① 如果结点中边的两个点的标志位都为0，说明是新的边集，都可以进入最小生成树。

② 如果边涉及的两个点的标志位只有一个为0，那么不为0的结点可以进入最小生成树。

③ 如果两个标志位都不为0，则又分为几种情况。如果两者相等，说明当前处理的边的两个结点在同一个边集中，已经出现了环路，则该边不能进入到结果链表中。如果两者不同，说明这条边的两个结点分属于两个不同的边集中，此时可以合并这两个边集，需要注意的是合并后标志位大的结点应该把标志位全部改为小的。

④ 如果全部结点的标志位都为1，说明所有结点都已经进入最小生成树，否则说明该图不连通，构建最小生成树失败。

⑤ 如果可以构成最小生成树，则逐一输出结果链表中的每一个结点并累加权值，结点中包含了边涉及的起始点、终止点和权值。

图9-31为按照Kruskal方法构造最小生成树的过程。

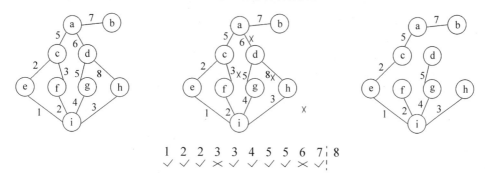

图 9-31　Kruskal算法构造最小生成树的过程示意图

Kruskal算法部分源码如下。

```
returninfo minispantree::Kruskal()              //Kruskal算法
{
    char nodenamestart, nodenameend;            //边的开始结点名,结束结点名
    node * newnode, * searchp, * followp, * listrear;  //新结点、搜索指针、尾随指针、链表尾部
                                                //指针
    int mark = 0;                               //mark标志记录当前结点属于哪个边集
    int noderow,nodecol,tempvalue,tempbigger;   //结点对应的行、列,临时存储使用的变量名两个
    int nodeflag;
    //标志链表结点是否可以进入最小生成树,为1进入,为0失败
    int i,j,k;                                  //循环变量名
    for(k = 0;k < nodenumber;k++)               //是否已经进入最小生成树的标志位全部
                                                //清零
        flag[k] = 0;
    list[2].clearlist();                        //每次开始时将初始链表和最终结果链
                                                //表清空
    list[3].clearlist();
    //list[4]: 2、3坐标表示Kruskal算法的初始链表和最终结果链表
```

```
        for(i = 0;i < nodenumber - 1;i++)                    //扫描邻接矩阵中所有结点所在行和列
            for(j = i + 1;j < nodenumber;j++)                //用行优先法处理上三角矩阵的所有非 0
                                                             //的权值
        {
            if(MGraph[i][j]!= 0)
            //将非零的权值涉及的行列坐标和权值数据加入到链表中【按权值升序排列】
            {
                nodenamestart = i + 'A';                     //利用 ASCII 码把行坐标转换成结点名
                nodenameend = j + 'A';                       //利用 ASCII 码把列坐标转换成结点名
                newnode = new node(nodenamestart,nodenameend,MGraph[i][j]);
                //申请新结点,把边涉及的两个结点和权值存入
                if(list[2].empty())      //如果此时链表为空,则作为第一个结点挂入
                {
                    newnode - > next = NULL;
                    list[2].headp - > next = newnode;
                }
                else
                {
                    followp = list[2].headp;
                    searchp = list[2].headp - > next;
                    while(searchp!= NULL && searchp - > weight < MGraph[i][j])
                    //为了保证有序,找正确位置
                    {
                        followp = searchp;
                        searchp = searchp - > next;
                    }
                    newnode - > next = searchp;              //找到后挂链,保持权值从小到大排列
                    followp - > next = newnode;
                }
                list[2].number++;                            //结果链表个数计数器加 1
            }
        }
    //下面将从有序链表结点中按照从小到大的次序选出最小生成树合法的边
    searchp = list[2].headp - > next;                        //启动搜索指针
    while(searchp!= NULL && list[3].number!= nodenumber - 1)
    //当链表没有完而且产生的边数不够时继续产生
    {
        nodeflag = 1;                                        //每次开始重新设置为 1,假设当前结点
                                                             //是可以加入最小生成树的
        noderow = searchp - > pointstart - 'A';              //把当前起点的结点名换为原邻接矩阵中
                                                             //的行坐标
        nodecol = searchp - > pointend - 'A';                //把当前终点的结点名换为原邻接矩阵中
                                                             //的列坐标
        if(flag[noderow] + flag[nodecol] == 0)               //如果都是为 0,说明这两个结点都可以
                                                             //进入最小生成树
        {
            flag[noderow] = ++mark;
            //每当新的边集合开始时标志位不断增加 1,用来判断该图是否是联通图
            flag[nodecol] = mark;
        }
        else if(flag[noderow] * flag[nodecol] == 0)          //只有一个为 0
        {
            tempvalue = (flag[noderow]> flag[nodecol])?flag[noderow]:flag[nodecol];
                                                             //选择非零的值
```

```
            flag[noderow] = tempvalue;                    //目的是保持进入当前的边集中
            flag[nodecol] = tempvalue;
        }
        else if(flag[noderow] * flag[nodecol]!= 0)    //如果都不为 0 的情况,分情况讨论
        {
            if(flag[noderow] == flag[nodecol])
            //标志位两者相等,说明在一个边集中,也就是环,必须舍弃
                nodeflag = 0;                          //结点舍弃通过标志位翻转为 0 达成,此
                                                       //中只有这一种情况
            else
//两者都不为 0 且不相等,说明开始时不在一个边集中,现在联通了,需要合并边集,故取小值
            {
                tempvalue = (flag[noderow]< flag[nodecol])?flag[noderow]:flag[nodecol];
                //准备小的标志位
                tempbigger = (flag[noderow]> flag[nodecol])?flag[noderow]:flag[nodecol];
                //记录大的标志位
                for(k = 0;k < nodenumber;k++)
                //所有标志位扫描,等于大标志位的全部刷新为小的标志位
                    if(flag[k] == tempbigger)
                        flag[k] = tempvalue;
            }
        }
        else                                           //如果有其他现象则表明有错并且显示
                                                       //所有结点的标志
        {
            return error;
        }
        if(nodeflag == 1)                              //表示这个结点符合最小生成树的条件
        {
            //将此结点添加到最终状态链表中【尾插法】
            newnode = new node(searchp - > pointstart, searchp - > pointend, searchp - > weight);
            newnode - > next = NULL;
            if(list[3].empty())
                                                       //如果此时链表为空,则作为第一个结点挂入
            {
                list[3].headp - > next = newnode;
                listrear = newnode;                    //启用一个链表的尾部指针用于每次插
                                                       //入在最后的位置上
            }
            else
            {
                listrear - > next = newnode;           //挂链到最后一个结点
                listrear = newnode;                    //移动尾部指针,为下一次挂链做准备
            }
            list[3].number++;                          //计数器加 1
        }
        searchp = searchp - > next;

                                                       //继续处理下一个结点,边数足够时马上停止
```

```
    }
    for(k = 0;k < nodenumber;k++)
    //扫描判断是否为最小生成树,全部标志位为1则可构成最小生成树,否则不连通
        if(flag[k]!= 1 && delflag[k] == 0)
        //只要遇到一个结点标志位不为1而且不是被删除的结点,则失败
        {
            cout << endl <<"【温馨提示】"<< endl <<"1.标志值为0表示为孤立结点; "
                << endl <<"2.标志值为非0且相等的表示互联的结点集合; "
                << endl <<"3.标志值为 ■ 表示已删除结点集合."<< endl << endl;
            failflag();                         //显示标志位信息
            return fail;                        //直接退出
        }
    float total = 0;                            //总权值累加器清零
    searchp = list[3]. headp -> next;           //启动搜索指针
    while(searchp!= NULL)                       //显示最后最小生成树的边
    {
        searchp -> display();                   //每一个结点的三个值被依次输出
        total += searchp -> weight;             //总权值累加
        searchp = searchp -> next;              //移动链表搜索指针
    }
    cout << endl <<"最小生成树的总权值为: "<< total << endl;
                                                //显示总权值

    return success;
}
```

Kruskal 算法求最小生成树过程运行图如图 9-32 所示。

图 9-32　Kruskal 算法求最小生成树过程运行图

这次选择的边显然是按照权值从小到大排列的。

在 Kruskal 算法中,结点个数为 nodenumber,边个数为 edgenumber,时间效率分析如下:把稀疏矩阵的所有数据扫描完毕为 $O(nodenumber^2)$,其中还有一个循环结构用于数据的排序,长度为边的个数 edgenumber,另外 3 个循环选择合法边、判断是否为最小生成树和显示结果链表均为 $O(nodenumber)$,忽略不计,故最终时间复杂度为 $O(nodenumber^2 *edgenumber)$。

9.9 本章总结

本章介绍了图结构,它是现实生活中复杂模型的抽象。仅利用某种独立的存储结构很难完成图的存储,只有综合利用数组和链表等基础数据结构才可以解决存储结构的困难,特别是利用数学中的矩阵可以巧妙地化解图的复杂性,前面讨论过的三元组等存储结构也作为基础对图的应用产生影响。遍历是图结构中最基本和最重要的操作,本章讨论了两种:深度优先遍历和广度优先遍历,它们又分别使用了前期讨论过的基础数据结构——栈和队列。这两种遍历可以演变成很多实际课题的算法。本章最后对图结构在应用中的程序设计进行了讨论,如最短路径、拓扑排序,还介绍了最小代价生成树的两种算法。

习 题

一、原理讨论题

1. 图的结构中,有没有类似树结构的根结点那样的进入结点? 为什么?

2. 图的邻接表中,挂链的结点中为什么不能存放实际要处理的数据?

二、理论基本题

1. 写出以下概念的定义:图、有向图、无向图、结点的度、顶点、边、弧、弧头、弧尾、完全图、稠密图、稀疏图、边的权、网图。

2. 分别画出 2、3、4、5 的结点的无向完全图。

3. 画出有向图、无向图、网图、子图、生成树等的示意图。

4. 写出主要的关于图的操作清单。

5. 画出图的邻接矩阵存储结构的示意图。

6. 画出图的邻接表的存储结构的示意图。

7. 自己画出一个图,给出深度优先和广度优先遍历的结果。

8. 自己画出一个图,画出求其最小代价生成树的结果。

9. 自己画出一个图,画出求其最短路径的结果。

10. 自己画出一个有向图,求其拓扑排序的结果。

三、编程基本题

1. 编程将无向图的邻接矩阵存储结构转换成邻接表存储结构。

2. 存储结构采用邻接表,实现有向图的基本运算,包括深度优先和广度优先遍历。

3. 存储结构采用邻接矩阵,实现无向图的基本运算,包括深度优先和广度优先遍历。

4. 用非递归算法实现深度优先的程序。

5. 编程实现求某个结点的出度或入度。

6. 编程实现查询某两个结点之间是否有边。

7. 编程实现求图中最小代价生成树。

8. 编程实现求图中其中任何两个结点之间的最短路径。

9. 编程实现求图中拓扑排序。

10. 编程判断某个图是否连通图,如从某一个结点出发进行遍历,若个数结果和已知的总结点数不符,则代表该图是不连通的。

11. 编程求图的联通分量。

12. 编程解决经典的欧拉七桥问题,其实质是检测所有顶点的度都是偶数,否则便是无解。

四、编程提高题

1. 编程实现判断某个无向图是否是一棵树。

2. 编程实现判断某个有向图是否是一棵以 V_0 为根的有向树。

3. 编程实现求出无向图的连通分量个数。

4. 编程实现求长度为 n 的环。

五、思考题

1. 按照马走"日"字形的走法,把 1、2、3、4、…、64 分别填入一个 8×8 的棋盘中。初始位置由键盘输入。

2. 铁路调度系统模拟显示程序。在调度员面前有很多条铁路,不断有火车申请线路,根据情况决定停靠在某个车道上,或从某个车道通过。

3. AOE 网和关键路径的研究。若在带权的有向图中,以顶点表示事件,以有向边表示活动,边上的权值表示活动的某种代价(如该活动持续的时间或需要的人数),则此带权的有向图称为 AOE 网。AOE 网具有以下两个性质:①只有在某顶点所代表的事件发生后,从该顶点出发的各有向边所代表的活动才能开始。②只有在进入某一顶点的各有向边所代表的活动都已经结束,该顶点所代表的事件才能发生。对于 AOE 网,可采用与 AOV 网一样的邻接表存储方式。其中,邻接表中边结点的域为该边的权值,即该有向边代表的活动所持续的时间。

由于 AOE 网中的某些活动能够同时进行,故完成整个工程所必须花费的时间应该为源点到终点的最大路径长度(这里的路径长度是指该路径上的各个活动所需时间之和)。具有最大路径长度的路径称为关键路径。关键路径上的活动称为关键活动。关键路径长度是整个工程所需的最短工期。这就是说,要缩短整个工期,必须加快关键活动的进度,如把非关键路径上的多余人员调往关键路径上,或者另外新增其他人员。如果把某一个路径上的权值进行了修改,那么关键路径就可能发生改变。还要考虑到有的时候关键路径不止一条,其代价都是一样的,那么就必须同时减少。编程求图的关键路径。带权有向图如图 9-33 所示。

4. 关结点和重连通分量的研究。假若在删去顶点 v 以及和 v 相关联的各边之后,将图的一个连通分量分割成两个或两个以上的连通分量,则称顶点 v 为该图的一个关结点(articulation point)。一个没有关结点的连通图称为重连通图(biconnected graph)。在重连通图上,任意一对顶点之间至少存在两条路径,则在删去某个顶点以及依附于该顶点的各边时不会破坏图的连通性。若在连通图上至少删去 k 个顶点才能破坏图的连通性,则称此图的连通度为 k。编程求图的关结点。

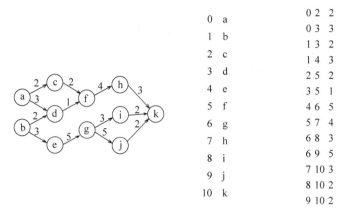

0	a		0	2	2
1	b		0	3	3
2	c		1	3	2
3	d		1	4	3
4	e		2	5	2
5	f		3	5	1
6	g		4	6	5
7	h		5	7	4
8	i		6	8	3
9	j		6	9	5
10	k		7	10	3
			8	10	2
			9	10	2

图 9-33　AOE 网示意图

5. 有向无环图(directed acycline graph)的研究。一个无环的有向图称作有向无环图,简称 DAG 图。有向无环图是描述含有公共子表达式的表达式的有效工具。如下述表达式:$((a+b)*(b*(c+d)+(c+d)*e)*((c+d)*e)$,除了使用前面讨论的二叉树来表示外,仔细观察该表达式,可发现有一些相同的子表达式,如(c+d)和(c+d)*e等。在二叉树中它们也重复出现,若利用有向无环图,则可实现对相同子式的共享,从而节省存储空间,所以 DAG 图是一类较有向树更一般的特殊有向图。图 9-34 所示为该表达式 DAG 图的示意图。编程实现其思想。

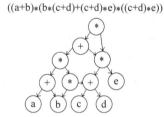

图 9-34　有向无环图范例示意图

第10章 查找程序设计进阶

本章介绍多种查找技术,包括折半查找、插值查找、斐波那契查找、分块查找,二叉排序树、平衡二叉树的结构,哈希表结构和相应的查找技术,字符串的改进查找算法。查找技术在编程中作用很大,是重要的基础操作之一,如何提高查找速度将是重点讨论的内容。

10.1 引　　言

顺序查找中,如果只要查找"第一个"符合条件的数据,成功则无须把全部数据都遍历一次;失败,则肯定是把全部数据已经遍历。这个结论可否推广到任何情况呢? 其算法时间复杂度为O(n),从一般的评价标准看,这个时间复杂度是不理想的,那么如何才能提高时间效率呢? 本章给出一些新的查找算法,时间效率也有一定提高,拓展了编程思想。

10.2 有序表的折半查找和其他变形

10.2.1 有序表的折半查找

假设需要查找的静态表是一个有序表(例如表中数据元素按关键码升序排列),就可以通过折半查找提高查找效率,该方法也被称为二分查找法。其思想为:在有序表中,取中间元素作为比较对象,若给定值与中间元素的关键码相等,则查找成功;若给定值小于中间元素的关键码,则在中间元素的左半区继续查找;若给定值大于中间元素的关键码,则在中间元素的右半区继续查找。一直重复上述过程,直到查找成功,或所查找的空间已经不存在数据元素,则查找失败。

图 10-1 是折半查找的示意图。要从这批数据中查找 48,从(1+9)/2=5 处开始比较,48<52,如果存在 48,必然在左半边;从(1+5)/2=6/2=3 处开始比较,48>36,再在右边查找,(3+5)/2=8/2=4,在位置 4 找到,查找成功。

既然中点不是需要查找的数据,那就可以排除在外,另外在程序设计中还要考虑中点不是整数的取整问题。在 C 语言中,整数除法会自动取整,就可以不考虑这个问题了。

下面进行效率分析。以 10 000 个数据为例,如果使用顺序查找,失败时要比较 10 000

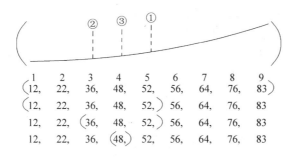

图 10-1　折半查找的示意图

次。采用折半查找,经过 5000、2500、1250、625、312、156、78、39、19、9、4、2、1 这 13 次查找必然查找成功或查找失败。以表的中点为比较对象,并以中点将表分割为两个子表,对定位到的子表继续这种操作,用一个二叉树可以描述这个查找过程,这种描述查找过程的二叉树称为判定树。

图 10-2 为折半查找过程中的判定树示意图。在叶子结点处或者查找成功或者查找失败,必为二者之一。由于它是按照二叉树的结构从上往下查找,层次就是它的时间复杂度,即 $O(\log_2 n)$。

折半查找可以大大提高查找效率,但它仅适用于有序表,并且存储结构必须是顺序存储。这表明一方面为了提高查找效率,需要付出额外的代价;另一方面,存储结构也局限了该算法的应用。在实际程序设计中,如果

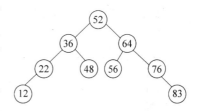

图 10-2　折半查找过程的判定树示意图

数据在线性链表中存储且没有排序,但是查找功能又是比较频繁的操作,那么就可以临时复制一份数组,排序后进行查找,这样就大大提高了查找的速度。其代价是付出了大量的空间代价,数据如果有修改、插入和删除等操作时,必须重新复制数组和排序,需要付出管理数据的时间成本。

由于该算法是多次在更小的空间中执行相同思路,故可以写出其递归形式的程序。

10.2.2　有序表的斐波那契查找和插值查找

折半查找的思路是从中间分开,那么这是不是唯一的选择呢?结论是否定的。如可以使用黄金分割点的 0.618 作为一个切分点来设计。

计算机程序设计中的计算在硬件最底层仅为加法器,之后演变出减法,进一步演变成乘法和除法。为了提高程序的运行速度,也可以从这方面着手。上面的折半查找中有除法运算,而通过著名的斐波那契数列可以达成到消除除法的目标。

斐波那契查找主要是通过斐波那契数列对有序表进行分割,查找区间的两个端点和中点都与斐波那契数有关。斐波那契数列的递归定义如下:

$$FBNQ(n) = \begin{cases} n & n=0 \text{ 或 } n=1 \\ FBNQ(n-1)+FBNQ(n-2) & n \geq 2 \end{cases}$$

对于有 n 个数据元素的有序表,且 n 正好是某个斐波那契数−1,即 n=FBNQ(k)−1 时,则可用斐波那契查找法。斐波那契查找法切分点的构造思想为:对于表长为 FBNQ(i)−1

的有序表,以相对 low 偏移量 FBNQ(i−1)−1 取中点,即 mid＝low＋FBNQ(i−1)−1,对表进行分割,则左子表表长为 FBNQ(i−1)−1,右子表表长为 FBNQ(i)−1−[FBNQ(i−1)−1]−1＝FBNQ(i−2)−1。可见,两个子表表长也都是某个斐波那契数−1,因而,可以对子表继续分割。

当 n 很大时,该查找方法吻合黄金分割法,其平均性能比折半查找好,但其时间效率仍为 $O(\log_2 n)$,当然在最坏情况下比折半查找差,其优点是计算中点仅作加、减运算。

除了上面提到了两种改进方法外,也可以用插值查找,如通过下列公式来求取中点。

mid = low + (seek − data[low])/(data[high] − data[low]) * (high−low)

其中 low 和 high 分别为表的两个端点下标,seekdata 为需要查找的值。插值查找是平均性能最好的查找方法,但只适于关键码均匀分布的表,其时间效率依然是 $O(\log_2 n)$。

【程序源码 10-1】　有序表的 3 种查找方式的比较程序的部分源码。

```
//有序查找的3种方法
//非递归折半查找、递归折半查找、斐波那契查找
#include <iostream>
#include <windows.h>
#include <iomanip>
using std::cout;
using std::cin;
using std::endl;
using std::setw;
#define datawidth 5              //设置数据显示宽度
#define arraymaxnum 21           //约定数组大小,0号单元默认不用,故用户数据可以接受20个
#define defaultnum 10            //约定默认数据数组大小,数据使用教材实际范例
int defaultdata[defaultnum] = { 0,12,22,36,48,52,56,64,76,83 };
                                 //0号下标默认不用,故存0
int flag = 0;                    //表示用户没有输入数据,使用默认数据
int count[3] = { 0,0,0 };        //存查找的次数,初始值为0
//有序表对象设计
class inordersearch
{
public:
    int halfsearching(int * data, int length, int seekdata);
                                 //非递归折半查找
    int halfrsearching(int * data, int head, int tail, int seekdata);
                                 //递归折半查找
    int fib(int length);         //检测length是否为斐波那契数
    int fbnq(int position);      //计算斐波那契的第position个值
    int fibonaccisearching(int * data, int length, int seekdata);
                                 //斐波那契查找
};
int inordersearch::halfsearching(int * data, int length, int seekdata)
{
    int low = 1, high = length, flag = 0, mid;
    while (low <= high)
    {
        mid = (low + high) / 2;
        count[0]++;
        if (data[mid] == seekdata)
```

```cpp
        {
            flag = 1;
            break;
        }
        else if (data[mid]> seekdata)
            high = mid - 1;
        else
            low = mid + 1;
    }
    if (flag == 1)
        return mid;
    else
        return 0;
}
int inordersearch::halfrsearching(int * data, int head, int tail, int seekdata)
{
    int mid = (tail + head) / 2;
    count[1]++;
    if (tail < head)
        return 0;
    if ( * (data + mid) == seekdata)        //此处采用了数组名起始地址加上偏移量的方法
                                             //读取数据
        return mid;
    else if ( * (data + mid)< seekdata)
        return halfrsearching(data, mid + 1, tail, seekdata);
    else
        return halfrsearching(data, head, mid - 1, seekdata);
}
int inordersearch::fbnq(int position)
{
    int fb1 = 1, fb2 = 1, i, currentdata = 1, flag = 0;
    if (position == 1) return position;
    for (i = 2; i <= position; i++)
    {
        currentdata = fb1 + fb2;
        fb2 = fb1;
        fb1 = currentdata;
    }
    return currentdata;
}
int inordersearch::fib(int length)
{
    int fb1 = 1, fb2 = 1, i, currentdata = 2, flag = 0;
    if (length <= 1) return length;
    for (i = 2; i <= length; i++)
    {
        currentdata = fb1 + fb2;
        if (length < currentdata)
            return fb2;
        fb2 = fb1;
        fb1 = currentdata;
    }
    return flag;
}
```

```cpp
int inordersearch::fibonaccisearching(int * data, int length, int seekdata)
{
    int high = length, low = 1, flag = 0, mid, fmid, fbnqnum, temp, position = fib(length);
    fbnqnum = fbnq(position) - 1;
    fmid = fbnq(position - 1) - 1;
    while (low <= high)          //这个函数中没有出现乘除法,只有加减法
    {
        mid = low + fmid;
        count[2]++;
        if (data[mid] == seekdata)
        {
            flag = 1;
            break;
        }
        else if (seekdata < data[mid])
        {
            temp = fmid;
            fmid = fbnqnum - fmid - 1;
            fbnqnum = temp;
            high = mid - 1;
        }
        else
        {
            fbnqnum = fbnqnum - fmid - 1;
            fmid = fmid - fbnqnum - 1;
            low = mid + 1;
        }
    }
    if (flag == 1)
        return mid;
    else
        return 0;
}
```

图 10-3 为有序表 3 种查找过程程序运行图。

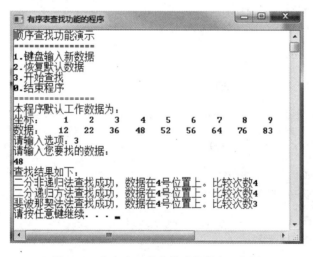

图 10-3　有序表 3 种查找过程程序运行图

10.2.3 分块查找

分块查找比较容易理解。例如,要在英文字典中查找 structure,既然它以 s 为第一个字母,显然就没有必要再去查其他字母开头的单词。分块查找又称为索引顺序查找,它是对顺序查找的一种改进。分块查找要求将查找表分成若干个子表,并对子表建立索引表,查找表的每一个子表由索引表中的索引项确定。索引项包括两个字段:关键码字段(存放对应子表中的最大关键码值),指针字段(存放指向对应子表的指针),并且要求索引项按关键码字段有序存放。

查找时,先用给定值 seekdata 在索引表中检测索引项,以确定所要进行的查找在查找表中的哪个块中(由于索引项按关键码字段有序,可以使用折半查找以提高时间效率),然后,再对该块进行顺序查找。如果块内也是有序的,也可以采用折半查找法继续查找。

图 10-4 为分块查找过程的示意图。4 个数据为一组,把该组的最大值作为索引字进行存储。

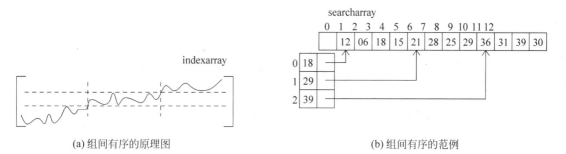

(a) 组间有序的原理图　　　　　　　　　　(b) 组间有序的范例

图 10-4　分块查找过程的示意图

分块查找由索引表查找和子表查找两步完成。设 n 个数据元素的查找表分为 m 个子表,且每个子表均为 k 个元素,则 k= n/m。这样,分块查找的平均查找长度(ASL)为:

$$ASL=ASL_{索引表}+ASL_{子表}=(m+1)/2+(n/m+1)/2=(m+n/m)/2+1$$

因此平均查找长度不仅和表的总长度 n 有关,而且与所分的子表个数 m 有关。在表长 n 确定的情况下,m 取 $\sqrt{n}$ 时,$ASL=\sqrt{n}+1$ 达到最小值。

10.3　二叉排序树与相应的查找技术

静态查找技术的特点是查找功能和其他功能无关,相对来说查找也是一种安全操作,不论执行多少次也不会破坏数据的信息量。但是有时需要把查找和插入或删除联系在一起时,情况就有所不同。本节讨论如何保证安全地查找目标,而且不出现数据的移动。

为了能高速查找同时不移动数据而插入或删除数据,下面的查找技术把数据的构造和查找过程同一化,即在查找成功时返回相关信息,查找失败时把该数据插入到该数据结构中,以保证下一次能查找成功,这就是"动态查找",其中每一次插入数据的过程都是完全相同的。删除数据通常只在二叉树的叶子结点上出现。

二叉排序树(Binary Sort Tree)或者是一棵空树,或者是具有下列性质的二叉树:①若左子树不为空,则左子树上所有结点的值均小于根结点的值;若右子树不为空,则右子树上所有结点的值均大于根结点的值。②左、右子树也都是二叉排序树。

二叉排序树的查找过程如下：

（1）若查找树为空，查找失败。

（2）查找树非空，将给定值 finddata 与查找树的根结点关键码比较。

（3）若相等，查找成功，结束查找过程，否则：

① 若 finddata 小于根结点关键码，查找将在以左儿子为根的子树上继续进行，转（1）；

② 若 finddata 大于根结点关键码，查找将在以右儿子为根的子树上继续进行，转（1）。

向二叉排序树中插入一个结点的过程是：设待插入结点的关键码为 newdata，为将其插入，先在二叉排序树中进行查找，若查找成功，则不用插入；查找不成功时，则插入该数据。因此，新插入的结点一定是作为叶子结点添加上去的。构造一棵二叉排序树正是从无到有逐个查找并且插入新结点的过程。

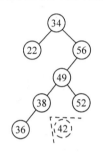

图 10-5 二叉排序树的查找和
插入数据示意图

图 10-5 是二叉排序树的查找过程和插入数据示意图。假如查找 52，则在第四次比较时成功，也就是该数据所在的层次。假如查找 42，在 38 处失败，因为 38 没有右儿子，说明该结构中没有该数据，那么就把 42 插入在 38 的右儿子的位置上。显然，没有引起数据移动。这样的思路使得该结构中不会有相同的数据多次出现，只适合主关键码的查找。

由于使用链表表示二叉树的结点，那么它的定义和二叉树的链接存储一样。

对给定序列建立二叉排序树，若左、右子树均匀分布，则其查找过程类似有序表的折半查找。特殊情况是给定序列原来就有序或接近有序，则此时建立的二叉排序树就可能演变为单链表（全部是右儿子或全部是左儿子或类似情况），其查找效率退化为顺序查找，即为 O(n)。因此，必须设法解决这个问题。10.4 节探讨这个问题。

10.4 平衡二叉树与相应的查找技术

从 10.3 节发现，按照输入数据的次序建立二叉排序树，可能会出现左右层数很不平衡的现象。为了解决这个问题，采用插入数据时同时考虑平衡性的问题。下面介绍其改进后的数据结构。

平衡二叉树（AVL 树）或者是一棵空树，或者是具有下列性质的二叉排序树：它的左子树和右子树都是平衡二叉树，且左子树和右子树高度之差的绝对值不超过 1。

它也是一个递归定义，由苏联数学家 Adelse-Velskil 和 Landis 在 1962 年提出。

图 10-6 给出了两棵同一批数据构成的二叉排序树，每个结点旁边所注的数字是以该结点为根的树中左子树与右子树的高度之差，这个数字称为结点的平衡因子。由平衡二叉树的定义可知，所有结点的平衡因子只能取 −1、0、1 三个值之一。

若二叉排序树中存在这样的结点，其平衡因子的绝对值大于 1，这棵树就不是平衡二叉树。平衡二叉树不一定是完全二叉树。

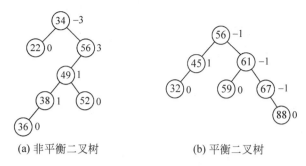

(a) 非平衡二叉树　　　　　　　(b) 平衡二叉树

图 10-6　平衡二叉树的示意图

34 作为根,左儿子中最大只有 2 层,而右儿子中最大层次为 5,很不平衡。根据二叉排序树的查找过程来看,最耗时的查找过程就是最深分支的层次。如果能做到左右层数尽量平衡,二叉树总的层数必然降低,也就是说在二叉排序树的基础上调整之后可以提高查找效率。

在平衡二叉树上插入或删除结点后,可能使二叉树失去平衡,因此,需要对失去平衡的二叉树进行平衡化调整。如插入操作一定要处理其根离插入结点最近,且平衡因子绝对值大于 1 的子树。最小不平衡子树就是只要把最小不平衡子树转换成平衡子树,整棵二叉树就重新变成了平衡二叉树。

对于失去平衡的最小子树根结点,对该子树进行平衡化调整,有以下 4 种情况:左左类旋转、右右类旋转、左右类旋转、右左类旋转。图 10-7 是平衡过程前 3 种的示意图。读者可自行给出右左类旋转的示意图。

(a) 左左类　　　　　　　(b) 右右类　　　　　　　(c) 左右类

图 10-7　平衡过程的示意图

在平衡树上进行查找的过程和二叉排序树完全相同,查找过程中和给定值进行比较的次数不会超过树的深度,因此在平衡树上进行查找的时间复杂度为 $O(\log_2 n)$。

【程序源码 10-2】　平衡二叉树的基本操作部分源码如下。

```
# include < stdio. h >
# include < stdlib. h >
# include < iostream. h >
# include < iomanip. h >
# include < windows. h >
# define TRUE 1
# define FALSE 0
const int Lbalance = 1;                //左高
const int Ebalance = 0;                //等高
const int Rbalance = - 1;              //右高
int taller = 0;                        //taller 反映 T 长高与否
int shorter = 0;                       //shorter 反映 T 变矮与否
//二叉排序树中结点的对象设计
```

```cpp
class BSTNode{
public:
    int data;                           //结点值
    int balancefactor;                  //结点的平衡因子
    BSTNode * lchild, * rchild;
};
//二叉排序树的对象设计
class balancetree{
public:
    BSTNode * CreatNode(int nodeValue);
    void PreOrder(BSTNode * T);
    void InOrder(BSTNode * T);
    void postOrder(BSTNode * T);
    BSTNode * R_Rotate(BSTNode * p);
    BSTNode * L_Rotate(BSTNode * p);
    BSTNode * LeftBalance(BSTNode * T);
    BSTNode * RightBalance(BSTNode * T);
    BSTNode * InsertAVL(BSTNode * T, int e);
    BSTNode * LeftBalance1(BSTNode * p);
    BSTNode * RightBalance1(BSTNode * p);
    BSTNode * Delete(BSTNode * q, BSTNode * r);
    BSTNode * DeleteAVL(BSTNode * p, int e);
    BSTNode * BuildTree(BSTNode * r);
    void PrintBSTree(BSTNode * p, int i);
};
BSTNode * balancetree::R_Rotate(BSTNode * p)
{
    BSTNode * lc;                       //声明 BSTNode * 临时变量
    lc = p->lchild;                     //lc 指向的 *p 的左子树根结点
    p->lchild = lc->rchild;             //lc 的右子树挂接为 *p 的左子树
    lc->rchild = p;
    p = lc;                             //p 指向新的根结点
    return p;                           //返回新的根结点
}
BSTNode * balancetree::L_Rotate(BSTNode * p)
{
    BSTNode * rc;                       //声明 BSTNode * 临时变量
    rc = p->rchild;                     //rc 指向的 *p 的右子树根结点
    p->rchild = rc->lchild;             //rc 的左子树挂接为 *p 的右子树
    rc->lchild = p;
    p = rc;                             //p 指向新的根结点
    return p;                           //返回新的根结点
}
BSTNode * balancetree::LeftBalance(BSTNode * T)
{
    BSTNode * lc, * rd;
    lc = T->lchild;                     //lc 指向 *T 的左子树根结点
    switch(lc->balancefactor)           //检查 *T 的左子树平衡度
    //并做相应的平衡处理
    {
    case Lbalance:
```

```
        //新结点插入在 * T 的左孩子的左子树上,要做单右旋处理
        T - > balancefactor = lc - > balancefactor = Ebalance;
        T = R_Rotate(T);
        break;
    case Rbalance:
        //新结点插入在 * T 的左孩子的右子树上,要做双旋处理
        rd = lc - > rchild;                   //rd 指向 * T 的左孩子的右子树根
        switch(rd - > balancefactor)
        //修改 * T 及其左孩子的平衡因子
        {
        case Lbalance:
            T - > balancefactor = Rbalance;
            lc - > balancefactor = Ebalance;
            break;
        case Ebalance:
            T - > balancefactor = lc - > balancefactor = Ebalance;
            break;
        case Rbalance:
            T - > balancefactor = Ebalance;
            lc - > balancefactor = Lbalance;
            break;
        }
        rd - > balancefactor = Ebalance;
        T - > lchild = L_Rotate(T - > lchild);
        //对 * T 的左孩子做左旋平衡处理
        T = R_Rotate(T);
        //对 * T 做右旋处理
    }
    return T;
}
BSTNode *  balancetree::RightBalance(BSTNode *  T)
{
    BSTNode  * rc, * ld;
    rc = T - > rchild;                   //rc 指向 * T 的右子树根结点
    switch(rc - > balancefactor)         //检查 * T 的右子树平衡度
    //并做相应的平衡处理
    {
    case Rbalance:                       //新结点插入在 * T 的右孩子的右子树上
        //要做单右旋处理
        T - > balancefactor = rc - > balancefactor = Ebalance;
        T = L_Rotate(T);
        break;
    case Lbalance:                       //新结点插入在 * T 的右孩子的左子树上
        //要做双旋处理
        ld = rc - > lchild;              //ld 指向 * T 的右孩子的左子树根
        switch(ld - > balancefactor)
        //修改 * T 及其右孩子的平衡因子
        {
        case Lbalance:
            T - > balancefactor = Lbalance;
            rc - > balancefactor = Ebalance;
```

```
            break;
        case Ebalance:
            T - > balancefactor = rc - > balancefactor = Ebalance;
            break;
        case Rbalance:
            T - > balancefactor = Ebalance;
            rc - > balancefactor = Rbalance;
            break;
        }
        ld - > balancefactor = Ebalance;
        T - > rchild = R_Rotate(T - > rchild);
        //对 * T 的右孩子做右旋平衡处理
        T = L_Rotate(T);
        //对 * T 做左旋处理
    }
    return T;
}
```

图 10-8 为平衡二叉树功能图。

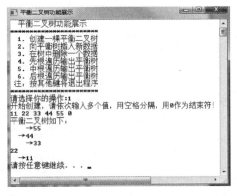

(a) 构建平衡二叉树

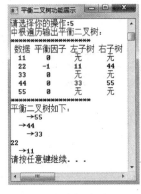

(b) 中根遍历

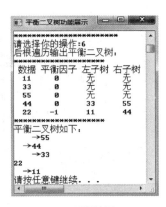

(c) 后根遍历

图 10-8　平衡二叉树功能图

从建立过程可以看出，输入的五个数据从小到大，如果按照二叉排序树的构建思路，必然成为往右边发展的单枝二叉树，查找效率回落到线性表，但是现在重新按照平衡二叉树的思路进行构建，其层次降为3，平衡因子都在正常范围内，对于查找效率的提升有了很好的保障。

10.5　哈希表结构的查找技术

10.5.1　哈希表的定义和构成

前面介绍的查找技术都有一个共同点，都是基于"比较"操作，也就是通过多次比较来发现是否找到或查找失败，时间复杂度从 $O(n)$ 下降到了 $O(\log_2 n)$，时间效率已经大大提高。计算机科学家们并不满足，希望能推出更低时间复杂度的算法，如时间复杂度为 $O(1)$ 级的算法。

在一批数据中查找一个特定的数据,用 O(1) 级的算法就能够完成查找这是很难想象的,因为这意味着查找时间和数据量无关。研究表明,采用基于比较的算法,无法突破 $O(\log_2 n)$ 的时间复杂度。

如果深夜回到停电的家,马上就会感到乱套了,平时很顺手的东西很难找到,想去某个地方也可能发生碰撞。对盲人来说则没有这个问题,他可以随意走到自己希望去的地方、拿到自己想要的东西。这是为什么呢? 因为盲人采用了"定位放置"的生活方式,就是把东西放在相对固定的位置,而在家中以某个地方为出发点到任何其他地方的方向、步数和需要在哪里拐弯等信息早已熟记于心。

计算机科学家根据这个原理,联想到把数据固定存放在特定的空间中,在需要的时候直接到那个单元去读取。如果能做到这一点,时间复杂度就是 O(1),因为这个过程只有读取数据的操作,并没有启用循环和比较等操作。必须考虑两点:第一是重新设计数据结构,第二是设计出不用比较的查找方法。

计算机科学家最终决定使用函数,利用函数计算出数据应该存放的地址,存入数据,在需要查找数据的时候还是用同样的函数。

如果通过函数来计算数据的存放地址,那么数据之间的关系存储了吗? 答案是没有。

这就是第四类逻辑结构,即"集合"。前面提到的三大类数据结构(线性表、树、图)都是对数据之间内部关系非常敏感的。在软件开发中,还会有种内部结构为松散关系的数据结构,那就是把一批数据作为一个整体,只关注某个数据是否在其中,也就是查找操作,称为"集合"。对于集合来说,既然对它内部数据关系并不敏感,那就可以不处理这些关系信息,而仅仅设法提高查找效率即可。

把上述思路小结一下:第一,数据结构采用"集合";第二,定位放置采用"函数"。hash 有"随机分散布局、杂凑技术"等意思,和上面的思路比较吻合,计算机科学家把这种利用函数计算存储地址的集合结构称为 hash table,音译就是"哈希表",中译称为"杂凑表"。利用这种结构进行查找的技术称为"哈希查找法"或"散列查找法"。

例 10-1 线性表为 (18,75,60,43,54,90,46),哈希函数为 position(key)＝key mod 13。存储单元的地址是 0 到 12,使用数组实现这些地址正好是下标,再次看到数组中有 0 下标的好处。

图 10-9 为该批数据用求模函数计算哈希地址示意图。

	0	1	2	3	4	5	6	7	8	9	10	11	12
hashtable			54		43	18		46	60		75		90

图 10-9 求模函数计算哈希地址示意图

如果要查找 75,只要计算 75％13,得到存储地址是 10,到该位置读取数据即可;如果要查找的是 50,计算 50％13 后,地址为 11,那么通过特殊标志位判断为查找失败。但是按照地址中必有数据的属性,这里的特殊标志位的设计并不理想,下面将会看到这种方案的改进。

这种存储方法并不是顺序存储,虽然存储空间连续,但是数据并没有连续存放,也不是链接存储,因为存储位置随机,但是并没有启用链表指针。数据仅存储在一片内存空间中,并没有额外地存储一批管理数据,所以也不是索引存储。

选取某个函数,依照该函数按关键码计算元素的存储位置,并按此存放;查找时,由同一个函数对给定值finddata计算地址,之后在相应的地址单元中读取该元素,这就是哈希查找法。哈希查找法使用的地址计算函数称为哈希函数(杂凑函数),按此构造的表称为哈希表。

显然,上面的范例是一种理想情况,所有数据正好都占用了不同地址,哈希方法通常用在较大的数据需求空间下使用较小的实际空间存储,而将大空间地址压缩存储到小空间中,地址计算就无法避免重复的相同结果。这种情况称为"冲突"(Collision),映射到同一个哈希地址上的关键码称为"同义词"。实用编程应用中冲突是不可避免的,只能尽量减少。

根据上面的讨论,可以看到采用哈希方法需要解决以下两个问题:

(1) 构造好的哈希函数。首先要使得所设计的函数要尽可能简单,易于计算和实现,以便提高求地址的速度;另外要使所选函数对关键码计算出的地址在整个地址空间中大致均匀分布,以减少冲突发生的概率。

(2) 制定解决冲突的方案。

10.5.2 常见的哈希函数

常见的哈希函数有如下几种。

直接定址法 position (key) = num1 * key + num2(num1、num2 为常数)。这是一个线性变换,即实际空间的大小就是期望空间的大小。优点是不会产生冲突,缺点是不符合大部分应用的基本要求。

如某大型考试中学生信息的快速查询,所有学生的编号是从 201300000 到 201399999,那么可以设计哈希函数为 position (key) = key − 201300000,地址就是从 0 到 99999,可以容纳 10 万人。

除留余数法 position(key) = key mod base (它是一个整数)。因为比较好编程实现,这种方法较为常用。选取的基 base 最好是质数,也可以是不包含小于 20 质因子的合数。这是因为希望能尽可能地散列。如果选择 2,那么所有偶数的地址就全为 0。

乘余取整法。和上面的方法相反,还可以取 position (key) = $\lfloor$num2 * (num1 * key mod 1)$\rfloor$ (num1、num2 均为常数,且 0 < num1 < 1,num2 为整数)。以关键码 key 乘以 num1,取其小数部分(num1 * key mod 1 就是取 num1 * key 的小数部分),之后再用整数 num2 乘以这个值,取结果的整数部分作为哈希地址。该方法即为乘余取整法,其中 num2 取什么值并不关键,但 num1 的选择却很重要,最佳的选择依赖于关键码集合的特征。一般取 num1 = 0.6180339,即黄金分割点较为理想。

例 10-2 如果 num1 = 0.618,num2 = 8,key = 35,那么 0.618 × 35 = 21.63,而 0.63 × 8 = 5.04,再向下取整数,最后的地址就是 5。

数字分析法。有时为了提高时间效率,减少计算量,编程者通过对数据的分析,找到均匀分布的几个位置,然后选择即可,这就是数字分析法。

图 10-10 是数字分析法的范例。图中是一批考生的考号,方框中的数据是待存储的一部分,显然期望数据空间很大,但是已知实际考试人数不足 1000 人,所以一个 1000 个单元的数组就足够。地址从 0 到 999。上面是位置编号,经过分析,选择了 7,11,13 这三位作为哈希的结果,右边是最后经过选择的位置所造成的地址。

平方取中法。有时使用数字分析法也找不到很好的散列方案,可以对关键码进行一些计算比如平方后,再按数字分析法求哈希地址,这就是平方取中法。

图 10-11 是平方取中法的示意图。第一组的数字 4 位长,需要哈希到 3 位长的地址空间中,没有理想的方案。平方后再讨论就可以发现 2、3、4 位还是比较理想的。

1234567	8901	23	4
2005203	1685	34	2	354
2005208	6428	15	9	885
2005201	9657	12	2	172
2005206	8239	81	6	691
2005209	9531	59	4	919
2005202	8258	53	4	283
2005206	7582	69	1	629
2005200	9235	84	6	054

key	key^2	哈希地址
0100	00 1 0 000	010
1100	12 1 0 000	210
1200	14 4 0 000	440
1160	13 7 0 400	370
2061	43 1 0 541	310

图 10-10 数字分析法的示意图   图 10-11 平方取中法的示意图

折叠法(Folding)。将关键码自左到右分成位数相等的几部分,最后一部分位数可以短些,然后将这几部分叠加求和,并按哈希表表长,取后几位作为哈希地址。这种方法称为折叠法。有以下两种叠加方法。

(1) 移位法。将各部分的最后一位对齐相加。

(2) 间界叠加法。从一端向另一端沿各部分分界来回折叠后,将最后一位对齐相加。

例 10-3 设关键字为某人身份证号码 430104681015355,则可以用 4 位为一组进行叠加,即有 $5355+8101+1046+430=14\,932$,舍去高位后,则有 position(430104681015355) = 4932,即为该身份证关键字的散列函数地址。

10.5.3 哈希表的查找过程和冲突解决方法

哈希表的查找过程和造表过程基本相同。一些关键码可通过哈希函数求得的地址直接找到,另一些关键码在哈希函数得到的地址上产生了冲突,需要按处理冲突的方法进行查找。在几种处理冲突方法中,产生冲突后的查找仍然是给定值与关键码进行比较的过程,所以如果冲突过多,整体查找时间效率将下降。最极端的情况是所有的数据都产生地址冲突,那么查找过程将退回到线性表的顺序查找。

哈希表的装填因子 α 定义为

$$α = 填入表中的元素个数 / 哈希表的长度$$

由于表长是定值,α 与填入表中的元素个数成正比,所以,α 越大,填入表中的元素越多,产生冲突的可能性就越大;α 越小,填入表中的元素越少,产生冲突的可能性就越小。

查找过程中,关键码的比较次数取决于产生冲突的多少,产生的冲突少,查找效率就高,产生的冲突多,查找效率就低。因此,影响产生冲突的因素,也就是影响查找效率的因素。

影响产生冲突多少有以下 3 个因素:哈希函数是否均匀、处理冲突的方法以及哈希表的装填因子。分析这 3 个因素,尽管哈希函数的"好坏"直接影响冲突产生的频度。一般情况下,可以不考虑哈希函数对平均查找长度的影响。

下面介绍几种常见的处理冲突的方法。

1. 开放定址法

由关键码得到的哈希地址一旦产生了冲突,就去寻找下一个空的哈希地址,只要哈希表足够大,空的哈希地址总能找到,并将数据元素存入。寻找空哈希地址的方法很多,下面主要介绍 3 种:线性探测法、二次探测法、双哈希函数探测法。

(1)线性探测法

$$H_i = (position(key) + add_i) \bmod length \quad (1 \leqslant i < length)$$

其中,position(key)为哈希函数;length 为哈希表长度;add_i 为增量序列 $1, 2, \cdots, length - 1$,且 $add_i = i$。

例 10-4 关键码集为 $\{47, 7, 29, 11, 16, 92, 22, 8, 3\}$,哈希表表长为 11,position(key) = key mod 11,用线性探测法处理冲突的示意图如图 10-12 所示,用圈标注的为冲突后所产生的相应地址。22 和 11 冲突,3 和 47 冲突,29 和 7 冲突。之后 8 的地址被 29 占用,只能存入 9 号地址。

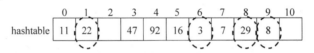

图 10-12　线性探测法的示意图

线性探测法可能使本应该存在第 i 个哈希地址的同义词存入到第 i+1 个哈希地址,这样本应存入第 i+1 个哈希地址的元素可能变成了第 i+2 个哈希地址的同义词,如此下去可能出现很多元素在相邻的哈希地址附近"堆积",降低了散列效果,也就降低了查找效率。为此可采用二次探测法,或双哈希函数探测法,以改善"堆积"的副作用。

(2)二次探测法

$$H_i = (position(key) \pm add_i) \bmod length$$

其中,position(key)为哈希函数;length 为哈希表长度,要求是某个 4k+3 的质数(k 是整数);add_i 为增量序列 $1^2, -1^2, 2^2, -2^2, \cdots, 10i+2, -(10i+2)$。

(3)双哈希函数探测法。双哈希函数探测法是先用第一个函数 position(key)对关键码计算哈希地址,一旦产生地址冲突,再用第二个函数 ReHash(key)确定移动的步长因子,最后通过步长因子序列由探测函数寻找空的哈希地址。

$$H_i = (position(key) + i * ReHash(key)) \bmod length \quad (i = 1, 2, \cdots, length - 1)$$

其中,position(key),ReHash(key)分别是第一次和冲突后使用的两个哈希函数;length 为哈希表长度。如,position(key) = address1 时产生地址冲突,就计算 ReHash(key) = address2,则探测的地址序列为

$$H_1 = (address1 + address2) \bmod length$$

$$H_2 = (address1 + 2 * address2) \bmod length$$

$$\cdots$$

$$H_{m-1} = (address1 + (length - 1) * address2) \bmod length$$

2. 挂链法

使用链表来处理冲突数据是一个很好的方法,体现了链表存储的优点,需要的时候临时

申请,没有浪费。编程时要设计一个指针数组,在处理冲突时,与插入位置先后无关,但也可以排成有序状态,这样也可以提高查找效率。

例 10-5 线性表为(18,62,60,43,67,90,54,46,75)。哈希函数设计为 position(key)=key mod 13。

图 10-13 是该批数据使用挂链法解决冲突的示意图。为了编程使用最少的语句,把新出现的结点挂在最上面,和栈的进栈操作类似,其特点是最新找不到的数据下次会最快找到。如果采用挂在最下面的方法,则先进入的数据下次依旧应该先找到。如果保持数据的升序,在链表中间的特定位置就可以结束查找,不一定非要把该链的所有数据都遍历完毕才失败。

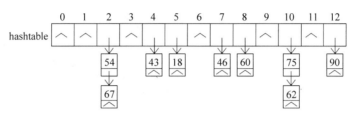

图 10-13 挂链法的示意图

3. 建立公共溢出区

哈希函数最大程度解决了一次性查找成功的效率问题,而数据内部关系又不敏感,那么也设计一个公共溢出区,不论是哪个数据产生了地址冲突都存放其中。如果发生冲突,则进入此部分逐一比较,直到查找成功或者失败后才存入该数据。放置第一次数据的空间称为"基本表",而其他所有冲突的数据所在的空间称为"溢出表"。溢出表中的数据可以在进入时保持有序,那么在进入溢出表之后还可以采用折半查找法提速。

哈希方法是一种奇特的查找方法,它不以比较为基本操作,而是通过函数计算产生存储地址。其查找速度快,也比较节省空间,但只适合不需要处理内部数据关系的情况。它的特点是,即使有部分数据地址冲突,最终查找效率依然很高,接近于 O(1)。

【程序源码 10-3】 下面为哈希表查找的部分源码。

```
//哈希查找法
# include < iostream. h >
# include < windows. h >
# include < iomanip. h >
# define datawidth 5                    //设置数据显示宽度
# define arraymaxnum 21                 //约定数组大小:0 号单元默认不用,故用户数
                                        //据可以接收 20 个
# define defaultnum 10                  //约定默认数据数组大小,数据使用教材实际范例
# define modvalue 13                    //约定哈希函数取模的值
int defaultdata[defaultnum] = {0,18,62,60,43,67,90,54,46,75};
                                        //0 号下标默认不用,故存 0
int flag = 0;                           //0 表示没有数据,1 表示有数据
//结点对象设计
class node
{
    friend class hash;
```

```
    int data;                              //数据
    node * next;                           //结点
};
//哈希表对象设计
class hash
{
private:
    node * hashtable[modvalue];            //哈希表大小不变,由模确定,0~(模-1)
public:
    int times;                             //比较次数
    hash();                                //构造函数
    ~hash();                               //析构函数
    void setarraynull();                   //把数组所有单元开始设置为空地址
    void freenodespace();                  //释放下挂所有结点的空间
    void displayarraydata(int * data,int length);  //显示默认或输入的数据数组
    void hashanumber(int number);          //哈希一个数据到哈希表
    void displayhashtable(void);           //显示哈希表
    void displaytimes(void);               //显示比较次数
    int hashsearching(int seekdata);       //哈希查找 seekdata
};
void hash::hashanumber(int number)         //哈希一个数据到哈希表
{
    int position;
    node * newnodep;
    newnodep = new node;                   //此处对于申请失败并没有处理
    newnodep -> data = number;             //把新数据存入新申请的结点
    newnodep -> next = NULL;               //置空地址域
    position = number % modvalue;          //产生哈希地址
    if(hashtable[position] == NULL)        //该地址为空说明下面没有挂结点
        hashtable[position] = newnodep;    //直接挂上该数据
    else
    {
        newnodep -> next = hashtable[position];
        hashtable[position] = newnodep;    //挂在第一个位置上,这样最节省时间,类似进栈
    }
}
void hash::displayhashtable(void)          //显示哈希表
{   node * searchp;
    for(int i = 0;i < modvalue;i++)
    {   cout << setw(5)<< i <<" ";
        searchp = hashtable[i];
        if (searchp == NULL)
            cout <<"无数据"<< endl;
        else
        {
            while (searchp!= NULL)
            {
            cout << setw(5)<< searchp -> data <<" ";
            searchp = searchp -> next;
            }
            cout << endl;
```

```
            }
        }
    }
int hash::hashsearching(int seekdata)                    //哈希查找 seekdata
{
    int position;
    node * searchp;
    times = 1;                                           //计数比较次数,初始化
    position = seekdata % modvalue;                       //产生哈希地址
    if (hashtable[position] == NULL)
        return 0;                                         //本次返回 0 说明该地址没有任何数据
    else
        searchp = hashtable[position];
    while((searchp!= NULL) && (searchp - > data!= seekdata))
    {
        times++;                                          //计数器加 1
        searchp = searchp - > next;
    }
    if (searchp!= NULL)
        return position;
    else
        return 0;                                         //本次返回 0 说明该地址下所有结点都查找完
                                                          //毕,没有该数据
}
```

图 10-14 为哈希法程序运行图。

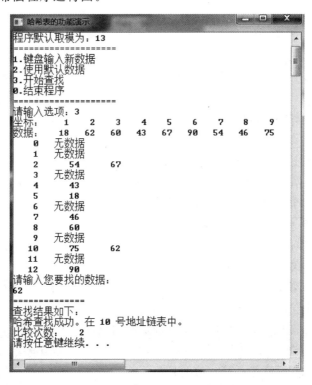

图 10-14　哈希法程序运行图

10.6 字符串结构的快速查找

前面章节初步讨论了串的匹配操作,介绍了逐位匹配全回溯算法(BF 算法,即 Brute-Force 算法),它就是每一轮匹配失败后主串 string 只能向前移动一个位置,它的缺点就是时间效率很低。为了提高匹配的时间效率,本节将介绍新的算法来提高匹配的时间效率。

例 10-6 设主串 string＝"abcaacdefabcabcaacacbab",模式串 substring＝"abcaacac",第一轮逐位比较后在第 7 位失败。如果 i 为主串的位置指针,j 为模式串的位置指针,按照逐位比较的传统思路,此时主串移动到上一个字符的下一个,即第 2 位,模式串恢复到第一位,即 i 从 7 回溯到 2,j 从 7 回溯到 1,重新开始新一轮逐位比较。这就是逐位回溯匹配算法。

由于模式串第一个字符是"a",则在第一轮第 7 位失败时,并不应该从第二位的"b"上开始比较,应该把模式串恢复到第一位后,设法直接和主串中第 4 位的"a"开始比较。i 从 7 回溯到 4,j 从 7 回溯到 1。这就是改进后的首位回溯匹配算法。详见示意图 10-15。

```
位置 12345678901234567890123
主串 abcaacdefabcabcaacacbab
模式串 abcaacac
第三轮建议点      abcaacac
某轮匹配成功点            abcaacac
```

图 10-15 首位确定回溯步数匹配算法示意图

在改进算法中应该记录主串中新出现的和模式串首字符相同的字符位置。由于在失败之前主串中可能已经有多次和模式串首字母相同的情况,为了保证正确性,通过一个标志位保证只记录第一次,而不能采用刷新法记录每一次遇到的和首字符相同的字符位置,如本例中记录第 5 位就是错误的。如果在匹配中有变化,则下一轮的起始位置已经出现。如果没有变化,也无须从第 2 位开始比较,应该用另一个循环去查找主串中下一个"a"的位置,从那个位置开始。如在第三轮失败后,i＝6,j＝2,此时如果通过算法一直找下去,在第 10 位找到下一个"a",则 i＝10,j＝1,重新开始。这个算法虽然提高了一定的时间效率,但是主串还会出现一定的回溯。

下面介绍的经典算法可以取消主串回溯,可提高速度。

主串无回溯匹配算法(KMP 算法):这是由克努特(Knuth)、莫里斯(Morris)和普拉特(Pratt)同时设计和改进后的模式匹配算法,它的主要思想分析如下:分析 BF 算法的执行过程,造成 BF 算法速度慢的原因是"回溯",即在某轮的匹配过程失败后,对于主串,要回到本轮起始字符的下一个字符,模式串要回到第一个字符,而有些回溯并不是必要的。

例 10-7 设主串 string＝"ab*abca*bcacbab",模式 substring＝"abcac",在 BF 算法的第三轮匹配过程中,主串的第 3 位到第 6 位和模式串的第 1 位到第 4 位是匹配成功的,主串的第 7 位"b"不等于模式串的第 5 位"c",匹配失败,因此进入第四轮。其实第四轮不必要,因为在第三轮中主串的第 4 位等于模式串的第 2 位,而模式串的第 1 位和第 2 位并不相等,所以必有模式串的第 1 位不等于主串的第 4 位,同理第五轮也是没有必要,故从第三轮之后可以直接进入第六轮。这和上面提到的首字母确定回溯位置的改进是类同的。

进一步分析第六轮,主串的第 6 位和模式串的第 1 位比较也是多余,因为第三轮中已经比较过主串的第 6 位和模式串的第 4 位并且相等,而模式串的第 1 位和第 4 位相等,必有主串第 6 位和模式串的第 1 位相等,因此第六轮比较可以从第二对字符即主串的第 7 位和模式串的第 2 位开始进行,即第三轮匹配失败后主串指针 i 不动,而是将模式串向右"滑动",用模式串第 2 位"对准"主串第 7 位继续比较即可,以此类推。可以看到,此时主串的位置恰好是刚才一轮匹配失败的位置,即主串指针 i 无回溯。详见示意图 10-16。

下面通过形式化抽象讨论这种算法的性质。如果希望某轮在 $string_i$ 和 $substring_j$ 匹配失败后,指针 i 不回溯,模式串 substring 向右"滑动"至某个位置上,使得 $substring_k$ 对准 $string_i$,继续向右进行。问题的关键是模式串 substring 滑动到哪个位置上?不妨设位置为 k,即 $string_i$ 和 $substring_j$ 匹配失败后,指针 i 不动,模式 substring 向右滑动,使 $substring_k$ 和 $string_i$ 对准,继续向右进行比较,要满足这一假设,就要有如下关系成立:

```
位置 1234567890123
主串 ababcabcacbab
模式串 abcac
BF算法第三轮     abcac
建议从第7位开始       abcac
```

图 10-16　主串无回溯匹配算法示意图

$$\text{"}string_1 string_2 \cdots string_{k-1}\text{"} = \text{"}substring_{j-k+1} substring_{j-k+2} \cdots substring_{j-1}\text{"} \quad (10\text{-}1)$$

式中右边是 $string_i$ 前面的 k−1 个字符,而左边是 $substring_k$ 前面的 k−1 个字符,本轮匹配失败是在 $string_i$ 和 $substring_j$ 之处,已经得到的部分匹配结果是:

$$\text{"}substring_1 substring_2 \cdots substring_{j-1}\text{"} = \text{"}string_{i-j+1} string_{i-j+2} \cdots string_{i-1}\text{"} \quad (10\text{-}2)$$

因为 k<j,所以有:

$$\text{"}substring_{j-k+1} substring_{j-k+2} \cdots substring_{j-1}\text{"} = \text{"}string_{i-k+1} string_{i-k+2} \cdots string_{i-1}\text{"} \quad (10\text{-}3)$$

本式左边是 $substring_j$ 前面的 k−1 个字符,右边是 $string_i$ 前面的 k−1 个字符,通过式(10-1)式和(10-3)得到关系:

$$\text{"}substring_1 substring_2 \cdots substring_{k-1}\text{"} = \text{"}substring_{j-k+1} substring_{j-k+2} \cdots substring_{j-1}\text{"} \quad (10\text{-}4)$$

结论:某轮在 $string_i$ 和 $substring_j$ 匹配失败后,如果模式串中有满足式(10-4)的子串存在,即,模式串的前 k−1 个字符与模式串中第 j 位前面的 k−1 个字符相等时,模式串就可以向右"滑动",使得模式串的第 k 位和主串的第 i 位对准,继续向右进行比较即可。此时主串的 i 是没有移动的,即没有回溯。

为了能确定模式串移动的距离,下面讨论 next 函数。约定模式串从 1 开始,第 j 位表示上一轮失败的位置,则第 j 位都对应一个 k 值,这个 k 值仅依赖于模式串本身字符序列的构成,与主串无关。启用 next[j] 表示该 k 值,则 next 函数有如下性质:

(1) k=next[j],k 是一个整数表示下标,且 0≤k<j。即 j 的位置决定了滑动距离,如 j 为当前模式串的第 5 位,则 k 可以移动的距离分别有 0、1、2、3、4 等五个。

(2) 为了使模式串的右移不丢失任何匹配成功的可能,当存在多个满足条件(10-4)的 k 值时,应取最大值,这样向右滑动的距离最小,滑动的实际字符距离为 j−k 个。如 j 为当前模式串的第 5 位,假设 k=2,则 5−2=3,即把模式串移动 3 位,主串指针不动,继续下一轮比较。

(3) 如果模式串第 j 位之前不存在满足条件(10-4)的子串,此时若模式串第 1 位不等于模式串的第 j 位,则 k=1;若模式串第 1 位等于模式串的第 j 位,则 k=0;这时滑动的距离最远,为 j−1 个字符,即用模式串的第 1 位和主串的第 j+1 位继续比较。

因此,next 函数的定义如下:

$$next[j] = \begin{cases} 0 & j=1 \\ \max & k \mid 1 \leqslant k < j \text{ 且满足式(13-4)} \\ 1 & \text{不存在上面的 k 且 } t_1 \neq t_j \\ 0 & \text{不存在上面的 k 且 } t_1 = t_j \end{cases}$$

例 10-8 设有模式串,substring＝"abcaababc",则它的 next 函数值如下:

j	123456789
模式串	abcaababc
next[j]	011021311

下面讨论 KMP 算法。在求得模式的 next 函数之后,匹配算法如下。

假设以指针 posi 和 subposj 分别指示主串和模式串中的比较字符的位置,令 posi 的初值为任意一个位置 pos,subposj 的初值为 1。若在匹配过程中主串的第 posi 位等于模式串的第 subposj 位,则 posi 和 subposj 分别增 1,若某一次匹配失败后,则主串不回溯,即 posi 不变,而 subposj 退到 next[subposj]位置再比较,以此类推。直到遇到下列两种情况:一种情况是 subposj 退到某个 next[subposj]位置时字符相等,则 posi 和 subposj 分别增 1 继续进行匹配;另一种情况是 subposj 退到 0(此处讨论的正常起始位置是 1),则此时 posi 和 subposj 也要分别增 1,即主串的下一个字符和模式串的第一个字符重新开始匹配。

图 10-17 是利用模式 next 函数进行匹配的过程示意图。设主串 string＝"aabcbabcaabcaababc",子串 substring＝"abcaababc"。

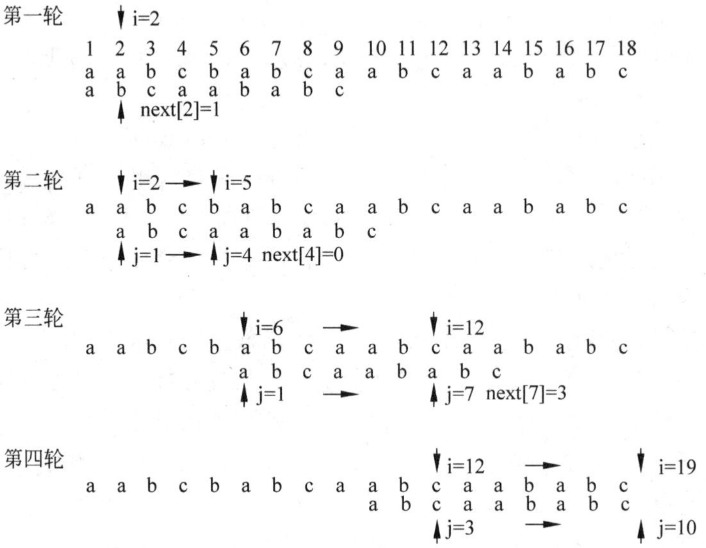

图 10-17　利用模式 next 函数进行匹配的过程示意图

下面讨论如何求 next 函数。

next 函数值仅取决于模式串 substring 本身而和主串 string 无关。可以从 next 函数的定义出发用递推的方法求得 next 函数值。

由定义知,next[1]＝0,设 next[j]＝k,即有

$$\text{"substring}_1 \text{ substring}_2 \cdots \text{substring}_{k-1}\text{"}＝\text{"substring}_{j-k+1} \text{ substring}_{j-k+2} \cdots \text{substring}_{j-1}\text{"} \tag{10-5}$$

那么 next[j＋1]会是什么呢?下面分两种情况讨论:

第一种情况:若 $\text{substring}_k＝\text{substring}_j$,则表明在模式串中

$$\text{"substring}_1 \text{ substring}_2 \cdots \text{substring}_k\text{"}＝\text{"substring}_{j-k+1} \text{ substring}_{j-k+2} \cdots \text{substring}_j\text{"} \tag{10-6}$$

这就是说，next[j+1]＝k+1，即 next[j+1]＝next[j]+1。

第二种情况：若 substring$_k$≠substring$_j$，则表明在模式串中

$$"substring_1 substring_2 \cdots substring_k" \neq "substring_{j-k+1} substring_{j-k+2} \cdots substring_j" \quad (10\text{-}7)$$

此时可把求 next 函数值的问题也看成是一个模式匹配问题，整个模式串既是主串又是模式，而当前在匹配的过程中，式(10-5)已经成立，则当 substring$_k$≠substring$_j$时，应将模式向右滑动，使得第 next[k]个字符和"主串"中的第 j 个字符相比较。

若 next[k]＝k′，且 substring$_k$＝substring$_j$，则说明在主串中第 j+1 个字符之前存在一个最大长度为 k′的子串，使得

$$"substring_1 substring_2 \cdots substring_{k'}" = "substring_{j-k'+1} substring_{j-k'+2} \cdots substring_j" \quad (10\text{-}8)$$

因此，next[j+1]＝next[k]+1。

同理，若 substring$_{k'}$≠substring$_j$，则将模式继续向右滑动至使第 next[k′]个字符和 substring$_j$ 对齐，以此类推，直至 substring$_j$ 和模式中的某个字符匹配成功，或者不存在任何 k′(1<k′<k<···<j)满足式(10-8)，此时若 substring$_1$≠substring$_{j+1}$，则有 next[j+1]＝1；若 substring$_1$＝substring$_{j+1}$，则有 next[j+1]＝0。

KMP 算法的时间复杂度是 O(n＊m)，但在一般情况下，实际的执行时间是 O(n+m)。

由于涉及 next 函数的计算和使用，KMP 算法和 BF 算法相比，增加了很大设计难度。

下面的程序设计是最基本的字符串匹配和主串无回溯匹配的方法比较。试图通过统计各自的比较次数来确认无回溯法的优越性，同时对于字符串相关程序设计也是一个全面的复习巩固。

【程序源码 10-4】 BF 算法和 KMP 算法的比较。

主要功能：通过键盘输入或默认的字符串数组数据，进行两种匹配算法，同时进行比较量的统计和对比。下面为部分主要匹配功能的程序源码。

```cpp
//主串和模式串基本操作
# include < iostream >
# include < windows.h >
# define MaxStringLen 100            //约定主串和模式串输入时字符串最大长度,启用 0 下标
using namespace std;
enum returninfo{success,fail,overflow,underflow,range_error};
                                     //定义返回信息清单
int flag = 0;                        //标志位,判断主串和模式串是否建立,没有为 0,有则为 1
char defaultmainstring[ ] = "ababcabcacbab";
                                     //默认主串
char defaultsubstring[ ] = "abcac";  //默认模式串
//字符串查找对象设计
class stringlocate
{
    friend class interfacebase;
private:
    char mainstring[MaxStringLen];   //主串字符数组
    char substring[MaxStringLen];    //模式串字符数组
    int   next[MaxStringLen];        //next 数组
    int   count1,count2;             //分别统计两种匹配的比较次序
```

```cpp
    int    startpos1,startpos2;         //分别记录匹配成功时起始位置
    int    posi,subposj;                //分别管理主串和模式串的当前位置
public:
    stringlocate(){};
    ~stringlocate(){};
    void showstring();
    returninfo BFlocating(char * target,char * mode);
    void getnext();
    returninfo KMPlocating(char * target,char * mode);
};
returninfo stringlocate::BFlocating(char * target,char * mode)
//Brute - Force 匹配算法,target 为主串、mode 为模式串
{
    posi = 0, subposj = 0;              //设置比较的起始下标
    count1 = 0;                         //计数器清 0
    int mlen = strlen(mode);
    int tLen = strlen(target);
    if(tLen < mlen)
        return fail;
    while ((subposj < mlen) && (posi < tLen))
    //两个字符串数组都没有完时一直循环
    {
        if(target[posi] == mode[subposj])
        {
            posi++;subposj++;           //如果本次字符相等,则两个位置标记都往前移动
        }
        else//出现不等时
        {
            posi = posi - subposj + 1;
                                        //主串回溯到本轮起始位置的下一个
            subposj = 0;                //模式串回溯到 0
        }
        count1 ++;                      //计数器记录每一次比较
    }
    startpos1 = posi - subposj + 1;     //本轮匹配成功的开始位置(不是下标)
    if(subposj >= mlen)                 //如果模式串先完,说明匹配成功
        return success;
    else
        return fail;
}
void stringlocate::getnext()           //getnext()的实现
{
    int j = 1,k = 0;
    next[0] = - 1;                      //定义 next[0] = - 1、next[1] = 0
    next[1] = 0;
    int mlen = strlen(substring);
    while(j < mlen)
    {
```

```
        if((k == - 1)||(substring[j] == substring[k]))
                                    //此时匹配,i、j 都后移
        {
            j++;
            k++;
            next[j] = k;
        }
        else
        {
            k = next[k];
        }
    }
}
returninfo stringlocate::KMPlocating(char * target,char * mode)
                                    //KMP 模式匹配函数
{
    int lenmainstring = strlen(mainstring);
    int lensubstring = strlen(substring);
    posi = 0,subposj = 0;
    count2 = 0;
    getnext();
    while((posi < lenmainstring) && (subposj < lensubstring) )
                                    //两个串都没有完毕时
    {
        if((subposj == - 1)||(mainstring[posi] == substring[subposj]))
                                    //两种位置指针同时移动的情况
        {
            subposj++;
            posi++;
        }
        else
        {
            subposj = next[subposj];
                                    //这种情况是模式串回溯,主串不动
        }
        //此处统计比较次数时,需要考虑(subposj == - 1)不能统计
        if(subposj != - 1)
            count2 ++;                //记录比较次数
    }
    if(subposj < lensubstring)        //模式串没有完毕说明匹配失败
        return fail;
    else
    {
        startpos2 = posi - lensubstring + 1;
        return success;
    }
}
```

图 10-18 为两种字符串匹配算法比较程序运行界面。

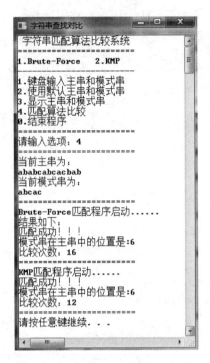

图 10-18　两种字符串匹配算法比较程序运行界面

从运行效果分析,如果模式串中连续的一部分多次在主串中出现时,才能有明显的效率提升。

10.7　查找的应用案例

【应用案例 10-1】　高级语言编译系统对变量名的检测。

通常编程中变量必须先定义后使用,这样在编译时就可以对变量名进行检测。每遇到一个新的变量名,就会在已有的变量名表中进行查找,而变量名之间并没有多少逻辑关系。但是在语句量很大的情况下,变量数目也在大量增加。如何提高变量名检测时的查找速度就是一个很大的问题,这个时候哈希法就能起到很大的作用。

【应用案例 10-2】　全国犯罪人员统一管理查询系统。

如果把全国的犯罪人员信息统一管理起来,对于破案就会有很大的作用。但这将是“海量数据”,如要提高查找效率就可以利用各种查找技术。如,身份证号码就可以使用哈希法、二分法等方法;基于地址的查询就可以用分块查找;姓名、犯罪记录等信息还可以使用字串查找等技术;年龄信息可能使用范围查找;如果是查找同名的所有罪犯,就用树状结构的遍历查找;而手迹、脸型等信息需要模糊查询;DNA 等信息还需要更高级的查找技术。

【应用案例 10-3】　互联网搜索引擎的研发。

基于互联网的查找技术也是非常困难的,因为不光信息“超级海量”,而且大量信息分布在全球的成千上万的计算机中,并不是在内存里。最难的是每天都有大量新的信息出现,也有大量的信息消失,如何能保持最新的查找结果是正确的是一件很困难的事,这些应用正是以查找技术作为基础的。类似实用的技术还有局域网中的信息查找、单机中信息的高速查找等。

【应用案例 10-4】 公安系统使用的一种智能摄像系统。

在机场、火车站、商场等人员众多的场合,由工作人员操作锁定一个目标人物后,可以自动跟踪该人的移动,甚至在移出该摄像头的可摄范围后,还可以自动切换到另外一个可以监控到目标的摄像头继续监控。虽然人的信息本身是在立体的空间中,但是在计算机中可以简化为平面图形来处理。这可以理解为动态平面图形信息的查找技术。

【应用案例 10-5】 特种部队使用的一种手机信号侦查系统。

在数十千米之内甚至利用卫星技术在更大的范围查找某一部手机的存在和位置,如果查找成功还会自动锁定目标,进一步秘密接收所有该部手机发出或接收的语音、短信、图片等信息,从中进一步查找出有价值的信息。这一系列动作都是查找技术的应用。这可以理解为动态立体区域信息的查找技术。

10.8　本　章　总　结

本章介绍了目前计算机界经典的查找技术,有折半查找、分块查找、二叉排序树、哈希表与哈希查找法。特别是哈希法的算法达到接近 O(1) 的时间复杂度,可以理解为算法、数据结构、数学知识比较好的综合运用,最后通过多个案例介绍了查找操作的用途。

习　　题

一、原理讨论题

1. 利用遍历的方法来进行查找,是否都是最好的查找方法?

2. 非线性关系中查找通常会遇到什么问题?

3. 哈希存储法真的能做到 O(1) 级的查找算法吗? 为什么? 你如何评价?

二、理论基本题

1. 画出二分查找法的示意图。自己给出 10 个数据,画出其中一个元素查找成功的过程。

2. 画出二叉排序树的生成示意图,并且指出什么方法可以得到排序的结果。

3. 画出数据序列 39、24、15、7、16、10 的哈希查找法。哈希函数为 hash(x)＝x mod 9。假设冲突采用挂链法,画出完整的示意图。

三、编程基本题

1. 编程实现二分查找法。

2. 编程实现分块查找法。

3. 编程实现哈希查找,函数为除留取余法,冲突解决方案是挂链法,挂链时可以分别采用头挂、尾挂、排序挂 3 种方式。

4. 编程实现串的查找。

四、编程提高题

1. 编制一个英文字典查找模拟程序,要求节省空间并且可以进行快速查找,关键是能否想出每一个单词并不单独存放的思路。

2. 编程进行汉字输入时词组的联想功能。

3. 在很多软件的执行过程中,都会产生大量的临时文件。如使用 Word 进行文字处理,可以在相应的文件夹下看到所产生的临时文件。这些临时文件名必须符合随机产生,但是又不能重名,甚至不能和该文件夹下的所有文件重名,所以它不可能通过程序内部控制来完成,必须在外部通过查找技术来排除重名的可能。编制一个模拟程序,产生大量的临时文件名,但是不能重复。

第11章 排序程序设计进阶

本章介绍一些更加复杂的排序技术,包括折半插入排序、希尔排序、快速排序、树形选择排序、堆排序、归并排序、基数排序等7种。相比前面介绍过的几种排序方法,它们更有专业特点,更多地利用数据结构而不是仅仅利用算法的技巧,本章的内容较好地体现了数据结构的综合应用。

11.1 引　　言

本书介绍过几种基本的排序方法,它们有一个共同特点,就是"逐步缩小待排空间,每次增加一个已排空间"。除了数据结构都是线性结构外,算法也比较简单,多是基于程序设计技巧,了解了点式思维的程序构造方法后,算法都不难理解。本章将会学习到一些更新奇的方法,会把算法更多倾斜到数据结构知识的运用上,甚至其中一种排序方法能够不通过"比较"数据的大小就能完成排序。为了方便设计,本章把前面的5种排序集成在一起,其中一个技巧就是每次排序时临时存储一份,这样后面的排序还可以继续使用原始数据。

【程序源码 11-1】 复杂排序 5 种方法部分源码,实际的排序函数在下面的讲解中陆续展开。

```
//功能:复杂排序方法的功能演示
# include < iomanip. h >
# include < iostream. h >
# include < windows. h >
# define MAXNUM 100                      //数据个数最大值
# define MAXSIZE 1000                     //数据本身最大值
int flag = 0;                            //用来标识待排数据是否产生
//排序表对象设计
class listsorting
{
public:
    listsorting(){};
    ~listsorting(){};
    void create();                       //创建对象数据函数
```

```cpp
    void copy(listsorting initlist);               //复制对象数据函数
    void display();                                //显示数据函数
    int binaryfind(int * data, int from, int to, int find);
                                                   //折半查找
    void halfinsert();                             //折半插入排序函数
    int totalnumbers(listsorting initlist);        //希尔排序时通过数据总数确定步长取值范围
    void shell(int step);                          //希尔排序函数
    void quick();                                  //快速排序函数主要入口
    int quicksort(int * Data, int n);              //快速排序函数递归实现
    void heap();                                   //堆排序函数主要入口
    void heapadjust(int begin, int end);           //堆排序函数重建堆
    void merge();                                  //归并排序函数主要入口
    int mergesort(int Data[], int n);              //归并排序函数具体实现
private:
    int heapdata[MAXNUM];                          //静态数组作为大根堆线性表的存储结构
    int data[MAXNUM];                              //静态数组作为线性表的存储结构
    int total;                                     //数据量
};

int listsorting::totalnumbers(listsorting initlist)  //返回数据总数
{
    return initlist.total;
}
void listsorting::create()                         //创建对象数据函数
{
    int choice, i;
    char ch;
    if(flag == 1)                                  //代表此时已经有一组建立好的数据
    {
        cout <<"此时系统已经有一组建立好的数据,您确认想替换吗?(Y||y): ";
        cin >> ch;
        if(ch == 'Y'||ch == 'y')
            flag = 0;
    }
    if(flag == 0)
    {
        cout <<"创建待排数据: <1>键盘输入 <2>自动生成 "<< endl <<"请选择: ";
        cin >> choice;
        switch(choice)
        {
        case 1:
            cout <<"请输入您需要键盘输入待排数据的个数: ";
            cin >> total;
            cout <<"请开始输入数据(提示: 一共 "<< total <<"个数据,用空格分开): "<< endl;
            for(i = 0; i < total; i++)
                cin >> data[i];
            flag = 1;
            break;
        case 2:
```

```
            cout <<"请输入您需要系统产生待排数据的个数: ";
            cin >> total;
            cout <<"系统自动产生"<< total <<"个数据!"<< endl;
            for(i = 0;i < total;i++)
                data[i] = rand() % MAXSIZE;        //系统给出一个 0～MAXSIZE 的随机数
            flag = 1;
            break;
        default:
            cout <<"您输入有误!请重新输入: "<< endl;
            break;
        }
        if(flag == 1)
        {
            cout <<"待排数据如下..."<< endl;
            display();
            cout <<"待排数据成功建立!"<< endl;
        }
    }
    else
    {
        cout <<"你已经成功取消了上述操作!"<< endl;
    }
}
void listsorting::copy(listsorting initlist)        //复制对象数据函数
{
    int i;
    for(i = 0;i < initlist.total;i++)
        data[i] = initlist.data[i];
    total = initlist.total;
}
void listsorting::display()                         //显示函数
{
    int i;
    for(i = 0;i < total;i++)
        cout << setw(5)<< setiosflags(ios::left)<< data[i];
    cout << endl;
}
int listsorting::binaryfind(int * data, int from, int to, int find)
                                                    //折半查找
{
    if(from > to)
        return from;                                //待找数据合适的位置
    if(find == data[(from + to)/2])
        return (from + to)/2;                       //待找数据合适的位置
    else if(find < data[(from + to)/2])
    //所查找数据小于中间数据时,通过递归继续查找正确的位置
        return binaryfind(data,from,(from + to)/2 - 1,find);
    return binaryfind(data,(from + to)/2 + 1,to,find); //返回值,待找数据合适的位置
}
```

11.2　折半插入排序技术

折半插入排序(Binary Insert Sorting)是直接插入排序的改进。直接插入排序插入位置的确定是通过对有序表中的数据逐个比较得到的。既然是有序表,那么就可以改进为使用二分法来确定插入位置,即比较待插入数据与有序表中间的数据,根据大小比较的结果,就可以确定要插入的位置在左边还是在右边,之后将有序表一分为二,然后在其中一个有序子表中再重复进行,继续下去直到要比较的子表中只有一个数据时,比较一次便确定插入位置。由于比较次数明显较少,因此提高了算法的效率。

这个算法的前提是使用在数组等顺序存储结构中,不能使用链表存储结构,因为要计算出已排空间的中间位置。

通过折半算法确定正确插入位置后,把这个位置到已排空间的最后一个位置的所有数据进行后移,然后再插入即可。移动过程类似线性表的插入数据算法,是反向移动。这个算法不能边比较边移动数据。

图 11-1 是折半插入排序的原理示意图。

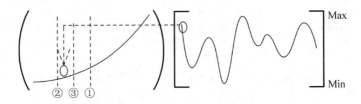

图 11-1　折半插入排序的原理示意图

此算法启用了双重循环,第一重循环用来控制把所有数据扫描一遍,第二重循环用来控制数据的移动,故最差时间复杂度依然为 $O(n^2)$。当 n 比较大时,总排序码比较次数比直接插入排序的最差情况要好得多,但比其最好情况要差。在元素的初始排序已经按排序码排好序或接近有序时,直接插入排序比折半插入排序执行的排序码比较次数要少。折半插入排序的元素移动次数与直接插入排序相同,依赖元素的初始排列。折半插入排序是一个稳定的排序方法。

折半插入排序算法函数如下:

```cpp
void listsorting::halfinsert()                          //折半插入排序函数
{
    if(total == 0)
    {
        cout <<"暂时没有数据!操作失败!"<< endl;
        return ;
    }
    cout <<"待排数据是:"<< endl;
    display();
    for(int i = 1; i < total; i++)
    {
        int position = binaryfind(data,0,i - 1,data[i]);  //待找数据合适的位置
        int temp = data[i];
```

```
for(int j = i-1; j >= position;j--)
    data[j+1] = data[j];                    //从后一位向前一位逐次移动数据
if(j != i-1)
    data[position] = temp;                  //将待找数据放入合适的位置
cout <<"第 "<< i+1 <<" 个数据 "<< temp <<"找到位置是"<< position+1 <<",结果是:"<<
endl;
    display();
}
cout <<"排序任务完成!"<< endl;
}
```

图 11-2 是折半插入排序的运行图。

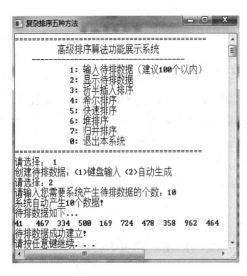
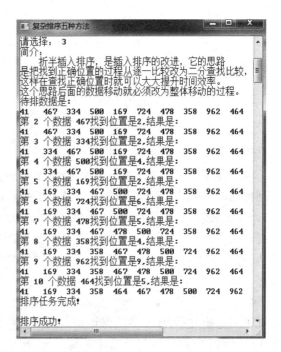

图 11-2　折半插入排序的运行图

11.3　希尔排序技术

希尔排序(Shell's Sort)被称为"缩小增量排序",1959 年由 D. L. Shell 提出,较之前的排序方法有较大的改进。希尔排序是先确定一个步长,然后把这个步长下的所有数据视同为一组,对于同组内所有数据进行插入排序,之后把步长缩小,通常除以 2。以此类推,直到最后步长为 1。它是把较小的数据尽早移到前面去,较大的数据尽早移到后面去,而不要逐个位置地移动,这样就提高了时间效率。

希尔排序思路的突破是不再每次缩小一个待排空间,而是尽快把数据初排几次,然后进入一般的插入排序。

希尔排序方法如下:

(1) 选择一个步长序列 $step_1$,$step_2$,…,$step_k$,其中后一轮的步长一般为上一轮的一半,

$step_k = 1$。

（2）按步长序列个数 k，对序列进行 k 轮排序。

（3）每趟排序中，根据对应的步长 $step_i$，将待排序列分割成若干长度为 m 的子序列，分别对各子表进行直接插入排序。当步长因子为 1 时整个序列作为一个表来处理。

图 11-3 为希尔排序步长逐步减少的原理示意图。第一次增量定为 6，然后依次定为 3 和 1。

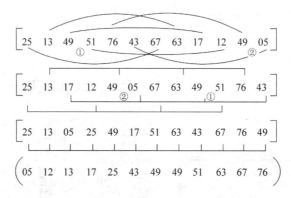

图 11-3　希尔排序技术的原理示意图

希尔排序时间效率分析较为困难，关键码的比较次数与记录移动次数依赖于步长因子序列的选取，特定情况下可以准确估算出关键码的比较次数和记录的移动次数，在 n 值较小时，效率比较高，在 n 值很大时，如果序列按关键码基本有序，效率较高，其时间效率甚至可以提高到 O(n)。目前暂时没有选取最好步长因子序列的方法。步长因子序列可以有各种取法，有取奇数的，也有取质数的，但需要注意步长因子中除 1 外没有公因子，且最后一个步长因子必须为 1。

由于它出现了相隔很远的数据比较且可能发生交换，相同的数据在不同的轮次里可以处在不同的组之中，也就不能保证相同数据保持原来的次序，所以它是不稳定的排序方法。图 11-3 两个 49 的位置前后已经交换。

希尔排序算法函数如下：

```
void listsorting::shell(int step)                    //希尔排序函数
{
    int temp;
    int w;
    while(step > 0)                                  //步长最小为 1
    {
        for(int j = step; j < total; j++)
        {
            temp = data[j];
            w = j - step;
            while((temp < data[w])&&(w >= 0)&&(w <= total))
            {
                data[w + step] = data[w];
                w = w - step;                        //缩小步长的范围比较数据
            }
```

```
            data[w + step] = temp;
        }
        /*显示希尔排序*/
        cout << endl <<"当步长为"<< step <<"时,此时的排序结果:"<< endl;
        display();
        cout << endl;
        step = step/2;                                        //调整步长
    }
}
```

图 11-4 是希尔排序的运行图。

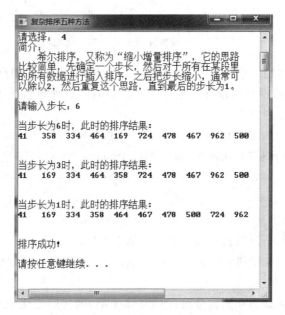

图 11-4 希尔排序的运行图

11.4 快速排序技术

快速排序(Quick Sort)是第一次把第一个数据换到它"正确位置"上。正确位置是指它左边所有的数据都比它小,右边的数据都比它大,这样从最后希望的结果看它的位置就是正确的(该数据被称为支点)。将待排空间按关键码以支点数据分成两部分称为一次划分,然后用递归的思想对于左右两边的数据继续排序,直到整个数据序列按关键码有序排列,本方法的关键是进行反复划分。

快速排序的突破点是完全采用递归的思路进行排序。

图 11-5 为第一轮快速排序的原理示意图,递归工作类似,不再讨论。

快速排序的递归过程可用生成一棵二叉树形象地表示。由于快速排序是递归的,每层递归调用时的指针和参数均要用栈来存放,递归调用层次数与相应二叉树的深度一致。因而,存储空间在理想情况下为 $O(\log_2 n)$,即树的高度;在最坏情况下,即二叉树回退到一个单链表,所以为 $O(n)$。

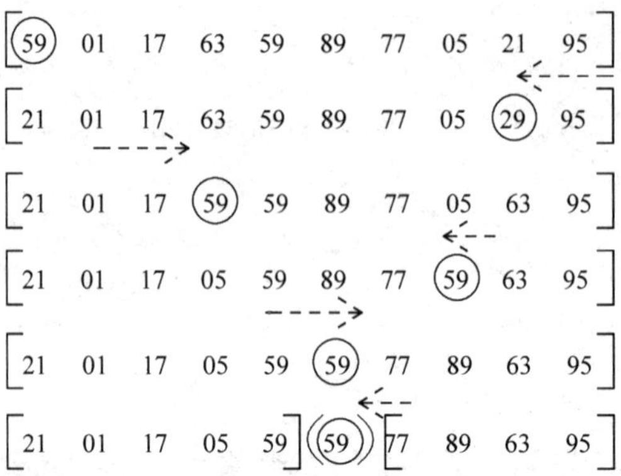

$$\begin{bmatrix} ⑤⑨ & 01 & 17 & 63 & 59 & 89 & 77 & 05 & 21 & 95 \end{bmatrix}$$

$$\begin{bmatrix} 21 & 01 & 17 & 63 & 59 & 89 & 77 & 05 & ㉙ & 95 \end{bmatrix}$$

$$\begin{bmatrix} 21 & 01 & 17 & ㊙ & 59 & 89 & 77 & 05 & 63 & 95 \end{bmatrix}$$

$$\begin{bmatrix} 21 & 01 & 17 & 05 & 59 & 89 & 77 & ㊙ & 63 & 95 \end{bmatrix}$$

$$\begin{bmatrix} 21 & 01 & 17 & 05 & 59 & ㊙ & 77 & 89 & 63 & 95 \end{bmatrix}$$

$$\begin{bmatrix} 21 & 01 & 17 & 05 & 59 & ㊙ & 77 & 89 & 63 & 95 \end{bmatrix}$$

图 11-5　快速排序技术的原理示意图

在 n 个记录的待排空间中,一次划分需要约 n 次关键码比较,时间效率为 $O(n)$,若设 $T(n)$ 为对 n 个记录的待排空间进行快速排序所需的时间。理想情况下,每次划分,正好将其分成两个等长的子序列,则

$$T(n) \leqslant C * n + 2 * T(n/2) \quad (C \text{ 是一个常数})$$
$$\leqslant C * n + 2 * (C * n/2 + 2 * T(n/4)) = 2 * C * n + 4 * T(n/4)$$
$$\leqslant 2 * C * n + 4 * (C * n/4 + T(n/8)) = 3 * C * n + 8 * T(n/8)$$
$$\cdots$$
$$\leqslant \log 2n * C * n + n * T(1) = O(n\log 2n)$$

递归算法的时间效率分析通常还是由递归法来解决。

时间效率最坏情况在待排空间正好是排序状态时,就使得每次划分只能得到一个子空间,那么时间效率降为 $O(n^2)$。

快速排序是通常被认为在同数量级(即 $O(n\log_2 n)$)的排序方法中平均性能最好的。若初始状态已经按关键码有序或基本有序,快速排序反而蜕化为冒泡排序。为了提高这种情况的效率,通常以"三者取中法"来选取支点记录,即将待排空间的两个端点与中点 3 个数据关键码居中的调整为支点记录。

由于在排序过程中两个距离很远的数据发生了交换,快速排序是不稳定的排序方法。图 11-5 中两个 59 的位置前后已经交换。

快速排序算法函数如下:

```cpp
void listsorting::quick()                              //快速排序函数
{
    cout << endl <<"快速排序的主要过程显示: "<< endl;
    quicksort(data,total);
    cout <<"快速排序的结果: "<< endl;
    display();
}
int listsorting::quicksort(int * Data,int n)
{
    int from = 0;
    int to = n - 1;
    int middle;
```

```
int position = 0;
int space;
if(n <= 1)
    return 0;
while(from < to)
{
    if(from == position)
    {
        if(Data[position]< Data[to])
        {
            to -- ;
        }
        else if(Data[position]> Data[to])
        {
            //交换数据
            space = Data[position];
            Data[position] = Data[to];
            Data[to] = space;
            //显示交换后的数据
            cout << endl;
            display();
            //记录下位置,然后继续向后搜索
            position = to;
            from++;
        }
        else if(Data[position] == Data[to])
        {
            to -- ;
        }
    }
    else if(position == to)
    {
        if(Data[from]> Data[position])
        {
            //交换数据
            space = Data[position];
            Data[position] = Data[from];
            Data[from] = space;
            //显示交换后的数据
            cout << endl;
            display();
            //记录下位置,然后继续向前搜索
            position = from;
            to -- ;
        }
        else if(Data[from]< Data[position])
        {
            from++;
        }
```

```
            else if(Data[from] == Data[position])
            {
                from++;
            }
        }
    }
    middle = position;
    quicksort(Data,middle);
    quicksort(Data + middle + 1,n − middle − 1);
    return 0;
}
```

图 11-6 是快速排序的运行界面。

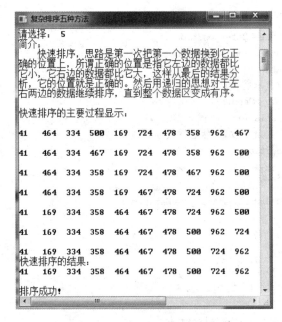

图 11-6　快速排序的运行界面

11.5　树形选择排序技术

树形选择排序(Tree Select Sort)是在每一轮待排空间中选取一个关键码最小的记录，也即第一轮从 n 个数据中选取关键码最小的，第二轮从剩下的 n−1 个中再选取关键码最小的，直到整个序列的记录选完。这样，由选取记录的顺序，就可以得到按关键码有序的序列。这虽然和简单选择排序有些类似，但是由于选取最小值的过程不同，采取的是树形结构选择的思路，所以取名树形选择排序技术。

树形选择排序技术的突破点是用二叉树的构造来进行排序。

这个思路有些类似锦标赛的比赛过程，将 n 个参赛的选手看成完全二叉树的叶子结点，则该完全二叉树有 2n−2 或 2n−1 个结点。首先，两两进行比赛(在树中是兄弟之间进行，否则轮空，直接进入下一轮)，胜出的兄弟之间再两两进行比较，直到产生第一名；接下来，将第一名的结点标记为某个特殊值,并从该结点开始,沿该结点到根路径上,依次进行各分枝结点儿子间的比较,胜出的就是第二名,因为和他比赛的均是刚刚输给第一名的选手。如此继续进行下去,直到所有选手的名次已排定。

图 11-7 是树形选择排序技术的原理示意图。假设数据都大于或等于 0,于是每一次求出最大值后要把该位置标记为理论上的"最小值",如 -1。结果为:31、21、16、15,利用栈可以产生从小到大的排序结果,也可以直接通过每次产生最小值来达到升序的排序效果。

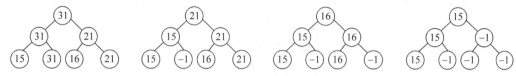

图 11-7 树形选择排序技术的原理示意图

图 11-7 中,将第一名的结点置为最小值,与其兄弟比赛,胜者上升到父结点,胜者与其兄弟再比赛,直到根结点,产生第二名。比较次数为 $\lfloor \log_2 n \rfloor$ 次。其后各结点的名次均是这样产生的,所以,对于 n 个参赛选手来说,即对 n 个记录进行树形选择排序,总的关键码比较次数至多为 $(n-1)\lfloor \log_2 n \rfloor + n - 1$,故时间复杂度为 $O(n\log_2 n)$。

该方法占用空间较多,除需输出排序结果的 n 个单元外,尚需 n−1 个辅助单元。

为了提高时间效率,下面给出一个新的利用二叉树理论构造的树形结构排序算法。

11.6 堆排序技术

设有 n 个元素的序列:$K_1, K_2, \cdots, K_n$,当且仅当满足下述关系之一时,称为堆。

(1) $K_i \geqslant K_{2i}, K_i \geqslant K_{2i+1}$($i=1,2,\cdots,\lfloor n/2 \rfloor$)。这种情况被称为大根堆。

(2) $K_i \leqslant K_{2i}, K_i \leqslant K_{2i+1}$($i=1,2,\cdots,\lfloor n/2 \rfloor$)。这种情况被称为小根堆。

首先把上述数据看成是一个线性表,再启用顺序存储(即一维数组),定义中数据的下标可理解为数组的下标,为了吻合,0 下标空置,从 1 下标开始存放数据。

定义中处于位置 i 和 2i 的数据比较,以及处于位置 i 和 2i+1 的数据比较,可以联想起"满二叉树"和"完全二叉树"的次序编号,其中父子关系就是 i 和 2i、i 和 2i+1 的位置关系,把上述顺序存储结构联想成一棵完全二叉树的顺序存储结构。

大根堆就是任何一个父亲结点都比它存在的左、右儿子结点的值大。根据关系的传递律,如果一批线性关系的数据是大根堆,对应的完全二叉树的根(此处正好是第一个位置上的数据)就是所有数据中的最大值。不符合大根堆的一批数据如果通过某种方法变成大根堆,那么最大值就已经出现,这个数据也就可以被视为"已排数据",到此已经结束了第一个阶段的工作,即"初始堆"的构造。

初始堆虽然可以产生一个最大值,但是如果保持所有数据位置不变,则其他数据的处理就不能深入进行了,因为此时它处在整个二叉树根的位置上,为了其他数据能被继续处理,将把这个最大值和最后一个位置上的数据进行交换,那么这个"已排空间"目前就处在整个数据区的最后面。

此时演变出的二叉树将不再是大根堆,如果把最后一个位置的数据除外,那么也就是一个根的数据导致不是大根堆,因为其他所有数据都已经在上面一轮中处理好了。对剩下的"待排空间"重新组堆,再次把它变成一个"大根堆",这样就可以产生一个次大值。重复上面的过程就可以达到排序的目标。

对于大根堆每一次产生一个最大值都移放在最后面,必然产生升序排列,反之,小根堆可以产生降序排列。

设有 n 个元素,将这 n 个元素按关键码建成堆,将堆顶元素输出(即对根结点与第 n 个结点进行交换),得到 n 个元素中关键码最小(或最大)的元素。然后再对剩下的 n−1 个元素重新建成堆,输出堆顶元素,得到 n 个元素中关键码次小(或次大)的元素。如此反复,就得到一个按关键码有序的序列,这个过程被称为堆排序(Heap Sort)。

根据上面的讨论,实现堆排序需解决两个问题:

(1) 如何将 n 个元素的序列按关键码建成堆(构造初始堆)。

(2) 输出堆顶元素后,怎样调整剩余的 n−1 个元素,使其按关键码成为一个新堆(重新组堆)。

堆排序的突破点是联合线性表顺序存储和完全二叉树顺序存储实现排序。

首先讨论如何构造初始堆。以大根堆为例,就是从最后一个数据起,逐个往前检查,在每一个子树中不符合堆定义的就发生交换,交换有 3 种情况:

(1) 如果根比左儿子小,比右儿子大,则将根和左儿子交换,保证最新的根是最大的。

(2) 如果根比左儿子大,比右儿子小,则将根和右儿子交换。

(3) 如果根比左儿子、右儿子都小,则将根和其中更大的儿子交换。注意在检查和交换过程中,如果发生了交换,那么就要一直再次往下确认,直到叶子结点。因为如果出现交换,本次局部的数据关系符合堆的定义,但是下面的堆却可能被破坏。重复以上过程一直到根,最后就出现了大根堆。

图 11-8 中为第一次建大根堆完毕的原理示意图。

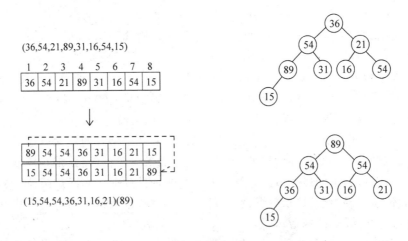

图 11-8　堆排序构造初始堆过程原理示意图

下面讨论如何重新组堆。这个阶段是这种排序方法的精妙之处,最大值和最后位置的一个数据交换后,破坏大根堆的元素就是根结点,从根结点开始重新比较和交换,这一趟比较和交换将沿着整个完全二叉树的根到某一个叶子结点进行(这个自根结点到叶子结点的调整过程被称为筛选),其他所有数据都不需要再次比较和交换。

图 11-9 为重组堆的原理示意图。

(15,54,54,36,31,16,21)(89)

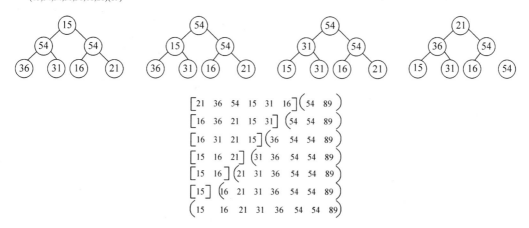

图 11-9 堆排序重组堆过程原理示意图

下面为堆排序的时间效率分析。设树高为 h,则 h＝$\lfloor \log_2 n \rfloor$＋1,从根到叶子的筛选关键字比较次数至多为 2(h－1)次,交换记录至多为 k 次。在建好堆后,排序过程中的筛选次数不超过下式:

$$2(\lfloor \log_2(n-1) \rfloor + \lfloor \log_2(n-2) \rfloor + \cdots + \log_2 2 \rfloor) < 2n\log_2 n$$

建堆时的比较次数不超过 4n 次,因此堆排序最坏情况下,时间复杂度也就是 $O(n\log_2 n)$。

堆排序算法函数如下:

```
void listsorting::heap()                //堆排序函数
{
    for(int k = 0;k < total;k++)
        heapdata[k + 1] = data[k];
    int i,temp;
    cout << endl <<"开始对应的二叉树:"<< endl;
    for(i = 1;i <= total;i++)
        cout << setw(6)<< heapdata[i];
    cout << endl <<"每次排列后的结果是:"<< endl;
    for(i = total/2;i > 0; -- i)        //把 heapdata[1..i]建成大根堆,从后面开始
        heapadjust(i,total);
    for(i = total;i > 1; -- i)
    {
        temp = heapdata[1];             //将堆顶记录和当前未经排序子序列 heapdata[1..i]
        heapdata[1] = heapdata[i];      //中的最后一个记录相互交换
        heapdata[i] = temp;
        heapadjust(1,i - 1);            //将 heapdata[1..i - 1]重新调整为大根堆
    }
}
void listsorting::heapadjust(int begin,int end)
{
//已知 heapdata[begin..end]中除 heapdata[begin]之外均满足堆的定义,
//本函数调整 heapdata[begin]
```

```
//使 heapdata[begin..end]成为一个大根堆
int i,value;
value = heapdata[begin];
for(i = 2 * begin;i <= end;i * = 2)        //沿关键字较大的结点向下筛选
{
    if(i < end&&heapdata[i]< heapdata[i + 1])
        ++i;                               //i 为关键字较大的记录的下标
    if(value >= heapdata[i])
        break;                             //value 应插入在位置 begin 上
    heapdata[begin] = heapdata[i];
    begin = i;
}
heapdata[begin] = value;                   //插入
for(i = 1;i <= total;i++)
    cout << setw(6)<< heapdata[i];
cout << endl;
}
```

图 11-10 是堆排序的运行图。

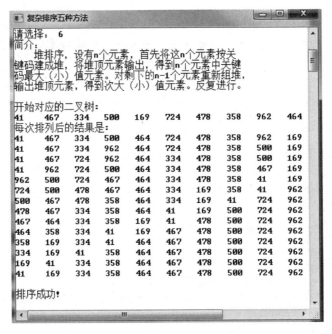

图 11-10　堆排序的运行图

11.7　归并排序技术

二路归并排序是将两个有序表合并为一个新的有序表。

归并排序的突破点是不再只有一个已排空间,而是同时启动多个已排空间,之后逐渐合并这些空间,直到全部数据成为一个已排空间。

归并排序首先把任何一个数字都看成已经排好序的数据,之后把相邻的两个已排序空间进行合并,继续保持有序,这样所有已排空间就变成了长度为 2 的表。然后重复这个思路,不断地成倍扩大这个空间的长度,直到全部数据都被合并在一起。

　　归并排序算法关键是要写出把两个已排序空间合并成一个已排序空间的通用函数,然后反复调用它。不过此时数据并不是分布在不同的存储结构中,而是在同一个存储结构中,这里的"通用"指的是对下标位置的控制是通用的,另外编程时要注意空间长度可能不同。

　　图 11-11 是归并排序技术的原理示意图。

$$
\begin{array}{llllllll}
(59) & (11) & (30) & (63) & (01) & (17) & (07) & (05) \\
(11 & 59) & (30 & 63) & (01 & 17) & (05 & 07) \\
(11 & 30 & 59 & 63) & (01 & 05 & 07 & 17) \\
(01 & 05 & 07 & 11 & 17 & 30 & 59 & 63)
\end{array}
$$

图 11-11　归并排序技术的原理示意图

　　本算法需要一个与原表长度相等的辅助数组空间,所以空间复杂度为 O(n)。

　　对 n 个元素的表,将这 n 个元素看作叶结点,若将两两归并生成的子表看作它们的父结点,则归并过程对应由叶子向根生成一棵二叉树的过程,所以归并轮数约等于二叉树的高度减 1,即 $\log_2 n$,每轮归并需要移动记录 n 次,故时间复杂度为 O(nlog2n)。

　　归并排序似乎不如其他排序方法有特色,但是它在外排(即数据在外存上)的编程中很有用。因为它始终可以处理其中一部分已经排序的空间,这对于外排才是有效的,其他的很多排序方法都要求全部数据一次性进入内存,本书不讨论外排技术,感兴趣的读者可以参见其他书籍。

　　归并排序算法函数如下:

```
void listsorting::merge()                //归并排序函数
{
    cout << endl <<"归并排序的过程显示: "<< endl;
    mergesort(data,total);
    cout <<"归并排序的结果: "<< endl;
    for(int i = 0;i < total;i++)
        cout << data[i]<<' ';
}
int listsorting::mergesort(int Data[],int n)
{
    int swap;
    int * divide;
    //传递终止条件
    if(n == 1)
        return 0;
    //对数据进行分割
    divide = Data + n - n/2;
    mergesort(Data,n - n/2);
    mergesort(divide,n/2);
```

```
//合并数据并排序
for(int i = 0;i < n/2;i++)
{
    for(int j = n - n/2 - 1 + i;j > = 0;j -- )
        if(Data[j] < divide[i])
            break;
    swap = divide[i];
    for(int k = n - n/2 - 1 + i;k > j;k -- )
    {
        Data[k + 1] = Data[k];
    }
    Data[k + 1] = swap;
    //输出结果
    for(i = 0;i < total;i++)
        cout << data[i]<<' ';
    cout << endl;
}
return 0;
}
```

图 11-12 是归并排序的运行图。

图 11-12　归并排序的运行图

11.8　基数排序技术

基数排序是一种借助多关键码排序的思想,是将单关键码按基数分成"多关键码"进行排序的方法。

基数排序思路的突破点是排序过程不再使用"比较"这种基本操作,在其中将使用队列数据结构。

例如,扑克牌中52张牌的排序(大、小王除外),可按花色和面值分成两个字段,其大小关系约定为:

花色: 梅花 < 方块 < 红桃 < 黑桃

面值: $2 < 3 < 4 < 5 < 6 < 7 < 8 < 9 < 10 < J < Q < K < A$

若对扑克牌按花色、面值进行升序排序,得到如下序列:

梅花 $2,3,\cdots,A$,方块 $2,3,\cdots,A$,红桃 $2,3,\cdots,A$,黑桃 $2,3,\cdots,A$

即两张牌,若花色不同,不论面值怎样,花色低的那张牌小于花色高的,只有在同花色情况下,大小关系才由面值的大小确定。这就是多关键码排序。为得到排序结果,下面给出两种排序方案。

方法1:先对花色排序,将其分为4个组,即梅花组、方块组、红桃组、黑桃组。再对每个组分别按面值进行排序,最后,将4个组连接起来即可。

方法2:先按13个面值给出13个编号组(2号,3号,$\cdots$,A号),将牌按面值依次放入对应的编号组,分成13堆。再按花色给出4个编号组(梅花、方块、红桃、黑桃),将2号组中的牌取出分别放入对应花色组,再将3号组中的牌取出分别放入对应花色组,$\cdots\cdots$,这样,4个花色组中均按面值有序,然后,将4个花色组依次连接起来即可。

设 n 个元素的待排序列包含 d 个关键码 $\{k^1,k^2,\cdots,k^d\}$,则称序列对关键码 $\{k^1,k^2,\cdots,k^d\}$ 有序是指:对于序列中任意两个记录 r[i] 和 r[j]($1\leqslant i\leqslant j\leqslant n$)都满足下列有序关系:

$$(k_i^1,k_i^2,\cdots,k_i^d) < (k_j^1,k_j^2,\cdots,k_j^d)$$

其中 k^1 称为最主位关键码,k^d 称为最次位关键码。

多关键码排序按照从两个方向的顺序都可以逐次排序,下面分别讨论这两种方法。

(1)最高位优先(Most Significant Digit first MSD)法。先按 k^1 排序分组,同一组记录中,关键码 k^1 相等,再对各组按 k^2 排序分成子组,之后,对后面的关键码继续这样的排序分组,直到按最次位关键码 k^d 对各子组排序后。再将各组连接起来,便得到一个有序序列。扑克牌按花色、面值排序中介绍的方法一即 MSD 法。

(2)最低位优先(Least Significant Digit first LSD)法。先从 k^d 开始排序,再对 k^{d-1} 进行排序,依次重复,直到对 k^1 排序后便得到一个有序序列。扑克牌按面值、花色排序中介绍的方法二即 LSD 法。

对同样一批数据,启用最高位优先和最低位优先两种方法,结果是否一样,是否都能达到用户期望的排序结果,读者可以自行用一批数据来验证后得到结论。

将关键码拆分为若干项,每项作为一个"关键码",则对单关键码的排序可按多关键码排序方法进行。例如,关键码为4位的整数,可以每位对应一项,拆分成4项;又如,关键码由5个字符组成的字符串,可以将每个字符作为一个关键码。这样拆分后,每个关键码都在相同的范围内(数字是0~9,字符是'a'~'z'),称这样的关键码可能出现的符号个数为"基",记作 RADIX。如果取数字为关键码则"基"为10,如果取字符为关键码则"基"为26。

从最低位关键码起,按关键码的不同值将序列中的数据"分配"到 RADIX 个队列中,然后再"收集"。如此重复 d 次即可。链式基数排序是用 RADIX 个链队列作为分配队列,关键码相同的记录存入同一个链队列中,收集则是将各链队列按关键码大小顺序链接起来。

图 11-13 为基数排序的原理示意图。

	第一轮进队		第二轮进队		第三轮进队	
0号队列					075 095	
1号队列	531		913		126 198	
2号队列	342		223 126		223	
3号队列	673 913 223		531 436		342	
4号队列			342		436	
5号队列	075 095				531	
6号队列	126 436				673	
7号队列			673 075			
8号队列	198					
9号队列			095 198		913	

图 11-13　基数排序技术的原理示意图

数据的位数不一样时可以把左边的空白视为 0,原始数据为:

(126,342,075,673,198,095,913,436,223,531)

第一次出队后效果为:

(531,342,673,913,223,075,095,126,436,198)

第二次出队后效果为:

(913,223,126,531,436,342,673,075,095,198)

最后出队后排序效果已经出来了:

(075,095,126,198,223,342,436,531,673,913)

此处进队和出队的轮次由整数的最大位数决定。

下面为基数排序的时间效率分析,设待排数据为 n 个记录,digit 个关键码,关键码的取值范围为 radix,则进行链式基数排序的时间复杂度为 O(digit(n+radix)),其中,一轮分配的时间复杂度为 O(n),一轮收集的时间复杂度为 O(radix),一共需要进行 digit 轮分配和收集。

需要 2radix 个指向队列的辅助空间以及用于静态链表的 n 个指针。

【程序源码 11-2】 基数排序的程序设计部分源码。在用户没有给原始数据就启动排序功能的意外处理中,本程序使用默认基础数据来代替出错返回,也是一种非常巧妙的程序设计方法。队列的基本操作已经给出,这里不再重复。

```
//功能:基数排序功能
# include<iomanip.h>
# include<iostream.h>
# include<windows.h>
# include<math.h>
# define Maxnum 100000          //设置随机数据最大值
# define Defaultnumber 10       //设置默认数组的大小
# define Datawidth 7            //设置显示数据宽度
# define QueueNum 10            //设置 10 个队,分别保存 0～9 的关键码
# define Maxsize 1000           //数据量最大限
```

```cpp
int flag = 0;                                           //标志位,判断用户是否输入数据,没有输
                                                        //入为 0,有则改为 1
int defaultdata[Defaultnumber] = {126,342,75,673,198,95,913,436,223,531};
                                                        //默认数据
class queuenode;                                        //队结点对象
class linkqueue;                                        //队操作对象
class radixsort;                                        //基数排序对象
class interfacebase;                                    //菜单对象
class radixsort                                         //基数排序对象
{
public:
    radixsort(){}
    ~radixsort(){}
    int searchmax();                                    //找到数据中的最大值
    void send(int * datasent,int total);                //传递函数
    void displayresult();                               //显示
    void doradixsort();                                 //排序
private:
    linkqueue queue[QueueNum];                          //多个队列,都是链表队列
    int inputdata[Maxsize];                             //接收数据数组
    int count;                                          //数据总数
    int index;                                          //进位标志
    int max;                                            //数据最大位数
};
int radixsort::searchmax()
{
        int maxvalue = inputdata[0];                    //maxvalue 用来保存数据最大值,初始值
                                                        //为第一个数据
        for(int i = 1;i < count;i++)                    //扫描法确定最大值
            if(maxvalue < inputdata[i])
                maxvalue = inputdata[i];
        return maxvalue;

}
void radixsort::send(int * datasent,int total)          //传递函数
{
    count = total;
    for(int i = 0;i < count;i++)
        inputdata[i] = datasent[i];
    max = searchmax();                                  //求出数据中的最大值
    for(i = 1;;i++)                                     //求出数据的最大位数
    {
        if(max/((int)pow(10,i)) == 0)
        {
            max = i;
            break;
        }
    }
    index = 1;                                          //从个位开始进队
}
void radixsort::displayresult()
```

```cpp
{
    if(!inputdata)
        cout <<"数据还没有创建."<< endl;
    else
    {
        doradixsort();
        cout << endl <<"排序后数据是:"<< endl;
        for(int i = 0;i < count;i++)
        {
            cout << setw(Datawidth)<< inputdata[i];
            if((i + 1) % 10 == 0)
                cout << endl;
        }
        cout << endl;
        cout <<" == == == == == == == == == == "<< endl;
        cout <<"基数排序成功!!! "<< endl;
        cout <<" == == == == == == == == == == "<< endl;
    }
}
void radixsort::doradixsort()
{
    for(int i = 0;i < max;i++)                        //根据位数值控制循环次数
    {
        for(int j = 0;j < count;j++)                  //对所有数据进队
        {
            int k = inputdata[j] % (10 * index)/index;    //队号
            queue[k].enqueue(inputdata[j]);           //按位数从小到大,分别进队
        }
        int outqueueindex = 0;                        //出队数据下标
        for(j = 0;j < QueueNum;j++)                   //按队号出队
        {
            while(!queue[j].isempty())                //判断队列为非空
            {
                inputdata[outqueueindex++] = queue[j].getfront();
                                                      //取头结点
                queue[j].dequeue();                   //出队
            }
        }
        index *= 10;                                  //向高进位
        /* 显示进出队一次后的数据 */
        cout << endl <<"第"<< i + 1 <<"次出队后效果为: "<< endl;
        for(int k = 0;k < count;k++)
        {
            cout << setw(Datawidth)<< inputdata[k];
            if((k + 1) % 10 == 0)
                cout << endl;
        }
    }
}
```

图 11-14 是基数排序的运行图。

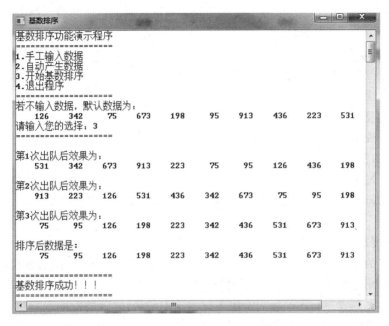

图 11-14　基数排序的运行图

11.9　本 章 总 结

作为数据结构重要应用之一,排序在程序设计中起到了很大的作用。排序操作可以使数据集合为用户提供更多的信息,所以是很多软件的基本功能之一。本章提供了 6 种排序方法的源码供读者研究,它们从许多方面突破了前面提到的基本排序思路,特别是基数排序可以做到不用"比较"操作而只用数据结构的操作,体现了程序设计和数据结构之间密切的关系。

习　　　题

一、原理讨论题

1. 排序操作为什么会是基础和重要的操作?

2. 排序操作通常和数据结构会有什么关系?

二、理论基本题

1. 写出重要的概念 10 个。

2. 对于数据序列(45,12,78,35,49,87,26,95)画出希尔排序的示意图。

3. 数据同上,画出快速排序的示意图,并且指出主要靠什么机制。

4. 数据同上,画出树形选择排序的示意图。

5. 数据同上,画出堆排序的示意图。

6. 数据同上,画出基数排序的示意图。

7. 对数据序列(15,24,72,35,49,25,64)进行堆排序,画出对应的顺序存储示意图和对应的完全二叉树。画出初始大根堆。画出初始大根堆对应的存储结构。画出产生已排序空间一个数据的逻辑结构示意图。

三、编程基本题

1. 编程实现折半插入排序。

2. 编程实现希尔排序。

3. 编程实现快速排序(递归和非递归两种)。

4. 编程实现堆排序。

5. 编程实现归并排序。

6. 编程实现基数排序。

7. 把本章排序算法集中,使用菜单进行管理;要求能适应各种数据类型;要求把结果输出到文件中。

四、编程提高题

1. 文件名的排序操作模拟程序。要求能够处理 20 个任意的文件名,带有后缀,排序有文件名的正序和逆序,也可以按照后缀进行正序和逆序显示。

2. 火车站名的排序程序。输入全国各地的火车站名,然后进行排序。

3. 火车站之间车票价目的排序程序。输入全国火车站之间的车票价格信息,要求有中文站名到下一个中文站名,然后是价格信息,然后按照价格进行升序排序。

4. 火车站之间各种信息的排序程序。在上面的程序中增加新的数据处理,首先要求在价格的基础上增加城市之间的里程数、火车小时数,然后可以对其中的这 3 项信息进行升序和降序的选择。

五、思考题

二叉排序树用来排序的方法。第一个数据作为根,之后逐一处理其他的每一个数据,从根开始比较,当新的数据比根小时往左边挂,比根大或相等时往右边挂,当某个儿子不为空时,递归使用上面的构造方法。对于二叉排序树,只要用中根遍历法,就可以得到一个从小到大的排序结果。这种排序方法基于二叉树和遍历的算法。

第12章 文件结构

本章主要讨论文件的逻辑结构和存储结构,其存储结构的实现又分别讨论 7 种方案:顺序文件、索引文件、索引顺序存取方法文件、虚拟存储存取方法文件、直接存储文件(散列文件)、多重表文件、倒排文件等。

12.1 引　　言

本书前面章节介绍了多种数据结构,它们主要讨论了内存中数据以及关系的存放。由于内存的"掉电即失"特性,程序运行的结果不能保存下来被反复利用。如果想再次利用这些结果,最好的办法就是把这些结果保存在外存上。外存上的数据通常以什么样的逻辑结构和存储结构来体现呢?本章将主要讨论文件结构,它首先是各类数据结构的综合应用,其次从历史的角度看有多种不同的存储设备对文件结构都有重大的影响。

12.2 文件的逻辑结构

文件(file)是由大量性质相同的记录组成的集合。

通常称存储在主存储器(内存储器)中的记录集合为表,称存储在二级存储器(外存储器)中的记录集合为文件。和查找一章讨论过的"查找表"的差别在于"文件"指的是存储在外存储器中的记录的集合,其中的记录是文件中可以存取的数据的基本单位。

文件作为外存上表示和处理数据的逻辑结构,它的基本操作包括什么呢? 除了最基本的建立文件、删除文件、读取文件、遍历文件(如显示、打印、播放文件等),从更深入的角度重要的操作还有三大类:检索、修改、排序等。

检索操作有多种角度,对顺序存取而言,检索操作为读取"当前记录"的下一个记录;对直接存取而言,检索操作为读取第 n 个记录;另外还有按关键字读取,也就是读取其关键字等于给定值的记录。

修改操作包括往文件中插入一个或一批记录;从文件中删除一个或一批记录;更新文件中某个或一批记录的属性。

排序操作为将文件中的记录按照某种次序重新进行排列。

文件作为实用的数据结构,具体的操作方式如下:

第一种为实时处理方式,如飞机票订票系统,面向全国开放,必须保证数据的实时更新。

第二种为批量处理方式,如银行的事务处理(如汇总等)文件,一般会等到下班或周末统一处理,而不必每一笔都实时处理。

数据项为最基本、不可分的数据单位,也是文件中可使用的数据的最小单位。

从文件内部构成的角度通常可按其记录的类型不同把文件分成两类:操作系统文件和数据库文件。

操作系统文件仅是一维、连续的字符序列,无结构、无解释。它也是记录的集合,这个记录仅是一个字符组,用户为了存取、加工方便,把文件中的信息划分成若干组,每一组信息称为一个逻辑记录,且可按顺序编号。

数据库文件是带有结构的记录的集合,这类记录是由一个或多个数据项组成的集合,它也是文件中可存取的数据的基本单位。

文件还可按记录的另一特性分为定长记录文件和不定长记录文件。若文件中每个记录含有的信息长度相同,则称这类记录为定长记录,由这类记录组成的文件称作定长记录文件;若文件中含有信息长度不等的不定长记录,则称不定长记录文件。

关键字是记录中能识别不同记录的数据项,若该数据项能唯一识别一个记录,则称为主关键字,若能识别多个记录则称为次关键字。

数据库文件还可按记录中关键字的多少分成单关键字文件和多关键字文件。若文件中的记录只有一个唯一标识记录的主关键字,则称单关键字文件;若文件中的记录除了含有一个主关键字外,还含有若干次关键字,则称为多关键字文件,记录中所有非关键字的数据项称为记录的属性。

图 12-1 为一个数据库文件,每个学生的学习状况是一个记录,它由 10 个数据项组成。与线性表的不同点为这些数据是存储在外存上的。

姓名	学生证号	计算机基础	C++高级语言	数据结构	操作系统	数据库原理	数据库系统	软件工程	总分
蒋文	2005501	75	78	69	73	80	81	79	535
沈武	2005502	82	84	83	79	86	74	88	576
韩韬	2005503	85	74	86	81	75	73	82	556
杨略	2005504	68	72	81	75	73	80	79	528
朱全	2005505	81	87	90	78	86	90	88	600
…	…	…	…	…	…	…	…	…	…

图 12-1　学生考试成绩文件范例

对于数据库文件,通常有 4 种查询方式。

(1)简单询问。查询关键字等于给定值的记录。如在图 12-1 中,给定一个学生证号或学生姓名,查询相关记录。

(2)区域询问。查询关键字属某个区域内的记录。如查询某门课程的成绩总和,或查询大于 90 分的所有成绩。

（3）函数询问。给定关键字的某个函数。如查询总分在全体学生的平均分以上的记录。

（4）布尔询问。以上 3 种询问用布尔运算组合起来的询问。如查询总分在 600 分以上且数据结构在 90 分以上的全部记录。

文件是由记录组成的，记录也有逻辑结构和物理结构之分。记录的逻辑结构是指记录在用户或应用程序员面前呈现的方式，是用户对数据的表示和存取方式。记录的物理结构是数据在物理存储器上（如磁盘或磁带）存储的方式，是数据的物理表示和组织。

记录的物理结构有各种各样的组织方式，其基本方式有 3 种：顺序组织、随机组织和链组织。

通常，记录的逻辑结构着眼于用户使用方便，而记录的物理结构则考虑提高存储空间的利用率和减少存取记录的时间，它根据不同的需要及设备本身的特性可以有多种方式。

逻辑记录的大小由应用要求决定，物理记录指的是计算机用一条 I/O 命令进行读写的基本数据单位，对于固定的操作系统和设备，它的大小基本上是固定不变的。

在物理记录和逻辑记录之间可能存在下列 3 种关系：

（1）一个物理记录存放一个逻辑记录。

（2）一个物理记录包含多个逻辑记录。

（3）多个物理记录表示一个逻辑记录。

总之，用户读写一个记录是指逻辑记录，查找对应的物理记录则是操作系统的职责。

一个特定的文件采用何种物理结构应综合考虑各种因素，如存储介质的类型、记录的类型、大小和关键字的数目，以及对文件主要进行何种操作等。

下面将具体讨论文件的存储结构，主要有以下 7 种：顺序文件、索引文件、索引顺序存取方法文件、虚拟存储存取方法文件、直接存储文件（散列文件）、多重表文件、倒排文件。这些存储结构是计算机在几十年的发展过程中不断出现和完善的，作为曾经在历史上比较有名的存储方案，是有必要了解的。在操作系统原理、数据库系统原理等专业知识中，将会使用到这些基础知识。

12.3　顺　序　文　件

外存的介质在经历了磁鼓、卡片、纸带等后出现了磁带，直到现在磁带依然是各类大中小型计算机和服务器的主要数据存储介质之一。

这种介质的特点是，它上面的记录必然按照一维线性关系存放，好像磁带上存储的歌曲一样，一首接着一首。如果想听第三首，只能依次听完前两首或者快进，但是不可能跳过前两首歌的磁带。顺序文件（Sequential File）就是记录按其在文件中的逻辑顺序依次进入存储介质而建立的，即顺序文件中物理记录的顺序和逻辑记录的顺序是完全一致的。

在磁带之后又出现了磁盘等存储介质，而顺序文件也可以使用磁盘来存储，故而有两种分类。若次序相继的两个物理记录在存储介质上存储位置是相邻的，称为连续文件；若物理记录之间的次序由链表来管理，称为串联文件。

由于顺序文件是依次存放记录的，所以它是根据记录的序号或记录的相对位置来存取的文件组织方式。其特点有以下 4 种。

（1）存取第 n 个记录，必须先搜索在它之前的 n−1 个记录。

（2）插入新的记录时只能加在文件的末尾。

（3）若要更新文件中的某个记录，则必须将整个文件进行复制。

（4）删除记录时，只作标记即可。

顺序文件的优点是连续存取的速度快，故主要用于进行顺序存取、批量修改的情况。如银行业、保险业、证券业、航空业等部门，在进行月报、旬报、半年报、年报等数据处理或数据备份时都可能采用顺序文件。

磁带是一种典型的顺序存取介质，因此存储在磁带上的文件只能是顺序文件。磁带文件适合于文件的数据量极大、平时记录变化较少、只作批量修改的情况。在对磁带文件作修改时，一般需用另一条复制带将原带上不变的记录复制一遍，同时在复制的过程中插入新的记录和用更改后的新记录代替原记录写入。

为了修改方便，要求待复制的顺序文件按关键字有序（若非数据库文件，则可将逻辑记录号作为关键字）。如果是磁盘上的等长记录组成的连续文件，则可以进行折半查找（但是如果文件很大，可能导致磁头来回移动，增加了查找的时间），对于不等长记录的话则可以使用分块查找。

顺序文件的插入、删除和更新操作在多数情况下都采用批处理方式。通常将顺序文件做成有序文件，称作"主文件"，同时将所有的操作做成一个事务文件（经过排序也成为有序文件）。所谓"批处理"，就是将这两个文件合并为一个新的主文件。具体操作的思路类似于归并两个有序表，但有两点不同：

（1）对于事务文件中的每个操作首先要判别其合法性；

（2）事务文件中可能存在多个操作，是对主文件中同一个记录进行的。

若顺序文件的修改量很小、频率很低，则不适于每一次都进行批处理，应该采用附加文件法，逐步积累，等到一定的规模后再进行批处理，但是要处理好平时的查找过程。

批处理的时间效率分析：假设主文件中含有 N1 个记录，事务文件中含有 N2 个记录，则对事务文件进行内部排序的时间复杂度为 $O(N2 * \log(N2))$；内部归并的时间复杂度为 $O(N2+N1)$，则总的内部处理的时间为 $O(N2 * \log(N2)+N1)$；假设对外存进行一次读/取 N3 个记录的操作，则整个批处理过程中读写外存的次数为 $2\times(\lceil N2/N3\rceil+\lceil(N2+N1)/N3\rceil)$。

12.4　索引文件

在字符串一章里讨论了索引结构，这种结构虽然增加了管理机构带来的空间代价，但是在整体上控制了数据移动带来的时间效率低下问题，堪称一种比较完美的存储结构。在文件结构上更能体现其优点，因为此时将面临的是超大的空间管理。目前数百 G 甚至上千 G 的硬盘已经成为主流外存设备。

除了文件本身（称作数据区）之外，另外建立一张指示逻辑记录和物理记录之间对应关系的表——索引表。这类包括文件数据区和索引表两大部分的文件就被称作索引文件（Index File）。

索引表中的每一项称作索引项。不论主文件是否按关键字有序，索引表中的索引项总是按关键字（或逻辑记录号）顺序排列，这样可以大大提高查找效率。

若数据区中的记录也按关键字顺序排列,则称索引顺序文件。反之,若数据区中记录不按关键字顺序排列,则称索引非顺序文件。

索引表由系统程序自动生成。在记录输入数据区的同时建立一个索引表。表中的索引项按记录输入的先后次序排列,待全部记录输入完毕后再对索引表进行排序。

图 12-2 为一个索引表的例子。标识域指示该逻辑记录是否存在,若存在,则标识符为 1,否则为 0,表示该记录已经被删除。

图 12-3 为索引非顺序文件示例。第一个表为数据文件,第二个表为文件输入过程中建立的索引表,第三个为其索引表。索引文件的检索方式为直接存取或按关键字(进行简单询问)存取,检索过程和分块查找相类似,分两步进行:首先,查找索引表,若索引表上存在该记录,则根据索引项的指示读取外存上该记录;否则说明外存上不存在该记录,也就不需要访问外存。

逻辑记录号	标识	物理记录号
0	1	28
1	0	
2	1	35
3	1	39

图 12-2　索引表示例

物理记录号	职工编号	姓 名	职　务	其他信息
1024	101	赵毅	程序开发员	
1025	813	钱尔	设备维修员	
1028	925	孙善	网络管理员	
1030	115	李斯	销售员	
1034	030	周武	部门经理	⋮
1035	701	吴柳	办公文员	
1041	410	郑琦	程序开发员	
⋮	⋮	⋮		

(a) 文件数据区

关键字	物理记录号
101	1024
813	1025
925	1028
115	1030
030	1034
701	1035
410	1041
⋮	⋮

(b) 输入过程中建立的索引表

	关键字	物理记录号
1	030	1034
	101	1024
	115	1030
2	410	1041
	701	1035
	813	1025
3	925	1028

(c) 最后的索引表

图 12-3　索引非顺序文件示例

由于索引项的长度比记录小得多,则可将索引表一次读入内存,由此在索引文件中进行检索只访问外存两次,即一次读索引,一次读记录。由于索引表是有序的,则查找索引表时可采用二分查找法。

索引文件的修改也相对比较容易。删除一个记录时,仅需删去相应的索引项;插入一个记录时,应将记录置于数据区的末尾,同时在索引表中合适的位置上插入索引项(为了提高效率,建议最好在建索引表时留有一定“空位”);更新记录时,应将更新后的记录置于数据区的末尾,同时修改索引表中相应的索引项(如果更新后的记录长度小于或等于原记录长度,也可能使用原来的空间位置)。

当记录数目很大导致索引表也很大时,可能导致一个物理块容纳不下。这种情况下查阅索引仍要多次访问外存。为此,可以再对索引表建立一个索引,为了区分,把这层索引称为查找表。通常最高可有四级索引:数据文件——索引表——查找表——第二查找表——第三查找表。

检索过程从最高一级索引,即第三查找表开始,仅需 5 次访问外存。上述多级索引是一种静态索引,各级索引均为顺序表结构。其结构简单,但修改很不方便,每次修改都要重组索引。因此,当数据文件在使用过程中记录变动较多时,应采用动态索引。如二叉排序树(或二叉平衡树)、B-树以及键树(关于“键树”请参考其他资料),这些都是树表结构,插入、删除操作都很方便。又由于它本身是层次结构,无须建立多级索引,建立索引表的过程即排序的过程。

当数据文件的记录数不很多,内存容量足以容纳整个索引表时可采用二叉排序树(或平衡树)作索引;反之,当文件很大时,索引表(树表)本身也在外存,则查找索引时尚需多次访问外存,并且访问外存的次数恰为查找路径上的结点数。

为减少访问外存的次数,就应尽量减小索引表的深度。此时宜采用 m 叉的 B-树作索引表。m 的选择取决于索引项的多少和缓冲区的大小。“键树”结构也用作某些特殊类型的关键字的索引表。当索引表不大时,可采用双向链表作存储结构(此时索引表在内存中);反之,则采用 Trie 树(字典树,详见其他资料)。

由于访问外存的速度较内存更慢,故其花费的时间比内存查找的时间大得多,所以对外存中索引表的查找效能主要取决于访问外存的次数,即索引表的深度。索引文件只能是磁盘文件。由于数据文件中记录不按关键字顺序排列,则必须对每个记录建立一个索引项,如此建立的索引表称为稠密索引。它的特点是可以在索引表中进行预查找,即从索引表便可确定待查记录是否存在或做某些逻辑运算。如果数据文件中的记录按关键字顺序有序,则可对一组记录建立一个索引项,这种索引表称为非稠密索引,它不能进行“预查找”,但索引表占用的存储空间少,管理要求低。

12.5　索引顺序存取方法文件

索引顺序存取方法文件(Index Sequential Access Method File,ISAM)是一种专为磁盘存取设计的文件组织方式。由于磁盘是以盘组、柱面和磁道三级地址存取的设备,则可对磁盘上的数据文件建立盘组、柱面和磁道(磁道索引即为盘面索引)三级索引。

文件的记录在同一盘组上存放时,应先集中放在一个柱面上,然后再顺序存放在相邻的柱面上,对同一柱面,则应按盘面的次序顺序存放。

每个磁道索引项由两部分组成:基本索引项和溢出索引项,如图 12-4 所示。

每一部分都包括关键字和指针两项,前者表示该磁道中最末一个记录的关键字(在此为最大关键字),后者指示该磁道中第一个记录的位置。柱面索引的每一个索引项也由关键字和指针两部分组成,前者表示该柱面中最末一个记录的关键字(最大关键字),后者指示该柱面上的磁道索引位置。柱面索引存放在某个柱面上,若柱面索引较大,占多个磁道时,则可建立柱面索引的索引—主索引。

关键字	指针	关键字	指针
基本索引项		溢出索引项	

图 12-4 磁道索引项结构

在 ISAM 上检索记录时,先从主索引出发找到相应的柱面索引,再从柱面索引找到记录所在柱面的磁道索引,最后从磁道索引找到记录所在磁道的第一个记录的位置,由此出发在该磁道上进行顺序查找直至找到为止;反之,若找遍该磁道而不存在此记录,则表明该文件中无此记录。

每个柱面上还开辟有一个溢出区,并且磁道索引项中有溢出索引项,这是为插入记录所设置的。

由于 ISAM 中记录是按关键字顺序存放的,则在插入记录时需移动记录并将同一磁道上最末一个记录移至溢出区,同时修改磁道索引项。溢出区通常可有 3 种设置方法:

(1) 集中存放——整个文件设一个大的单一的溢出区。

(2) 分散存放——每个柱面设一个溢出区。

(3) 集中与分散相结合——溢出时记录先移至每个柱面各自的溢出区,待满后再使用公共溢出区。

为了提高数据读取的时间效率和提高动态修改的时间效率,每个柱面的基本区是顺序存储结构,而溢出区是链表结构。

最后简单讨论 ISAM 中柱面索引的位置。磁道索引通常放在每个柱面的第一道上,那么柱面索引是否也放在文件的第一个柱面上呢? 由于每一次检索都需先查找柱面索引,则磁头需在各柱面间来回移动,希望磁头移动距离的平均值最小。研究出来的结论是柱面索引应放在数据文件的中间位置的柱面上。

12.6 虚拟存储存取方法文件

虚拟存储存取方法文件(Virtual Storage Access Method File,VSAM)利用了操作系统的虚拟存储器的功能,给用户尽可能提供方便,因为它免除了用户为读写记录时直接对外存进行的操作。对用户来说,文件只有控制区间和控制区域等逻辑存储单位,与外存储器中柱面、磁道等具体存储单位没有必然的联系。

VSAM 由 3 部分组成:索引集、顺序集和数据集。用户在存取文件中的记录时,不需要考虑这个记录的当前位置是否在内存,也不需要考虑何时执行对外存进行读写的指令。

从索引文件的角度看,数据集即为主文件,而顺序集和索引集构成"索引"。文件的记录均存放在数据集中,数据集内含若干控制区域,而控制区域内含若干控制区间,每个控制区间内含一个或多个记录。数据集中的一个结点称为控制区间(Control Interval),它是一个I/O操作的基本单位,它由一组连续的存储单元组成。控制区间的大小可随文件不同而不同,但同一文件上控制区间的大小相同。每个控制区间含有一个或多个按关键字递增有序排列的记录,且文件中第一个控制区间中记录的关键字最小。

顺序集内存放的是数据集的索引,每个控制区间有一个索引项,它由两部分信息组成:该控制区间中的最大关键字和指向该控制区间的指针。顺序集和索引集一起构成一棵 B$^+$ 树(关于 B$^+$ 树,详见其他资料),为文件的索引部分。顺序集本身是一个单链表,其中存放每个控制区间的索引项,而且顺序集中的每个结点即为 B$^+$ 树的叶子结点。若干相邻控制区间的索引项形成顺序集中的一个结点,结点之间用指针相连接,而每个结点又在其上一层的结点中建有索引,且逐层向上建立索引,这些高层的索引项形成 B$^+$ 树的非终端结点。因此,VSAM 既可在顺序集中进行顺序存取,又可从最高层的索引(B$^+$ 树的根结点)出发进行按关键字存取。顺序集中的一个结点连同其对应的所有控制区间形成一个整体,称作控制区域(Control Range)。

控制区间是用户进行一次存取的逻辑单位,可看成一个逻辑磁道。但它的实际大小和物理磁道无关。控制区域由若干控制区间和它们的索引项组成,可看成一个逻辑柱面。VSAM 初建时,每个控制区间内的记录数不足额定数,并且有的控制区间内的记录数为零。

图 12-5 为一个虚拟存储存取方法文件的示意图,从中可以看出三层的结构。

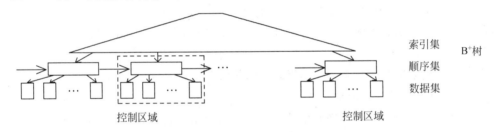

图 12-5　虚拟存储存取方法文件示意图

在 VSAM 中,记录可以是不定长的,在控制区间中除了存放记录本身以外,还有每个记录的控制信息(如记录的长度等)和整个区间的控制信息(如区间中存有的记录数等),控制区间的结构如图 12-6 所示。在控制区间上存取一个记录时需从控制区间的两端出发同时向中间扫描。

记录1	…	记录n	未利用的空闲空间	记录n的控制信息	…	记录1的控制信息	控制区间的控制信息

图 12-6　控制区间的结构示意图

VSAM 中没有溢出区,解决插入的办法是在初建文件时留下多余的空间。一是每个控制区间没有填满记录,而是在最末一个记录和控制信息之间留有空隙;二是在每个控制区域中有一些完全空的控制区间,并在顺序集的索引中指明这些空区间。当插入新记录时,大多数的新记录能插入到相应的控制区间内,但要注意为了保持区间内记录的关键字自小至大有序,则需将区间内关键字大于插入记录关键字的记录向控制信息的方向移动。

如果在若干记录插入之后控制区间已满,则在下一个记录插入时要进行控制区间的分裂,即将近一半的记录移到同一控制区域中全空的控制区间中,并修改顺序集中相应索引。

如果控制区域已经没有全空的控制区间,则要进行控制区域的分裂,此时顺序集中的结点也要进行分裂,因此还要修改索引集中的结点信息。注意:由于控制区域较大,故很少发生分裂的情况。

在 VSAM 中删除记录时,需将同一控制区间中较删除记录关键字大的记录向前移动,把空间留给以后插入的新记录。若整个控制区间变空,则需修改顺序集中相应的索引项。

由此可见,VSAM 占用较多的存储空间,一般只能保持约 75% 的存储空间利用率。它的优点是,动态地分配和释放存储,不需要对文件进行重组,并能较快地对插入的记录进行查找,查找一个后插入记录的时间与查找一个原有记录的时间是相同的。为了优化性能,VSAM 还使用了一些其他的技术,如指针和关键字的压缩、索引的存放技术等。

12.7　直接存取文件

在前面的查找技术中讨论过哈希查找法,由于其时间效率接近 $O(1)$,所以是一种非常有特色的存储结构,那么是否可以用这种思路来构建文件呢? 答案是肯定的。

直接存取文件(Direct Access File)指的是利用散列法进行组织的文件。它类似哈希表,即根据文件中关键字的特点设计一种哈希函数和处理冲突的方法将记录散列到存储设备上,故又称散列文件(Hash File)。

为了提高存储后的读取效率,与哈希表不同的是,对于文件来说,磁盘上的文件记录通常是成组存放的。若干记录组成一个存储单位。在散列文件中,这个存储单位叫作"桶"(Bucket)。假如一个桶能存放 m 个记录,则 m 个同义词的记录可以存放在同一地址的桶中,而当第 m+1 个同义词出现时才发生"溢出"。

处理溢出也可采用哈希表中处理冲突的各种方法,但散列文件主要采用链地址法。当发生"溢出"时,需要将第 m+1 个同义词存放到另一个桶中,通常称此桶为"溢出桶";相对地,称前 m 个同义词存放的桶为"基桶"。溢出桶和基桶大小相同,相互之间用指针相链接。当在基桶中没有找到待查记录时,就沿着指针所指移到溢出桶中进行查找。因此,希望同一散列地址的溢出桶和基桶在磁盘上的物理位置不要相距太远,最好在同一柱面上。

在直接存取文件中进行查找时,首先根据给定值求得哈希地址(即基桶号),将基桶的记录读入内存进行顺序查找,若找到关键字等于给定值的记录,则查找成功;若基桶内没有填满记录或其指针域为空,则文件内不含待查记录,即查找失败;否则根据指针域的值将溢出桶的记录读入内存继续进行顺序查找,直至查找成功或不成功。因此,总的查找时间为:

$$Time = expectation * (timebucket + timememory)$$

其中,expectation 为存取桶数的期望值(相当于哈希表中的平均查找长度)。对链地址处理溢出来说,expectation＝1＋ loadingfactor/2;timebucket 为存取一个桶所需的时间;timememory 为在内存中顺序查找一个记录所需的时间;loadingfactor 为装载因子。在散列文件中 loadingfactor ＝ numrecord /(numbucket * capacitybucket),numrecord 为文件的记录数,numbucket 为桶数,capacitybucket 为桶的容量。显然,增加桶的容量可减少装载因子,也就使期望值减小了,此时虽然在内存中顺序查找一个记录所需的时间增大了,但由于 timebucket≫timememory(即远大于),则总的时间 Time 仍然可以减少。

在直接存取文件中删除记录时,和哈希表一样,仅需对被删记录作一标记即可。

直接存取文件的优点是文件随机存放,记录不需进行排序;插入、删除方便,存取速度快,不需要索引区,节省存储空间。其缺点是不能进行顺序存取,只能按关键字随机存取,且询问方式限于简单询问,并且在经过多次插入、删除之后,也可能造成文件结构不合理,即溢出桶满而基桶内多数为被删除的记录,此时需要重组文件。

12.8　多重表文件

多关键字文件(MultiKey File)的特点是,在对文件进行检索操作时,不仅对主关键字进行简单询问,还经常需要对次关键字进行其他类型的询问检索。

如果文件组织中只有主关键字索引,为回答这些对次关键字的询问,只能顺序存取文件中的每一个记录进行比较,从而效率很低。为此,对多关键字文件,除了按以上几节讨论的方法组织文件之外,尚需建立一系列的次关键字索引。次关键字索引可以是稠密的,也可以是非稠密的。索引表可以是顺序表,也可以是树表。和主关键字索引表不同,每个索引项应包含次关键字、具有同一次关键字的多个记录的主关键字或物理记录号。

下面分别讨论两种多关键字文件的组织方法,一种是多重表文件,另外一种是倒排文件。

多重表文件(Multilist File)的特点是:记录按主关键字的顺序构成一个串联文件,并建立主关键字的索引(称为主索引)。对每一个次关键字项建立次关键字索引(称为次索引),所有具有同一次关键字的记录构成一个链表。主索引为非稠密索引,次索引为稠密索引。每个索引项包括次关键字、头指针和链表长度。

图 12-7 所示为一个多重链表文件。其中,学号为主关键字,记录按学号顺序链接,为了查找方便,分成 3 个子链表,索引项中的主关键字为各子表中的最大值。专业、已修学分和选修课目(C++和 Java 为两种高级语言,DS 为数据结构,OS 为操作系统)为 3 个次关键字项,它们的索引如图所示,具有相同次关键字的记录连接在同一链表中。有了这些次关键字索引,便容易处理各种次关键字的询问。

若要查询已修学分在 400 分以上的学生,只要在索引表上查找 400～449 这一项,然后从它的链表头指针出发,列出该链表中 4 个记录即可。若要查询是否有同时选修 C++和 Java 课程的学生,则或从索引表上"C++"的头指针出发,或从"Java"的头指针出发,读出每个记录,查看是否同时选修这两门课程。从技巧上看可先比较两个链表的长度,显然应读出长度较短的链表中的记录。

多重链表文件易于编程,也易于修改。如果不要求保持链表的某种次序,则插入一个新

物理记录号	姓名	学号		专业		已修学分		选修课目					
01	赵毅	2005350	02	软件	02	412	03	DS	02	OS	03		
02	钱尔	2005351	03	软件	07	398	07	C++	04	DS	03		
03	孙善	2005352	04	计算机	05	436	∧	Java	05	DS	04	OS	05
04	李斯	2005353	∧	应用	06	402	08	C++	06	DS	08		
05	周武	2005354	06	计算机	∧	384	02	Java	07	OS	09		
06	吴柳	2005355	07	应用	09	356	10	C++	07				
07	郑琦	2005356	08	软件	08	398	∧	C++	08	Java	∧		
08	王德	2005357	∧	软件	01	408	01	C++	09	DS			
09	冯庆	2005358	10	应用	10	370	05	C++	10	OS	∧		
10	陈兰	2005359	∧	应用	∧	364	09	C++	∧				

(a) 数据文件

主关键字	头指针
2005353	01
2005357	05
2005359	09

(b) 主关键字索引

次关键字	头指针	长度
软件	01	4
计算机	03	2
应用	04	4

(c) "专业"索引

次关键字	头指针	长度
350～399	06	6
400～449	04	4

(d) "已修学分"索引

次关键字	头指针	长度
C++	02	7
Java	03	3
DS	01	5
OS	01	4

(e) "选修课目"索引

图 12-7 多重文件示例

记录是容易的,此时可将记录直接插在链表的头指针之后。但是,要删去一个记录却很烦琐,需要在所有次关键字的链表中删去该记录。

12.9 倒 排 文 件

倒排文件和多重表文件的区别在于次关键字索引的结构不同。通常,称倒排文件中的次关键字索引为倒排表,具有相同次关键字的记录之间不设指针相连,而在倒排表中该次关键字的一项中存放这些记录的物理记录号。

倒排表作索引的好处在于检索记录较快。特别是对某些询问,不用读取记录就可得到解答。如询问"软件"专业的学生中有否选课程"Java"的,则只要将"软件"索引中的记录号和"Java"索引中的记录号进行"交"的集合运算即可,结果是 07 号记录。

在插入和删除记录时,倒排表也要作相应修改。倒排表中具有同一次关键字的记录号是有序排列的,则修改时要作相应移动;若数据文件为非串联文件,而是索引顺序文件(如

ISAM),则倒排表中应存放记录的主关键字而不是物理记录号。

倒排文件的缺点是维护困难。在同一索引表中,不同的关键字其记录数不同,各倒排表的长度不等,同一倒排表中各项长度也不等。上面范例中文件的倒排表如图 12-8 所示。

C++	02, 04, 06, 07, 08, 09, 10
Java	03, 05, 07
DS	01, 02, 03, 04, 08
OS	01, 03, 05, 09

软　件	01, 02, 07, 08
计算机	03, 05
应　用	04, 06, 09, 10

350~399	02, 05, 06, 07, 09, 10
400~449	01, 03, 04, 08

(a) 专业倒排表　　　　　　　(b) 已修学分倒排表　　　　　　　(c) 选修课目倒排表

图 12-8　倒排文件索引示例

12.10　文件的应用案例

文件是计算机应用中的基本概念之一,也是数据存储最根本的形式。

【应用案例 12-1】　无论是大型、中型、小型计算机还是微机,数据在外存上的保存形式都是文件。文件是计算机能够发展到今天最底层的技术之一。

【应用案例 12-2】　文件不仅仅是操作系统处理数据的必备存储结构,也是应用上逻辑性的表现形式。除了基础数据、源程序代码、可执行文件、一般的字处理文件外,文件的表现形式已经拓展到音乐、图片、视频。

【应用案例 12-3】　数据处理过程中会有多种文件结构和内存数据联合使用,共同完成某种功能,如纸面手写体识别软件。首先要求把纸面上的所有信息扫描到计算机中构成图片,然后计算机处理后形成 ASCII 码文件。这里除了操作系统软件、扫描软件、识别软件外,还会使用到编辑软件、打印软件、网络传输软件等,其中会涉及相当多的文件结构。这些知识说明了数据结构的博大精深,非常值得深入学习和研究。

12.11　歌曲文件的数据结构

在各类文件格式中,音频文件是一种比较有特点的文件。由于可以以"听"的方式访问文件中的数据,所以在工作和生活中很受欢迎,能起到很大的作用。例如,歌曲和音乐的欣赏,视频文件的伴音,各类需要播放通知和通告的场所(如火车站),可以让盲人通过收听文件内容的方法使用计算机等。

在各类音频文件格式中,MP3 是较为常见的文件格式,下面简单介绍。

MP3 是 MPEG-1 Audio Layer 3 的简称,是一种数字音频编码和有损压缩格式。MP3 技术大幅度降低音频文件存储所需的空间。它删除了脉冲编码调制(PCM)音频数据中对人耳听觉不敏感的数据,从而达到了较高的压缩比(12∶1~10∶1)。也就是说,一分钟 CD 音质的音乐,未经压缩需要 10MB 的存储空间,而经过 MP3 压缩编码后只有约 1MB。

MP3 在编码时先对音频文件进行频谱分析,然后用过滤器滤掉噪音电平,接着通过量化的方式将剩下的每一位打散排列,最后形成有较高压缩比的 MP3 文件,并使压缩后的文件在回放时也能够达到接近原音源的效果。

MP3 的音频质量取决于它的 Bitrate 和 Sampling frequency,以及编码器质量。MP3 的典型速度介于 128~320kb/s。采样频率也有 44.1kHz、48kHz 和 32kHz 三种频率。比较常见的采用 CD 采样频率 44.1kHz。常用的编码器是 LAME,它是遵循 LGPL 的 MP3 编码器,有着良好的速度和音质。

用一个二进制查看器(如 Ultra-Edit)打开一个 MP3 文件,就可以看到一大堆看似杂乱无序的数据。这些数据都是有规律可循的。

MP3 文件由帧(frame)构成,帧是 MP3 文件的最小组成单位。每帧都包含帧头,并可以计算帧的长度。根据帧的性质不同,文件主要分为 3 个部分:ID3v2 标签帧,数据帧和 ID3v1 标签帧。并非每个 MP3 文件都有 ID3v2,但是数据帧和 ID3v1 帧是必需的。ID3v2 在文件头,以字符串 ID3 为标志,包含演唱者、作曲、专辑名等信息,长度不固定,扩展了 ID3V1 的信息量。ID3v1 在文件结尾,以字符串 TAG 为标记,其长度是固定的 128 字节,包含演唱者、歌名、专辑名、年份等信息。

ID3V2 一共有 4 个版本,但流行的播放软件一般只支持第 3 版,即 ID3V2.3。每个 ID3V2.3 的标签都由一个标签头和若干标签帧或一个扩展标签头组成。关于曲目的信息如标题、作者等都存放在不同的标签帧中,扩展标签头和标签帧并不是必要的,但每个标签至少要有一个标签帧。标签头和标签帧一起顺序存放在 MP3 文件的首部。

标签头长度为 10 字节,位于文件首部,其数据结构如下:

```
char Header[3];          /*存储字符串 "ID3" */
char Ver;                /*版本号 ID3V2.3 就存储 3 */
char Revision;           /*副版本号,此版本记录为 0 */
char Flag;               /*存放标志的字节,很少用到,可以忽略 */
char Size[4];            /*标签大小 */
```

标签大小为 4 字节,但每个字节只用低 7 位,最高位不使用,总是 0,其格式如下:

0xxxxxxx 0xxxxxxx 0xxxxxxx 0xxxxxxx

计算公式如下:
$$ID3V2\_frame\_size = (int)(Size[0] \& 0x7F) \ll 21$$
$$| (int)(Size[1] \& 0x7F) \ll 14$$
$$| (int)(Size[2] \& 0x7F) \ll 7$$
$$| (int)(Size[3] \& 0x7F) + 10;$$

每个标签帧都有一个 10 字节的帧头和至少 1 字节的不固定长度的内容组成。它们是顺序存放在文件中,由各自特定的标签头来标记帧的开始。其帧的结构如下:

```
char FrameID[4];         /*用 4 个字符标识一个帧,说明其内容 */
char Size[4];            /*帧内容的大小,不包括帧头,不得小于 1 */
char Flags[2];           /*存放标志,只定义了 6 位 */
```

常用帧标识：

TIT2：标题
TPE1：作者
TALB：专辑
TRCK：音轨,格式：N/M,N 表示专辑中第几首,M 为专辑中歌曲总数
TYER：年份
TCON：类型
COMM：备注,格式："eng\0 备注内容",其中 eng 表示所使用的语言

帧大小为 4 字节所表示的整数大小。

ID3V1 的数据结构如下：

```
char Header[3];                    /* 标签头必须是 TAG,否则认为没有标签 */
char Title[30];                    /* 标题 */
char Artist[30];                   /* 作者 */
char Album[30];                    /* 专集 */
char Year[4];                      /* 出品年代 */
char Comment[28];                  /* 备注 */
char reserve;                      /* 保留 */
char track;;                       /* 音轨 */
char Genre;                        /* 类型 */
```

最后 31 字节还存在另外一个版本,就是 30 字节的 Comment 和 1 字节的 Genre。

有了上述信息,就可以自己写代码从 MP3 文件中抓取信息以及修改文件名了。如果真的想写一个播放软件,还需要读它的数据帧,并进行解码。

数据帧的多少由文件大小和帧大小来决定。每个帧都有一个 4 字节长的帧头,接下来可能有 2 字节的 CRC 校验,其存在由帧头中的具体信息决定。接着就是帧的实体数据,也就是 MAIN_DATA 了。

帧头长 4 字节,对于固定位率的 MP3 文件,所有帧的帧头格式一样,其数据结构如下：

```
typedef FrameHeader {
    unsigned int sync: 11;                    //同步信息
    unsigned int version: 2;                  //版本
    unsigned int layer: 2;                    //层
    unsigned int error protection: 1;         //CRC 校验
    unsigned int bitrate_index: 4;            //位率
    unsigned int sampling_frequency: 2;       //采样频率
    unsigned int padding: 1;                  //帧长调节
    unsigned int private: 1;                  //保留字
    unsigned int mode: 2;                     //声道模式
    unsigned int mode extension: 2;           //扩充模式
    unsigned int copyright: 1;                //版权
    unsigned int original: 1;                 //原版标志
    unsigned int emphasis: 2;                 //强调模式
}HEADER, * LPHEADER;
```

关于帧头 4 字节的详细使用说明请查阅其他资料,如,MP3 SPEC-IS0 11172-3 AUDIO PART。帧头后面对于标准的 MP3 文件来说,其长度是 32 字节,紧接其后的是压缩的声音

数据,当解码器读到此处时就进行解码了。

要解释的一个概念是位流(bit stream)。平常接触到的数据都是整数,最小的单位就是byte,而后者是 char。虽然也会用一个字节里的不同位来表示不同的含义,但总的来说,在输出数据的时候还是把它当作一个个字节看待。但对 MP3 这种数据格式来说,这是行不通的。在解码时,它的数据输入就是一个个比特流。其中一个或几个比特会是采样数据或者信息编码。需要从整个 MAIN_DATA 里提取所需要的以 BIT 为单位的参数和输入信号,从而进行解码,所以需要一个子程序,getbit(n),也就是从缓冲中提取所需要的位,并形成一个新的整数作为输出。

12.12 本 章 总 结

本章对文件进行了初步介绍,它是外存上存储和处理数据的最真实和最现实的数据结构。在讨论文件结构的过程中,会用到前面各章提及的数据结构基础知识。本章的理论可以体现数据结构的综合性和实用性。

顺序文件、索引文件、索引顺序存取方法文件、虚拟存储存取方法文件、直接存储文件(散列文件)、多重表文件、倒排文件也都是数据库系统原理中的基础术语。

习 题

一、原理讨论题

1. 文件的几种主要存储方式和硬件的发展有什么关系?

2. 讨论内存和外存的主要差异,以及在考虑外存的数据存储结构时应注重哪些方面?

二、理论基本题

1. 写出以下概念的定义:文件、检索、修改、排序、操作系统文件、数据库文件。

2. 总结顺序文件的特点。

3. 总结索引文件的特点。

4. 某一文件有 21 个记录,其关键字分别为 231,118,435,621,753,258,159,357,012,446,359,751,268,248,426,486,328,654,487,861,489。桶的容量 capacitybucket=3,桶数 numbucket=7。用除留余数法作哈希函数 H(key)=key Mod 7,请画出由此得到的直接存取文件。

三、编程基本题

1. 开发一个文件系统,管理学生成绩,人数最好不限,要求同时存储学生的中文名、学号,可以处理 8 门功课,要求最后能够计算出每个人的总分和平均分数、每门课的总分和平均分。除了要求在屏幕上进行显示外,还要求把所有原始数据和计算结果存储在一个文件中。最好为每个人再另外产生一个文件,里面仅有他(她)本人的成绩单。在程序运行中要求有查询数据功能,另外可能的话提供每个人的分数排序和所有学生的总分排名表。

2. 编程对上面的数据结构构造按照主关键字的索引文件,再构造按照中文名、总分排序的次索引文件。

3. 开发序列号文件的生成和排序程序,约定某个公司将要推出一款软件,为了保护正版软件,要求产生每个产品唯一的、但是很难破解的序列号,尝试编制一个计算机自动生成序列号的程序,位数至少在 8 位以上,可以含全部字母(有大小写的区别)、全部数字,还有常用的一些字符,每一次至少生成 100 000 个,要求在生成后进行排序,之后输出在文件中。

四、编程提高题

开发程序标识符正确性检测模拟程序。要求在程序内部给定一批正确的标识符,然后打开一个数据文件,其中有一批任意的字符串,程序处理后要求生成一个新的文件。其中分成两类:一类是符合标准的标识符,要求排序列表(重复的只写一次);另一类是不符合标准的字符串,要求排序列表同时显示出现的次数。

附录 数据结构程序设计源码涉及英语词汇或变量名中英对照表*

第 1 章　基础知识

backone	后面的第一个变量
backtwo	后面的第二个变量
choice	选择
class	对象
cls	清屏
color	颜色
count	计数
currentdata	当前数据
fact	阶乘
factorial	阶乘
fib	斐波那契数值
fibloop	用循环计算斐波那契数值
fibrecursion	用递归计算斐波那契数值
flag	标志位
getchar	获取一个字符
hanoi	汉诺塔
hanoinow	汉诺塔现在的实例
loop	循环
move	移动
newnum	新数据
num	数据
numbernow	数据现在的实例
pillar	支柱
pillarsource	源支柱
pillartarget	目标支柱
product	产品
recursion	递归
result	结果
setconsoletitle	安装控制台
Startcalcu	斯塔卡尔库
startmove	开始移动
system	系统

第 2 章　线性表

addnode	增加结点
begin	开始
calculate	计算
ch	字符
char	字符
clearlist	清除线性表
clearscreen	清除屏幕
coeff	系数
create	构造
data	数据
dataarray	数据数组
deletdata	删除数据
deletenode	删除结点
deletpart	删除部分

---

* 对照表中的词汇和变量名源自于本书附带的程序源码,书中没有全部出现。

display	显示	newnodep	新结点指针
displayname	显示名称	next	下一个结点的地址
dllinklist	双向链表	node	结点
dllinklistnow	双向链表现在的实例	nowp	现在指向的指针
dlnode	双向结点	order	次序
double	双向的	overflow	上溢
empty	空的	position	位置
enum	枚举	pow	方幂
error	错误	prior	先前的
face	面对	processmenu	处理菜单
fail	失败	range	范围
file	文件	read	读数据
findlist	查找表	remove	去除
followp	尾随指针	replace	代替
freep	自由区指针	retrieve	检索
getnewnode	获得新结点	returninfo	返回信息
getorder	获得次序	returnvalue	返回值
halfpos	中间的位置	scanname	扫描名字
headp	头指针	searchp	搜查指针
inputdata	输入数据	seqlist	顺序表
insert	插入	seqlistnow	顺序表现在实例
interfacebase	界面库	showinfo	显示信息
interfacenow	界面现在的实例	showmenu	显示菜单
invertlist	倒排表	site	方位
item	数据项	size	大小
lastp	最后一个位置的指针	sourcedata	源数据
length	长度	staticlinklist	静态链表
linklist	链表	staticlinklistnow	静态链表现在的实例
linklistnow	链表现在的实例	tempaddress	临时地址
list	线性表	tempdata	临时数据
listonface	界面上的线性表	tempp	临时指针
maxnumofbase	基础库中数据最大值	underflow	下溢
maxsize	最大数据量	userchoice	用户选择
menuchoice	菜单选择	using	使用
midp	中间位置	value	价值
name	名称	write	写
new	新的	wrong	错误的
newdlnodep	新的双向结点指针		
newnode	新结点		

第 3 章　查找和排序

arraymaxnum	数组数据最大数量

bubblesorting	冒泡排序
copy	复制
datanumber	数据编号
datawidth	数据宽度
defaultdata	默认数据
directinsert sorting	直接插入排序
displaydata	显示数据
fromlist	源表
guardsearching	带哨兵元素的搜索
initlist	表的初始化
left	左边
ltorsearching	从左边到右边的搜索
maxnum	最大值
minpos	最小位置
mylist	线性表的实例
rand	随机数
rtolsearching	从右边到左边的搜索
searchdata	搜索数据
searching	搜索
searchingnow	搜索现在的实例
seekdata	要搜索的数据
seq	顺序
seqsearching	顺序搜索
simpleselect sorting	简单选择搜索
time	时间
total	全部的
workingdata	工作数据

第 4 章 栈

datain	数据进入
dataout	数据输出
destroy	销毁
friend	朋友
getlength	获得长度
gettop	获得栈顶的值
isempty	是空的吗
isfull	是满的吗
linkstack	链栈
linkstacklength	链栈长度
linkstacknode	链栈结点

linkstacktop	链栈栈顶指针
newdata	新数据
newstacksize	新栈的大小
pop	栈顶元素的弹出
push	往栈里压入元素
seqstack	顺序栈
stack	栈
stacknow	栈现在的实例
stacksize	栈的大小
stackspace	栈的空间
template	模板
top	栈顶
usednodep	用完的结点指针
yesno	选择 yes 或 no

第 5 章 队列

addmenbernum	增加成员数量
after	之后
aim	目标
append	追加
array	数组
change	改变
check	检查
clear	清除
clearqueue	清除队列
front	队头
getfront	获得对头
getnode	获得结点
input	输入
linkqueue	链队
linkqueuenow	链队现在的实例
loopqueue	循环队列
loopqueuenow	循环队列的实例
numsysconversion	数制转换
numsyscon-versiononface	数制转换的界面
queueonface	队列的界面
rear	尾指针
tailmaxlenth	队尾最大长度

第 6 章　串

beginposition	开始位置	box	箱子
choose	选择	compress	压缩
endposition	结束位置	dataij	数据行和列
filename	文件名	datarow	数据行
free	自由的	datatype	数据类型
freespace	自由空间	dataval	数据值
head	头	decompress	解压
heap	堆	down	向下
heapcounter	堆计数器	judge	判断
heapspace	堆空间	mat	矩阵
index	索引	matcreat	矩阵构建
indexmsg	索引信息	matin	矩阵输入
message	信息	matinput	矩阵输入
modify	修改	matout	矩阵输出
msg	信息	matrixdata	矩阵数据
newch	新的字符	maxcol	列的最大值
newlength	新长度	maxrow	行的最大值
newstr	新串	mybox	箱子现在的实例
newstring	新字符串	playing	玩
nownode	结点现在的实例	point	指向
open	打开	positionh	高度的位置
save	存储	positionl	长度的位置
shellexecute	执行外部程序	record	记录
shownormal	显示正常的情况	replay	重玩
single	单一的	retranspose	再转置
sposition	字符串的位置	rhigh	行的高度
string	字符串	right	向右或右边
strinsert	字符串插入	roomsize	房间大小
strlen	字符串长度	row	行
strlength	字符串长度	term	学期
strmodify	字符串修改	testequal	测试是否相同
strsearch	字符串查找	times	次数
strtraverse	字符串遍历	transpose	转置
success	成功	tri	三元组
test	测试	tricreat	三元组构建

第 7 章　二维数组

ascii	ASCII 编码	triin	三元组输入
		triinput	三元组输入
		triout	三元组输出
		triples	三元组

| triplesdata | 三元组数据 |
| wide | 宽度 |

第8章 森林、树与二叉树

addchild	增加儿子
answer	回答
btnode	二叉树结点
btree	二叉树
btreecount	二叉树计数器
btreedata	二叉树数据
btreedeep	二叉树深度
btreenow	二叉树现在的实例
buildinorderthread	构建中序线索树
countall	计数所有
countnow	计数现在的实例
creatbtree	创建二叉树
createbtree	创建二叉树
createroot	创建根
current	当前的
deep	深度
defaultbtree	默认二叉树
dispbtree	显示二叉树
father	父亲
finddata	查找数据
findnode	查找结点
firstbracket	第一层括号
getinformation	获取信息
glist	广义表
glists	广义表
gliststravel	广义表遍历
glnode	广义表结点
haveason	有一个儿子
havesonl	有左儿子
havesonr	有右儿子
havetwosons	有两个儿子
indent	缩格
indenttravel	缩格式遍历显示
initdata	数据的初始化
initdeep	深度的初始化
initrootp	根指针的初始化

inorder	中序
inputbtree	输入二叉树
key	关键字
lchild	左儿子
leafcount	叶子计数器
leveltree	树的层次
ltag	左标志位
nodenow	结点现在的实例
nofather	无父亲
nolchild	无左儿子
norchild	无右儿子
nrinorder	非递归中序遍历
nrpostorder	非递归后序遍历
nrpreorder	非递归先序遍历
parent	父母
pnow	当前指针
rchild	右儿子
rgetcount	右儿子获得计数
threadnode	线索树结点
threadtree	线索树
threadtreenow	线索树现在的实例
tree	树
treeempty	树是空的吗
treenode	树结点
usednode	使用过的结点

第9章 图

adjvexdataarray	邻接数据数组
algraph	一种图
autocreatgraph	自动建立图
basedata	基础数据
beginnode	起始结点
bfstraverse	广度优先搜索
breadthfirst search	广度优先搜索
breadthfirvisited	广度访问
datafortopological	拓扑排序的数据
datamark	数据标志
datatemp	临时数据
defaultedge	默认边
defaultedgcnum	默认边数

293

defaultnode	默认结点	nodeposition	结点位置
defaultnodenum	默认结点数	noderow	结点行数
defaultnodes	默认结点	nodesarray	结点数组
depthfirstsearch	深度优先遍历	nodestart	结点开始
depthfirvisited	深度优先遍历结点访问过	nodetoarraydata	结点转入数组数据
dodijkstra	做迪克斯特拉程序	numofedges	边数
doquicksort	做快速排序程序	operator	操作符
edgeinsdel	边的插入和删除	pointend	结束点
edgemodify	边的修改	pointstart	开始点
edgenum	边数	prim	普里姆算法
edgenumber	边数	printchar	显示字符
edgenumbernow	边数现在的实例	searchnext	搜索下一个
edgeweight	边的权值	sortednodes	排序的结点
findedge	查找边	stackarray	栈数组
findsmallernum	查找小的数据	table	表
graph	图	tbfstraverse	广度优先遍历
graphdata	图的数据	tdfstraverse	深度优先遍历
graphempty	图是否空	tempbigger	临时的更大值
graphnow	图现在的实例	tempcount	临时计数器
indegree	入度	tempnodeend	临时结束结点
inigraph	图的初始化	tempnodestart	临时开始结点
initializationofedge	边的初始化	tempvalue	临时值
initnext	下一个边的初始化	tempweight	临时权值
initopological	拓扑排序的初始化	topological	拓扑
initpointend	结束点的初始化	topologicalsort	拓扑排序
initpointstart	起始点的初始化	vertices	顶点
initweight	权的初始化	visit	访问标准
insertmanynodes	插入多个结点	visited	已经访问
insertonenode	插入一个结点	visitednum	访问的结点数
insertvertices	插入顶点	weight	权
nodearray	结点数组		

第 10 章　查找进阶

nodecol	结点列数	balancefactor	平衡因子
nodedata	结点数据	balancetree	平衡树
nodeend	结点尾部	bflocating	平衡因子定位
nodeflag	结点标志位	buildtree	生成树
nodeinsdel	结点插入和删除	creatnode	创建结点
nodenameend	尾部结点名	defaultmainstring	默认主串
nodenameofedge	边的结点名	defaultnum	缺省数值
nodenamestart	开始结点名	defaultsubstring	缺省子串

displayarraydata	显示数组数据	select	选择
displayhashtable	显示哈希表	selectmenu	选择菜单
displaytimes	显示次数	setarraynull	把数组设置空
ebalance	因子平衡	shorter	更短的
fbnq	斐波那契	showdefaultdata	显示默认数据
fbnqnum	斐波那契数值	showstring	显示字符串
fibonaccisearching	斐波那契查找	showtestdata	显示测试数据
force	力度	taller	更高的
freenodespace	自由结点空间	target	目标
getnext	获得下一个	testdata	试验数据

第 11 章 排序进阶

halfrsearching	二分搜索递归法	binaryfind	二分查找
halfsearching	二分搜索	datasent	数据已发送的
hash	散列	displayresult	显示结果
hashanumber	散列数值	divide	分开
hashsearching	散列搜索	doradixsort	作基数排序
hashtable	哈希表	halfinsert	中点插入
inordersearch	中序搜索	heapadjust	堆调整
kmplocating	KMP 查找	heapdata	堆数据
lchild	左儿子	listsorting	表排序
leftbalance	左平衡因子	merge	归并
lenmainstring	主串长度	mergesort	归并排序
lensubstring	子串长度	outqueueindex	输出队列索引
mainstring	主串	quick	快速的
maxstringlen	最大串长	quicksort	快速排序
mid	中间	radix	基数
mode	模式	radixsort	基数排序
modvalue	模式值	searchmax	搜索最大值
mymenunow	我的菜单现在的实例	shell	壳
nodevalue	结点值	space	空间
postorder	后序	step	步
preorder	先序	swap	交换
printbstree	显示该二叉树	totalnumbers	总数
printmenu	显示菜单		
rightbalance	权利平衡		
rotate	旋转		

参 考 文 献

[1] Donald E Knuth. 计算机程序设计艺术,卷 1:基本算法,卷 3:排序和查找[M]. 北京:人民邮电出版社,2018.

[2] Niklaus Wirth. Algorithms + Data Structures = Programs[M]. Upper Saddle River, New Jersey: Prentice-Hall,1976.

[3] Robert L Kruse, Alex Ryba. Data Structures and Program Design in C++[M]. Upper Saddle River, New Jersey: Prentice-Hall,1998.

[4] Derick Wood. Data Structures, Algorithms and Performance[M]. Upper Saddle River, New Jersey: Addison-Wesley,1993.

[5] Ellis Horowitz, Sartaj Sahni. Fundamentals of Data Structures in C++[M]. New York: W. H. Freeman and Company,1995.

[6] William J Collins. Data Structures and the Java Collections Framework[M]. New York: McGraw-Hill,1988.

[7] William Ford, William Topp. Data Structure with C++ Using STL[M]. 2nd ed. Upper Saddle River, New Jersey: Pearson Education,2003.

[8] D S Mailk. Data Structures Using C++[M]. 王海涛,译. 北京:清华大学出版社,1999.

[9] Robert Sedgewick. Algorithms in C++, Parts 1-4: Fundamentals, Data Structures. Sorting, and Searching[M]. 北京:高等教育出版社,2002.

[10] Clifford A Shaffer. A Practical Introduction to Data Structures and Algorithm Analysis[M]. 2nd ed. 北京:电子工业出版社,2002.

[11] Bruno R Preiss. Data Structures and Algorithms with Object-Oriented Design Patterns in C++[M]. 北京:电子工业出版社,2003.

[12] Adam Drozdek. Data Structures and Algorithms in C++[M]. 2nd ed. 北京:机械工业出版社,2003.

[13] 严蔚敏,等. 数据结构(C 语言版)[M]. 北京:清华大学出版社,1997.

[14] 马春江,等. 数据结构与程序构建[M]. 北京:清华大学出版社,2012.

[15] 马春江. 用 C 实现数据结构程序设计[M]. 北京:清华大学出版社,2015.

图 书 资 源 支 持

感谢您一直以来对清华版图书的支持和爱护。为了配合本书的使用,本书提供配套的资源,有需求的读者请扫描下方的"书圈"微信公众号二维码,在图书专区下载,也可以拨打电话或发送电子邮件咨询。

如果您在使用本书的过程中遇到了什么问题,或者有相关图书出版计划,也请您发邮件告诉我们,以便我们更好地为您服务。

我们的联系方式:

地　　址:北京市海淀区双清路学研大厦 A 座 701

邮　　编:100084

电　　话:010－62770175－4608

资源下载:http://www.tup.com.cn

客服邮箱:tupjsj@vip.163.com

QQ:2301891038(请写明您的单位和姓名)

用微信扫一扫右边的二维码,即可关注清华大学出版社公众号"书圈"。

资源下载、样书申请

书圈

扫一扫,获取最新目录